高职高专食品类专业规划教材

仪器分析技术项目化教程

YIQI FENXI JISHU XIANGMUHUA JIAOCHENG

主　编　吴江超　颜雪琴

副主编　刘巧芝　李金娥

　　　　薛　斌　刘婷婷

参　编　姜　黎　马彩梅

　　　　夏　明

武汉理工大学出版社

WUTP Wuhan University of Technology Press

内 容 提 要

《仪器分析技术项目化教程》结合高等院校食品、化工、环境、医药等专业教学需求，在内容选取、深度把握、适用性等方面充分结合高等院校课程特点以及企业工作岗位需求，使"仪器分析"课程具有应用广泛、宜教宜学的特点。

全教材重点阐述了电位分析法、紫外-可见分光光度法、原子吸收光谱法、红外吸收光谱法、气相色谱法、高效液相色谱法、离子色谱法、分析仪器联用技术等重要现代仪器分析方法；每章的最后附有习题，供教学参考选用，有利于学生巩固学习效果。

本教材可作为高等院校食品、化工、生物、环境、动物营养等专业开设"仪器分析"课程的主讲教材，也可供社会学习者阅读和参考。

图书在版编目(CIP)数据

仪器分析技术项目化教程/吴江超，颜雪琴主编．—武汉：武汉理工大学出版社，2017.8
(高职高专食品类专业规划教材)
ISBN 978-7-5629-5544-3

Ⅰ.①仪…　Ⅱ.①吴…　②颜…　Ⅲ.①仪器分析-高等职业教育-教材　Ⅳ.①O657

中国版本图书馆 CIP 数据核字(2017)第 195215 号

项目负责人：崔庆喜(027-87523138)　　责 任 编 辑：雷　蕾
责 任 校 对：王小平　　封 面 设 计：芳华时代
出 版 发 行：武汉理工大学出版社
社　　　址：武汉市洪山区珞狮路 122 号
邮　　　编：430070
网　　　址：http://www.wutp.com.cn
经　　　销：各地新华书店
印　　　刷：武汉兴和彩色印务有限公司
开　　　本：787×1092　1/16
印　　　张：14.75
插　　　页：1
字　　　数：381 千
版　　　次：2017 年 8 月第 1 版
印　　　次：2017 年 8 月第 1 次印刷
印　　　数：1500 册
定　　　价：30.00 元
凡使用本教材的教师，可通过 E-mail 索取教学参考资料。
E-mail：wutpcqx@163.com
本社购书热线电话：027-87785758　87515778　87515848　87165708(传真)

出版说明

食品工业的发展直接关系到国计民生，也是衡量一个国家、一个民族经济发展水平和人民生活质量的重要标志。经过改革开放30多年的快速发展，我国食品工业呈现出快速发展的势头，已成为国民经济发展中增长最快、最具活力的产业之一，对提高城乡居民生活水平、推动相关产业发展、扩大就业、带动农民增收等具有重要作用。而食品工业的发展离不开优秀专业人才的支撑，这些人才既需要具备现代的专业知识、理念和素质，熟悉食品行业的生产技术、管理方法和手段，又要具备较强的实践操作能力和创新能力。

为了响应教育部关于“推出一批特色鲜明的高质量的高职高专教育教材，形成一纲多本、优化配套的高职高专教育教材体系”的目标，满足我国高速发展的食品工业对优秀高职人才的迫切需求，武汉理工大学出版社在广泛、细致、深入调研的基础上，经申报立项，组织编写了这套“高职高专食品类专业规划教材”。本套教材将分期、分批出版。

本套教材的编写具有以下特色：

◆ **定位准确。**根据高职食品类专业人才培养目标与定位，本套教材的编写紧紧围绕“为高等职业教育服务”这一宗旨，依据企业对食品类专业人才的知识、能力、素质要求，突出职业能力培养，精选高职高专学生终身发展所需的基础知识和基本技能，遵循“必需”“够用”“管用”的原则，突出“能力本位”和“就业导向”等高职教育特色，以实现社会需要、学科特点和学生发展三者的有机统一。

◆ **内容全面。**本套教材以高职高专食品类专业基本课程建设为依据，内容覆盖面广，知识含量多，为学生提供丰富、多层次、跨学科的全面的专业知识。同时，将职业工作任务引领的工作过程知识、基本理论、技能、程序、步骤融入教材，反映专业新知识、新技术，体现与时俱进原则；引入企业实例、项目和管理案例，适于自主学习，培养创新人才；在适当介绍理论知识的基础上，突出强调实践环节的设计，在选材上紧扣食品行业的生产实践，以满足用人单位对人才的知识和技能要求。

◆ **体例新颖。**本套教材中多数专业课教材的编写体例以学习情境和学习项目代替以往的章节，将以往的理论知识放在实验原理部分讲授，理论知识以实用为主，其内容选取紧紧围绕工作任务完成的需要来进行，同时又充分考虑了高等职业教育对理论知识学习的需要，并融合了相关职业资格考试对知识、技能和素质的要求。通过训练学习和职业技能鉴定，以工作任务为中心，将不同类型的知识综合起来，实现理论与实践的一体化，有利于培养学生综合应用知识的技能。针对高职高专的教学特点，几乎每本教材均设置了“知识目标”“技能目标”“小结”“关键概念”“课堂讨论”“复习思考题”“实验”或“实训”等栏目，讲练结合，体例新颖，可读性强，以期通过寓教于乐的方式加深学生对相关知识的理解与掌握。

为确保教材的编写质量，我们对教材编写人员做了比较严格的把关，参加本套教材编写的人员多数来自教学和生产一线，有丰富的教学经验和科研成果，又得到了行业专家的指导和积极参与，从而保证了教材的编写质量。相信本套教材的出版不仅能较好地满足高职高专食品类专业的教学需求，而且对促进高职高专的课程建设与改革、提高教学质量也将起到积极的推动作用。

为方便教师组织教学，我们精心制作了与教材配套的教学课件，以提高教学时效，丰富课堂教学内容。

本套教材主要适用于高等职业技术学院、普通高等专科学校、本科院校的二级学院和成人高校的食品加工技术、食品营养与检测、食品生物技术、农产品质量检测等专业以及其他相关专业的教学，也可作为专业技能考试和国家相关职业证书考试的教学培训和参考用书，还可作为从事食品类生产的技术人员的参考用书。

高职高专食品类专业规划教材编审委员会

2011年1月

高职高专食品类专业规划教材
编 审 委 员 会

高职高专食品类专业规划教材
参 编 单 位
（排名不分先后）

黑龙江生物科技职业学院
武汉职业技术学院
黑龙江农业职业技术学院
南充职业技术学院
辽宁经济职业技术学院
黑龙江职业学院
漯河医学高等专科学校
河北农业大学
黑龙江省农垦科学院
山东商务职业学院
广东轻工职业技术学院
芜湖职业技术学院
佳木斯市药品检验所
黑龙江生态工程职业学院
清远职业技术学院
河北工程大学
华南理工大学
黑龙江省完达山乳业股份有限公司
黑龙江旅游职业学院
湖州师范学院
哈尔滨米旗食品公司
湖南农业大学
内蒙古兴安职业技术学院
新疆石河子职业技术学院
鹤壁职业技术学院
广东科贸职业学院
湖南生物机电职业技术学院
邯郸职业技术学院
湖南食品药品职业技术学院
黑龙江农垦科技职业学院
武汉软件工程职业学院
威海职业学院
广东食品药品职业学院
湖南环境生物职业技术学院
黑龙江民族职业学院
邯郸市疾病预防控制中心
河南农业职业学院
常熟理工学院
黑龙江农垦职业学院
重庆教育学院
哈尔滨啤酒有限公司
华中农业大学
湖南科技职业技术学院
黑龙江达仁堂医药有限公司
揭阳职业技术学院
佳木斯大学
江苏食品药品职业技术学院
黑龙江省家畜繁育指导站

前 言

“仪器分析”是化工、食品、医药、环保和农林等专业的核心课程。随着我国高职院校教学模式向“以任务为驱动,以项目为载体,教、学、做一体化”的转变,教材需要进一步增强实用性。同时,高职院校生源的知识层次也在不断变化,为了适应这些转变,我们编写了本教材。

本教材具有以下特点:

1. 与生产实际相结合。在编写教材的过程中,我们调动教师到各化工企业、食品药品监督局等检测检验部门调研,认真听取技术人员的建议,并聘请有实践经验的专家为编委。教材内容密切联系真实检测、监测技术,还结合了全国高职院校技能大赛的相关项目。

2. 以学生为中心,围绕“做”做文章。教材的每个模块都选取了典型实验,实验以学生为主、教师为辅,学生“在做中学,在学中做”。

3. 知识性与趣味性相结合,理论性与实践性相结合,努力降低学生学习的疲劳感。每个模块的“读一读”增强了教材的知识性与趣味性;“做一做”又把理论与实践联系起来,这样学生有了学习兴趣,容易接受知识,且不会感到枯燥。

4. 模块的结构设置包括“知识目标”“技能目标”“读一读”“做一做”“议一议”“练一练”等专题。

5. 以实验为主线编写,既可以作为实验教学用书,也可以作为理论教学用书,更是任务导学法教学参考资料。

教材共分为 9 个模块,重点介绍了当今仪器分析中最常用的电位滴定法、紫外-可见分光光度法、原子吸收光谱法、红外吸收光谱法、气相色谱法、高效液相色谱法、离子色谱法,并扩展介绍了分析仪器的联用技术等。

本教材由新疆石河子职业技术学院吴江超、颜雪琴主编。具体编写分工如下:模块 4 和模块 6 由吴江超编写,模块 1 和模块 8 由颜雪琴编写,模块 2 由姜黎编写,模块 3 由刘婷婷编写,模块 5 由刘巧芝编写,模块 7 由李金娥编写,模块 9 由薛斌编写,全书由吴江超统稿。另外参加编写、讨论及校稿的人员有新疆石河子职业技术学院马彩梅、夏明,在此一并表示感谢。

限于编者对职教教改的理解和教学经验,书中难免存在疏漏和错误,恳请专家和读者批评指正,不胜感谢。

编 者

2017.5

目　　录

模块1 课程导入

知识目标

1. 了解仪器分析的内容及特点。
2. 了解仪器分析的发展趋势。
3. 掌握样品前处理的方法。
4. 掌握数据处理的方法及表达方式。

技能目标

1. 掌握样品前处理的方法。
2. 掌握数据处理的方法及表达方式。
3. 能够正确校正仪器分析方法。

项目1 仪器分析概述

仪器分析是从分析化学中发展起来的一门学科，不仅是重要的分析检验方法，而且是强有力的科学研究手段。仪器分析法在自然科学领域的研究和应用中占有极其重要的地位，是自然科学工作者必须掌握的关键手段。仪器分析的出现，使分析化学与其他各门学科的联系更加密切。例如，对多肽、蛋白质、核酸等生物大分子进行分析，对生物药物进行分析，对超微量生物活性物质，如单个细胞内神经传递物质以及生物活体进行分析；对有机物或无机物的化学结构和晶体结构进行测定；对各种化学反应的平衡常数和焓、熵、自由能变化等热力学函数进行测定；以及对各种化学反应机理进行研究等，都离不开仪器分析方法。

信息时代的到来给仪器分析带来了新的发展。信息科学主要是信息的采集和处理。计算机与分析仪器的结合，出现了分析仪器的智能化，加快了数据处理的速度。它使许多以往难以完成的任务，如实验室的自动化、图谱的快速检索、复杂的数学统计可轻而易举地完成。信息的采集和变换主要依赖于各类传感器。这又带动仪器分析中传感器的发展，出现了光导纤维的化学传感器和各种生物传感器。联用分析技术已成为当前仪器分析的重要发展方向。将几种方法结合起来，特别是分离方法（如色谱法）和检测方法（如红外光吸收谱法、质谱法、核磁共振波谱法、原子吸收光谱法等）的结合，汇集了各自的优点，弥补了各自的不足，可以更好地完成试样的分析任务。

分析仪器和仪器分析方法的发展，给分析化学注入了新的活力，使分析化学从以化学分析为主的经典分析向以仪器分析为主的现代分析过渡，仪器分析的应用也逐渐扩展到许多相关学科中。分析仪器将沿着小型、专用型、联用型、高度自动化和智能化的方向发展，融合各种已经和正在发展的新材料、新器件、微电子技术、激光、人工智能技术、数字图像处理、化学计量学等各方面的成就，使分析化学获取物质定性、定量、形态、形貌、结构、微区等各方面信息的能力得到极大的增强，采集和处理信息的速度越来越快，获得的信息量越来越大，采集信息的质量也越来越高。

知识一　仪器分析的特点

仪器分析是以物质的某些物理或物理化学性质（光、电、热、磁等）为基础，并借助于特殊的仪器，对待测物质进行定性、定量及结构分析和动态分析的一类方法。

仪器分析可用于测定组分的含量、鉴定物质的组成和推测物质的结构与存在形式。仪器分析发展速度快，应用广泛，是因为它具有以下优点：

（1）灵敏度高，适用于微量、恒量和超恒量样品的分析。相对灵敏度由 $10^{-4}\%$ 发展到 $10^{-7}\%$，甚至 $10^{-10}\%$；绝对灵敏度由 1×10^{-4}g 发展到 1×10^{-7}g，甚至到 1×10^{-10}g，可进行微量、恒量和超恒量分析。

（2）选择性好。仪器分析方法大多可以通过选择或调整测定条件，同时测定样品中混合的组分。

（3）分析速度快，适于批量试样的分析。许多仪器配有连续自动进样装置，采用数字显示和计算机技术，可在短时间内分析几十个样品，适于批量分析。有的仪器可同时测定多种组分，如 Leeman Labs 公司的 PS3000 扫描/直读联合 ICP 发射光谱仪，直读部分采用阵列式光电倍增管设计，扫描分析和直读分析共享同一光学系统，可同时测定 45 个元素。

（4）操作简便，易于实现自动化在线分析。在线分析以其独特的技术和显著的经济效果引起人们的关注与重视，现已研制出适用于不同生产过程的各种不同类型的在线分析仪器。例如高聚物的高熔点和高黏度，使聚合物生产过程本身以及聚合物的采样分析十分困难，利用光纤探头式分光光度计可监测聚合过程中聚醚的羟基浓度，反应式探头直接插入反应罐内，仪器距离探头测点 50m。

（5）应用范围广。仪器分析不仅可以完成定性、定量分析，而且能提供化学分析法难以检测的物质结构、组分价态等诸多信息。

各类仪器分析方法都有其优越性及应用范围，但也有不足之处。仪器分析的局限性在于：

（1）多数仪器分析的相对误差较大（通常相对误差在百分之几左右）。这样的误差范围固然对低含量组分的分析已能完全满足要求，但对常量组分较难达到化学分析法所具有的准确度。

（2）仪器分析是一种相对分析方法，一般需要已知组成的标准物质来作对照，而标准物质的获得常常是限制仪器分析广泛应用的问题之一。

（3）仪器分析所用的仪器价格较高，仪器的工作条件要求较高，运行、维护成本较高。对样品使用仪器分析之前，通常需要用化学方法对试样进行预处理（如分离干扰物质、浓缩富集等）。

由此可见，化学分析和仪器分析是分析化学的两大支柱，两者相辅相成，在使用时应根据具体情况取长补短、互相配合，充分发挥各种方法的特长，只有这样，才能更好地解决分析检测中的各种实际问题。

知识二 仪器分析的种类

仪器分析的方法不仅很多，而且各种方法往往有其各自相对独立的原理和体系。根据所测量的特征、性质不同，仪器分析方法一般可分为几大类。表 1-1 列出了仪器分析方法及其运用的化学和物理性质。

表 1-1 仪器分析方法分类与物质性质的关系

分类	性质特征	仪器分析方法
色谱分析法	两相间的分配	气相色谱分析法、液相色谱分析法、离子色谱法、毛细管电泳法、薄层色谱法、超临界流体色谱法
光学分析法	辐射的发射	原子发射光谱分析法、原子荧光光谱分析法、X 射线荧光光谱分析法、分子发光(荧光、磷光、化学发光)光谱分析法、电子能谱分析法
	射线的吸收	原子吸收光谱分析法、X 射线吸收光谱分析法、紫外-可见吸收光谱分析法、红外吸收光谱分析法、核磁共振波谱分析法、电子自旋共振波谱分析法
	辐射的衍射	X 射线衍射分析法、电子衍射分析法
	辐射的散射	拉曼光谱分析法、浊度分析法
	辐射的转动	旋光色散分析法、偏振分析法、圆二色分析法
	辐射的折射	折射分析法、干涉分析法
电分析化学法	电位	电位分析法、电位滴定分析法、计时电位法
	电流	伏安分析法、极谱分析法、计时电流法
	电阻	电导分析法
	电量	库仑分析法
其他分析法	质荷比	质谱分析法
	热性质	热重分析法、差热分析法
	核性质	中子活化分析法

1. 色谱分析法

色谱分析法是利用各待测组分在互不相溶的两相中的吸附、分配、离子交换、排斥渗透等性质方面的不同而进行分离和分析的方法，特别适用于结构和性质十分相似的化合物的快速分离分析。根据流动相和固定相的使用，色谱可分为气相色谱、液相色谱、离子色谱、薄层色谱、纸色谱等。复杂样品组成-结构-功能的多模式多柱色谱以及联用技术的多维分析是色谱分析法研究的焦点。

2. 光学分析法

光学分析法是利用待测物质与光波相互作用产生的辐射信号的变化进行分析测定的方法。通常根据辐射信号变化是否与能级跃迁有关，将光学分析法分为光谱法和非光谱法两种。

光谱法根据物质与光波相互作用后，引起能级跃迁，产生辐射信号变化进行分析。测量辐射波长可以进行物质的定性分析，测量辐射强度可以进行物质的定量分析。按辐射作用的本质，将光谱法分为原子光谱分析法和分子光谱分析法两大类。按辐射能量传递形式，又将光谱法分为发射光谱分析法、吸收光谱分析法、荧光光谱分析法、拉曼光谱分析法等。

非光谱法依据物质与光波相互作用后，不涉及能级跃迁的辐射信号变化进行分析，如折射、反射、衍射、散射等。

光学分析法是常用的仪器分析方法，它正向着联用、原位、本体、实时、在线的多元多参数的检测方向发展。

3. 电分析化学法

电分析化学法是利用物质在溶液中的电化学性质及其变化来进行分析的方法。根据测量的参数，电分析化学法可分为电位分析法、伏安分析法、电导分析法、库仑分析法等。

4. 其他分析法

质谱分析法是根据离子或分子离子的质量与电荷的比值进行分析的。质谱与色谱技术、光谱技术、生物技术的联用形成了分析仪器自动化、微型化、特征化、传感化和仿生化的趋势。

热分析法是利用测定物质的质量、体积、热导或反应热与温度之间的变化关系来进行分析的方法。热分析法可用于成分分析、热力学分析和化学反应机理研究等。

知识三　仪器分析的主要性能指标

从表 1-1 可以看出，仪器分析的方法体系十分庞大。这为解决分析问题提供了多种途径，同时也为选择一种合适的分析方法带来一定的困难。因此，在分析检验前，不仅要了解试样的基本情况和分析的要求，更重要的是了解选用分析方法的基本性能指标，如精密度、灵敏度、准确度、线性范围、检出限、选择性等。

1. 精密度

精密度是指使用同样的方法对同一试样进行多次重复测量所得分析数据之间相互一致性的程度。常用测定结果的标准偏差 s 或相对标准偏差 s_r 来表示，其值越小，平行测定的精密度越高。

标准偏差 s 的计算公式如下：

$$s=\sqrt{\frac{\sum_{i=1}^{N}(x_i-\overline{x})^2}{N-1}} \tag{1-1}$$

相对标准偏差 s_r 的计算公式如下：

$$s_r=\frac{s}{\overline{x}}\times 100\% \tag{1-2}$$

2. 灵敏度

灵敏度是指物质单位浓度或单位质量的变化引起响应信号值变化的程度，用 S 表示。

灵敏度 S 的计算公式如下：

$$S=\frac{\mathrm{d}x}{\mathrm{d}c} \quad 或 \quad S=\frac{\mathrm{d}x}{\mathrm{d}m} \tag{1-3}$$

灵敏度 S 受到两个因素的限制：校正曲线的斜率和测量设备的重现性或精密度。在相同精密度的两个方法中，校正曲线的斜率较大，则方法比较灵敏。同样，在校正曲线有相等斜率的两种方法中，精密度好的方法有高的灵敏度。如图 1-1 所示，k_1、k_2 分别为两条校正曲线的斜率,即灵敏度。

3. 准确度

试样含量的测定值与试样含量的真实值(或标准值)相符合的程度称为准确度,用误差 ΔE 或相对误差 E_r 表示。

误差 ΔE 的计算公式如下:

$$\Delta E = \bar{x} - \mu \tag{1-4}$$

相对误差 E_r 的计算公式如下:

$$E_r = \frac{\bar{x} - \mu}{\mu} \times 100\% \tag{1-5}$$

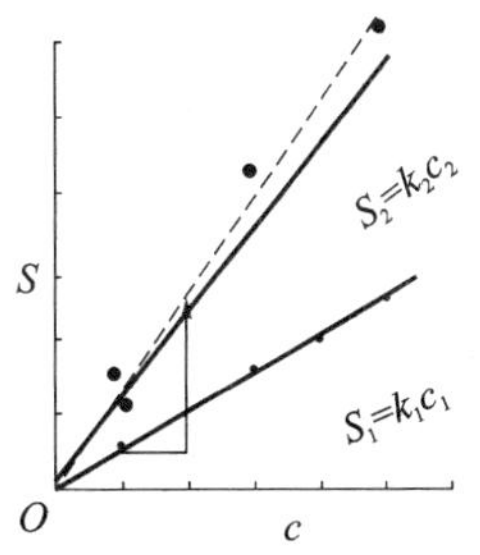

图 1-1 灵敏度描述

4. 线性范围

校正曲线的线性范围是指定量测定的最低浓度到遵循线性相应关系的最高浓度间的范围。在实际应用中,分析方法的线性范围至少应该有两个数量级,有些方法的线性范围可达5~6个数量级。线性范围越宽,样品测定的浓度适用性越强。

5. 检出限

检出下限称检出限,是指能以适当置信度被检出的组分的最低浓度或最小质量(或最小物质的量)。它是由最小检测值信号推导出的,只有当有用的信号大于噪声信号时,仪器才有可能识别有用信号。

检出限与灵敏度是密切相关的两个量,灵敏度越高,检出限的值越低。但两者的含义是不同的。灵敏度指的是分析信号随组分含量变化的大小,它同检测器的放大倍数有直接的依赖关系;而检出限是指定量分析方法可能检测的最低量或最低浓度,是与测定噪声直接相联系的,而且具有明确的统计意义。由此可见,提高测定精密度,降低噪声,可以改善检出限。

6. 选择性

选择性是指分析方法不受样品基体中其他组分对测定待测物时的干扰的程度。在分析中,没有哪种测定不受到诸多因素的干扰,换句话说,分析的过程就是消除或减少干扰对测定影响的过程,也就是提高分析选择性的过程。

通常用选择性系数来反映仪器或方法的选择性,但该应用并不多,只是在ISE(离子选择电极)分析中用到选择性系数。

知识四 仪器分析的发展趋势

分析化学的发展经历了三次巨大变革:第一次变革是随着分析化学基础理论,特别是物理化学(如溶液理论)的基本概念的发展,分析化学从一种技术演变成一门学科。第二次变革是由于物理学和电子学的发展,改变了经典的以分析化学为主的局面,使仪器分析得到蓬勃发展。目前,分析化学正处于第三次变革时期,生命科学、环境科学、新材料科学发展的要求,生物学、信息科学、计算机技术的引入,使分析化学进入一个崭新的境界,同时也对仪器分析提出了更高的要求。

现代仪器分析的任务已不只限于测定物质的组成和含量,而是要对物质的形态(氧化还原态、络合态、结晶态等)、结构(空间分布)、微区、薄层及化学和生物活性等作出瞬时追踪,进行无损和在线监测及过程控制等。

仪器分析已成为现代分析化学的主要组成部分，其发展趋势可归纳为以下八个方面。

1.灵敏度提高

这是各种分析方法长期以来所追求的目标。当今许多新的现代技术被引入分析化学，都是与提高分析方法的灵敏度有关，如激光技术的引入促进了激光共振电离光谱、激光拉曼光谱、激光诱导荧光光谱、激光光热光谱、激光光声光谱和激光质谱的发展，大大提高了分析方法的灵敏度，使得检测单个原子或单个分子成为可能。多元配合物、有机显色剂和各种增效试剂的研究与应用，使吸收光谱、荧光光谱、发光光谱、电化学及色谱等分析方法的灵敏度和分析性能得到大幅度提高。

2.选择性增强

迄今人们所认识的化合物已超过1000万种，而且新的化合物种类也在快速增长。复杂体系的分离和测定已成为分析化学家所面临的艰巨任务。液相色谱、气相色谱、超临界流体色谱和毛细管电泳等获得了很快的发展。以色谱、光谱和质谱技术为基础所展开的各种联用、接口及样品引入技术已成为当今分析化学发展中的热点之一。在提高方法选择性方面，各种选择性试剂、萃取剂、离子交换剂、吸附剂、表面活性剂，各种传感器的接着剂，各种选择检测技术和化学计量学方法等是当前研究工作的重要课题。

3.能够扩展时空多维信息

现代仪器分析的发展已不再局限于将待测组分分离出来进行表征和测量，而是成为一门为物质提供尽可能的化学信息的科学。随着人们对客观物质的认识的深入，某些过去所不甚熟悉的领域，如多维、不稳态和边界条件等也被逐渐提到分析化学家的日程上来。例如现在核磁共振波谱、红外光谱、质谱等的发展，可提供有机分子的精细结构、空间排列构型及瞬态等变化的信息，使人们对化学反应历程及生命过程有了更进一步的认识。化学计量学的发展，更为处理和解析各种化学信息提供了重要基础。

4.微型化

微型化是现代分析化学家认识自然从宏观到微观的延伸。电子学、光学和工程学向微型化发展，人们对生物功能的了解，促进了分析化学深入微观世界的进程。电子显微技术、电子探针X射线、微量分析、激光微探针质谱等微光技术已成为进行微区分析的重要手段。在表面分析方面，电子能谱、次级离子质谱、脉冲激光原子探针等的发展，可检测和表征一个单原子层，因而在材料化学、催化剂、生物学、物理学和理论化学研究中占据重要位置。此外，对于电极表面修饰行为和表征过程的研究，各种分离科学理论、联用技术、超微电极和光谱电化学等的应用，为揭示反应机理、开发新体系、进行分子设计等开辟了新的途径。

5.形态、状态分析及表征

在环境科学中，同一元素的不同价态和所生成的不同的有机化合物分子的不同形态都可能存在毒性上的极大差异。在材料科学中物质的晶态、结合态更是影响材料性能的重要因素。目前已报道利用诸如阳极溶出伏安法、X射线光电子能谱、X射线荧光光谱、X射线衍射、热分析、各种吸收光谱方法和各种联用技术来解决物质存在的形态和状态问题。

6.生物活性物质的测定

20世纪70年代以来，世界各发达国家都将生命科学及其相关的生物工程列为科学研究中最优先发展的领域，在欧、美、日等地区和国家具有战略意义的宏伟研究规划“尤利卡计划”“人类基因图”及“人体研究新前沿”中，生物大分子的结构分析研究都占据重要的位置。

我国在2000年前发展高技术战略的规划中,把生物技术列为七个重点领域之一。一方面,生命科学及生物工程的发展向分析化学提出了新的挑战;另一方面,仿生过程的模拟又成为现代仪器分析取之不尽的源泉。当前采用以色谱、质谱、核磁共振、荧光、磷光、化学发光和免疫分析,以及化学传感器、生物传感器、化学修饰电极和生物电分析化学等为主体的各种分析手段,不但在生命体和有机组织的整体水平上,而且在大分子及生物活性物质的化学和生物本质方面,已日益显示出十分重要的作用。

7.非破坏性检测及遥测

非破坏性检测及遥测是仪器分析的又一重要外延。当今的许多物理和物理化学分析方法都已发展为非破坏性检测。这对于生产流程控制、自动分析及难以取样的诸如生命过程的分析是极其重要的。遥测技术应用较多的是激光雷达、激光散射和共振荧光、傅里叶变换红外光谱等,已成功地用于测定几十千米距离内的气体、某些金属的原子和分子、飞机尾气组成、炼油厂周围大气组成等,并为红外制导和反制导系统的设计提供理论和实验根据。

8.自动化及智能化

微电子工业、大规模集成电路、微处理器和微型计算机的发展,使仪器分析和其他科学与技术一样进入了自动化和智能化的阶段。机器人是实现基本化学操作自动化的重要工具。专家系统是人工智能的最前沿。在仪器分析中,专家系统主要用作设计实验和开发分析方法,进行谱图说明和结构解释。20世纪80年代兴起的过程分析已使仪器分析专家摆脱了传统的实验室操作,进入到生产过程甚至生态过程控制的行列。分析化学机器人和现代分析仪器作为“硬件”,化学计量学和各种计算机程序作为“软件”,对分析化学所带来的影响会是十分深远的。

总之,仪器分析技术正在不断朝着快速、准确、自动、灵敏及适应特殊分析的方向迅速发展。仪器分析技术还将不断地吸取数学、物理学、计算机科学以及生物学中的新思想、新理念、新方法和新技术,改进和完善现有的仪器分析技术,并逐步研究和开发一批新的仪器分析技术,这就是当今仪器分析技术的总趋势。

项目2 样品预处理

检测样品的成分一般较复杂,当测定某一成分时,由于其他组分的存在,会产生干扰而影响被测组分的正确检出。故在分析检验前,必须采取相应的措施排出干扰。此外,一些有毒、有害等物质,由于其含量极低,难以检出,需要对样品中的相应组分进行浓缩。为解决以上问题,需要对样品进行预处理,处理方法如下:

知识一 有机物破坏法

当测量样品中无机化合物的含量时,常采用有机物破坏法来消除有机物的干扰。有机物破坏法可分为干法灰化法、湿法消化法、微波消解法等,各类方法又因原料的组成及被测元素的性质不同而有许多不同的操作条件。选择的原则是:

(1)方法简便,使用的试剂越少越好。

(2)方法耗时越短、有机物破坏越彻底越好。

(3)被测元素不受损失,破坏后的溶液容易处理,不影响以后的测定步骤。

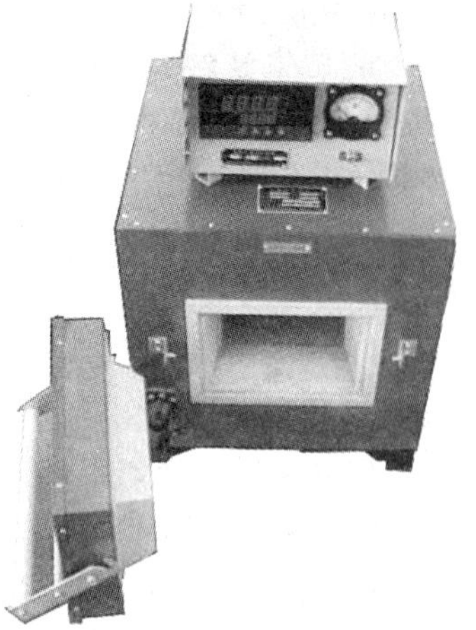

图 1-2　马弗炉

（一）干法灰化法

干法灰化法是通过高温灼烧的方式破坏样品中有机物的方法，因而又称为灼烧法。除汞外的大多数金属元素和部分非金属元素的测定可采用该法。具体操作是：将洗净的坩埚置于马弗炉（图 1-2）中烘至恒重，冷却后将称量后的样品置于坩埚中，于普通电炉上小火炭化（除去水分和黑烟），转入马弗炉于 500～550℃ 灰化。如不能灰化彻底，取出放冷后，加入少许硝酸或双氧水润湿残渣，小心蒸干后再转入马弗炉灰化。残灰应为白色或浅灰色，否则应继续灼烧。得到的残灰即无机成分，可供测定使用。

干法灰化法的优点：基本不添加或添加很少量的试剂，故空白值较低；多数食品经灼烧后所剩下的灰分体积很小，因而能处理较多量的样品，故可加大称样量，在方法灵敏度相同的情况下，可提高检出率；有机物分解彻底；操作简单，灰化过程中不需要人一直看管，可同时做其他实验的准备工作。

干法灰化法的缺点：处理样品所需要的时间较长；由于敞口灰化，温度又高，容易造成汞、砷、锑、铅等挥发性元素的损失；盛装样品的坩埚对被测组分有一定的吸留作用（高温灼烧使坩埚材料结构改变，造成微小孔穴，使某些被测组分吸留于孔穴中很难溶出），致使测定结果和回收率偏低。

（二）湿法消化法

湿法消化法是指在酸性溶液中向样品中加入氧化性强酸，并结合加热消煮，有时还要加一些氧化剂或催化剂，使样品中的有机物质被完全分解、氧化，呈气态逸出，而待测成分则转化为离子状态存在于消化液中，供测试用。消化装置如图 1-3 所示。

常用的强氧化剂有浓硝酸、浓硫酸、高氯酸、高锰酸钾、过氧化氢等；常用的催化剂有硫酸铜、硫酸汞、二氧化硒、五氧化二钒等。

图 1-3　消化装置

湿法消化法的优点：使用强氧化剂，有机物分解速度快，消化所需时间短；由于加热温度较干法灰化法低，故可减少金属挥发逸散的损失，同时容器的吸留也少；被测物质以离子状态保存在消化液中，便于分别测定其中的各种微量元素。

湿法消化法的缺点：在消化过程中，有机物快速氧化常产生大量有害气体，因此操作需在通风橱内进行；消化初期，易产生大量泡沫外溢，故需操作人员随时照管；消化过程中大量使用各种氧化剂等，试剂用量较大，空白值偏高。

湿法消化法根据所用氧化剂不同可分为以下几类。

1. 硫酸-硝酸法

称取粉碎好的样品 10～20g，放入 250～500mL 凯氏烧瓶中，再加浓硝酸 20mL，小心混合后，先用小火使样品溶化，再加浓硫酸 10mL，渐渐加强火力，保持微沸状态并不断滴加浓硝酸，至溶液透明不再转黑为止。每当溶液变深时，应立即添加浓硝酸，否则会消化不完全。待溶液不再转黑后，继续加热数分钟至冒出浓白烟，此时消化液应清澈透明。消化液放冷后，小心用水稀释，转入容量瓶，同时用水洗涤凯氏烧瓶，洗液一同转入容量瓶，调至刻度后混合均匀供测定用。

2. 高氯酸-硝酸-硫酸法

称取粉碎好的样品 10～20g，放入 250～500mL 凯氏烧瓶中，加少许水润洗，加几粒玻璃珠，加 3∶1的硝酸-高氯酸混合液 10～15mL，放置片刻，小火缓慢加热，反应稳定后放冷，加入 5～10mL 浓硫酸，继续加热至瓶中液体开始变成棕色时，不断滴加 3∶1的硝酸-高氯酸混合液至有机物分解完全。加大火力至产生白烟。溶液应澄清、无色或微黄色。操作中注意防爆。消化液放冷后，小心用水稀释，转入容量瓶，同时用水洗涤凯氏烧瓶，洗液一同转入容量瓶，调至刻度后混合均匀供测定用。

3. 硝酸-高氯酸法

取适量样品于 250～500mL 凯氏烧瓶中，加入几毫升浓硝酸，小心加热至剧烈反应停止后，再加热煮沸至近干，加入 20mL 1∶1 的硝酸-高氯酸混合液。缓慢加热，反复滴加 1∶1 的硝酸-高氯酸混合液至有机物破坏完全，小心蒸发至近干，加入适量稀盐酸溶解残渣，若有不溶物应过滤。滤液转入容量瓶，调至刻度后混合均匀供测定用。

4. 高氯酸-硫酸法

取适量样品于 250～500mL 凯氏烧瓶中，加适量浓硫酸，加热消化至淡棕色，放冷，加几毫升高氯酸，再加热消化，重复该操作至有机物破坏完全，放冷后用适量水稀释，稀释液转入容量瓶，调至刻度后混合均匀供测定用。

（三）微波消解法

微波消解法兴起于 20 世纪末，其利用微波的穿透性和激活反应能力加热密闭容器内的试剂和样品，可使制样容器内压力增加、反应温度提高，从而缩短消解时间。微波消解器见图 1-4。该法适于处理大批量样品及萃取极性与热不稳定的化合物。具体操作：称取粉碎好的样品 0.5～1.0g，置于消解罐中，加入约 1mL 的水，加入 2～3mL 浓硝酸（盐酸、氢氟酸、双氧水等），把罐盖好，放入微波消解器中，调好减压阀后消解。

微波消解法具有下列优点：

（1）加热快、升温高，消解能力强，大大缩短了溶样时间。消解各类样品可在几分钟至二十几分钟内完成，比电热板的消解速度快 10～100 倍。如用凯氏定氮法消解试样需 3～6h，用微波消解法只需 9～18min，快 20 倍左右。微波消解法还能消解许多传统方法难以消解的样品，如锆英石。快速消解的原因来自于微波对样品溶液的直接加热和罐内迅速形成的高温、高压。

图 1-4 微波消解器

（2）消耗试剂少，空白值低。消解一个样品一般只需 15mL 的酸溶液，只有传统方法用酸量的几分之一。因为密闭消解时酸不会挥发损失，不必为保持酸的体积而继续加酸，节省了试剂，减少了试剂带入的杂质元素的干扰，空白值明显减小了。

（3）避免了挥发损失和样品的沾污，提高了分析的准确度和精密度，回收率也获得令人满意的结果。采用密闭的消解罐，避免了样品中或在消解过程中形成的挥发性组分的损失，保证了测量结果的准确性，也避免了样品之间的相互污染和外部环境的污染，适于痕量及超纯分析和易挥发元素（如 As、Hg）的检测。挥发损失少了，试剂带入的干扰元素少了，受污染的情况也减少了，自然回收率更令人满意。微波消解系统能实时显示反应过程中密闭罐内的压力、温度和时间三个参数，并能准确控制，反应的重复性好，准确度和精密度都提高了。

(4)降低了劳动强度，改善了工作环境。过去，在电热板上煮酸，消解样品，尽管有通风柜，但仍然是酸雾缭绕，不仅分析人员深受其害，而且腐蚀了实验室内其他设备。现在在密闭的罐中消解，挥发的酸大大减少，有效地改善了分析人员的工作环境。由于消解样品的速度加快，分析时间缩短，同时分析的准确度与精密度又得以提高，显著地降低了劳动强度，提高了工作效率。

(5)节省电的消耗，降低分析成本。微波密闭消解不仅节省试剂，而且节省电能。如消解 1g 奶粉，用 800W 微波加热，只需 8min 消解完毕；而用 1.5kW 的电热板加热需 3h，不仅时间缩短到 1/22，耗电也下降到 1/26，降低了分析成本。

微波消解法的缺点：消解压力大，存在一定的危险，且需要特殊的昂贵设备。

知识二　物质的分离和提纯

样品中的待测组分一般是与许多其他物质共存的，可根据不同物质在同一溶剂中的溶解度不同将其分离。根据分离的物质的不同，可分为重结晶分离法、萃取分离法、化学分离法、蒸馏分离法、色谱分离法和浓缩法，分别介绍如下：

（一）重结晶分离法

重结晶是提纯固体物质常用的方法之一，适用于产品与杂质的性质差别较大，产品的杂质含量小于 5%的体系。

（二）萃取分离法

萃取分离法是利用某组分在两种互不相溶的溶剂中分配系数的不同，使其从一种溶剂转移到另一种溶剂中，而与其他组分分离的方法。萃取装置如图 1-5 所示。此法操作迅速，分离效果好，应用广泛。但萃取试剂通常易燃、易挥发，且有毒性。

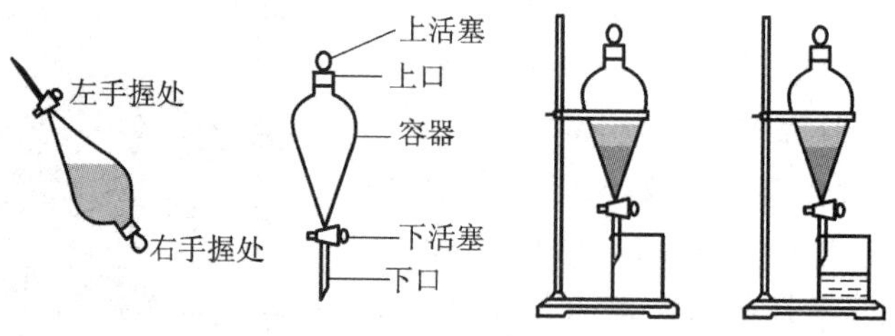

图 1-5　萃取装置

1. 萃取剂的选择

根据被提取物质的性质选择萃取剂。萃取剂对被测组分的溶解度应最大，对杂质的溶解度最小。萃取效果遵从相似相溶原则，通常对极性较弱的成分，可采用极性小的溶剂萃取；对极性强的成分，可采用极性大的溶剂萃取。所选萃取剂的沸点应适当，太低易挥发，太高又不易浓缩。

2.萃取方法

萃取通常在分液漏斗中进行，一般需经4～5次萃取才能达到完全分离的目的。当用较水轻的溶剂从水溶液中提取分配系数小，或振荡后易乳化的物质时，采用连续液体萃取器较分液漏斗的效果更好。

(三)化学分离法

1.磺化法和皂化法

磺化法和皂化法是除去油脂或处理含脂肪样品时常用的方法，也用于农药分析中样品的净化。

(1)磺化法。磺化法以浓硫酸处理样品提取液，油脂遇到浓硫酸就发生磺化，浓硫酸与脂肪和色素中的不饱和键起加成作用，形成可溶于硫酸和水的强极性化合物，不再被弱极性的有机溶剂所溶解，从而使脂肪被分离出来，达到分离净化的目的。该法只适用于在强酸介质中稳定的农药分析，如有机氯农药中的六六六、DDT的分析，回收率可达到80%以上。

(2)皂化法。皂化法用热碱氢氧化钾-乙醇溶液处理样品提取液，氢氧化钾与脂肪发生皂化反应，以除去脂肪等干扰杂质。该法只适用于在强碱介质中稳定的农药提取液的净化。

2.掩蔽法

此法利用掩蔽剂与样品溶液中的干扰成分作用，使干扰成分转变为不干扰测定状态，即被掩蔽起来，以消除其对被测组分的干扰。掩蔽法有一个最大的优点，即可以免去分离的操作，使分析步骤简化，因此在分析检验中被广泛使用，特别是原子吸收测金属元素时，常加入配位掩蔽剂消除共存的干扰离子的影响。

3.沉淀分离法

沉淀分离法是利用沉淀反应进行分离的方法。在试样中加入适当的沉淀剂，使被测组分沉淀下来，或将干扰组分沉淀下来，经过过滤或离心将沉淀与母液分开，从而达到分离目的。该法是常用的样品净化方法。

(四)蒸馏分离法

蒸馏分离法是利用液体混合物中各组分挥发度不同所进行分离的方法，既可以将干扰组分蒸馏除去，又可以将待测组分蒸馏溢出，收集馏出液后进行分析。故此法具有分离和净化双重效果。根据样品中待测定成分性质的不同，蒸馏方式有常压蒸馏、减压蒸馏及水蒸气蒸馏。

1.常压蒸馏

当被蒸馏的物质受热后不发生分解或沸点不太高时，可在常压下进行蒸馏。常压蒸馏装置比较简单。加热方法要根据被蒸馏物质的沸点和特性来选择。如果沸点不高于90℃，可用水浴；如果沸点超过90℃，则需改用油浴、沙浴、盐浴或石棉浴；如果被蒸馏物质不易爆炸或燃烧，可直接加热，最好垫以石棉网，以保证加热均匀和安全。当被测物质的沸点高于150℃时，则需使用空气冷凝管进行冷凝，如图1-6所示。

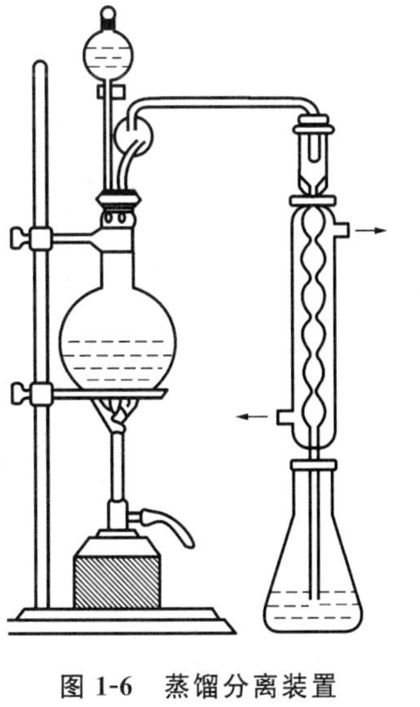

图1-6 蒸馏分离装置

2.减压蒸馏

如果被蒸馏物质容易发生分解或沸点太高,可以采用减压蒸馏的方式。主要是根据蒸馏容器内的压力降低,物质沸点降低的原理,在较低的温度下,使要蒸馏的组分挥发进行分离。减压装置通常使用水泵或真空泵。减压蒸馏装置见图 1-7。

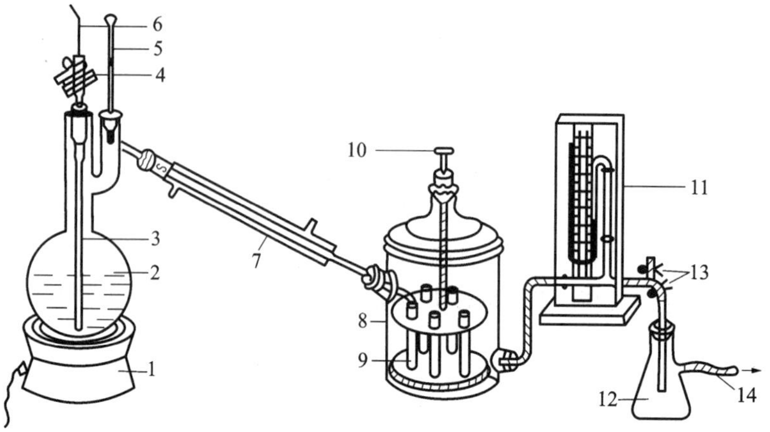

图 1-7　减压蒸馏装置

1—电炉;2—克莱森瓶;3—毛细管;4—螺旋止水夹;5—温度计;6—细铜丝;7—冷凝器;8—接收瓶;9—接收管;10—转动把;11—压力计;12—安全瓶;13—三通管阀门;14—接抽气机

3.水蒸气蒸馏

水蒸气蒸馏是用水蒸气加热水和与水互不相溶的混合液体,使具有一定挥发度的被测组分与水蒸气按分压成比例地从溶液中一起蒸馏出来。

某些物质的沸点较高,直接加热蒸馏时,因受热不均易引起局部炭化;还有些被测成分,当加热到沸点时可能发生分解。这些成分的提取可用水蒸气蒸馏。水蒸气蒸馏装置见图 1-8。

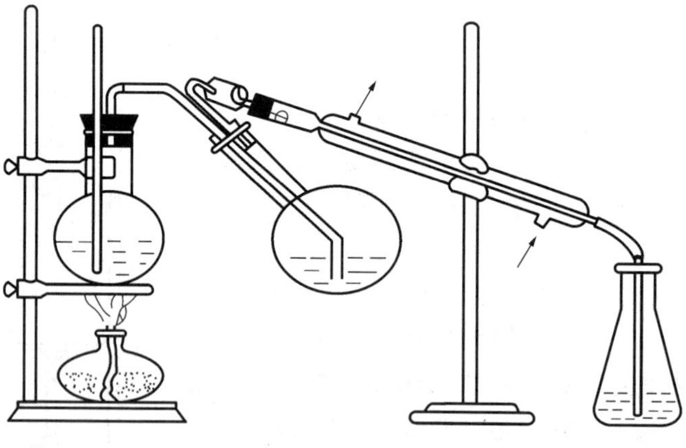

图 1-8　水蒸气蒸馏装置

蒸馏操作的注意事项:

(1)蒸馏瓶中装入液体的体积不超过蒸馏瓶容积的 2/3,同时加碎瓷片防止爆沸。水蒸气蒸馏时，水蒸气发生瓶中也应加入碎瓷片或毛细管。

(2)温度计的插入高度适当，以与通入冷凝器的支管在一个水平面或略低一点为宜。

(3)蒸馏有机溶剂的液体时应使用水浴，并注意安全。

(4)冷凝器的冷凝水应由低向高逆流。

(五)色谱分离法

色谱分离法是利用物质在两相中的分配系数(由物理化学性质，如溶解度、蒸气压、吸附能力、离子交换能力、亲和能力及分子大小等决定)的微小差异进行分离。当互不相溶的两相做相对运动时，被测物质在两相之间进行连续多次分配，这样原来微小的分配差异被不断放大，从而使各组分得到分离。

根据分离原理不同，可将色谱分离法分为吸附色谱分离法、分配色谱分离法和离子交换色谱分离法等。

(1)吸附色谱分离法：该法使用的载体为聚酰胺、硅胶、硅藻土、氧化铝等吸附剂，经活化处理后具有一定的吸附能力。样品中的各组分依其吸附能力不同被载体选择性吸附，使其分离。如食品中色素的测定：将样品溶液中的色素经吸附剂吸附(其他杂质不被吸附)，经过滤、洗涤，再用适量的溶剂解析，得到比较纯净的色素溶液。可以直接将吸附剂加入样品中吸附色素，也可以将吸附剂装入玻璃管中制成吸附柱或涂布层薄层板使用。

(2)分配色谱分离法：此法是根据样品中的组分在固定相和流动相中的分配系数不同而进行分离。当溶剂渗透在固定相中并向上渗展时，分配组分就在两相中进行反复分配，进而分离。如多糖类样品的纸上层析：样品经酸水解处理，中和后制成试液，滤纸上点样，用苯酚-1%氨水饱和溶液展开，苯胺邻苯二酸显色，于105℃加热几分钟，可见不同斑点——戊醛糖(红棕色)、双糖类(黄棕色)、己醛糖(棕褐色)、己酮糖(淡棕色)。

(3)离子交换色谱分离法：这是一种利用离子交换剂与溶液中的离子发生交换反应以实现分离的方法，根据被交换离子的电荷分为阳离子交换法和阴离子交换法。该法可用于从样品溶液中分离待测离子，也可以从样品中分离干扰组分。分离操作为：将样液与离子交换剂一起混合振荡或将样液缓慢通过事先制备好的离子交换柱，则被测离子与交换剂上的 H^+ 或 OH^- 发生交换，或是被测离子上柱(或是干扰组分上柱)，从而将其分离。

(六)浓缩法

样品在提取、净化后，往往样液体积过大、被测组分的浓度太小，影响分析检测。为了提高待测组分的浓度，常对样品提取液进行浓缩。浓缩装置见图1-9。常用的浓缩方法有常压浓缩和减压浓缩。

(1)常压浓缩：待测组分不易挥发，可用蒸发皿直接加热浓缩，也可用蒸馏装置等。

(2)减压浓缩：适用于易挥发、热不稳定性组分的浓缩。

常用的K-D浓缩器，采用水浴加热并抽气减压，浓缩速度快，被测组分损失少。

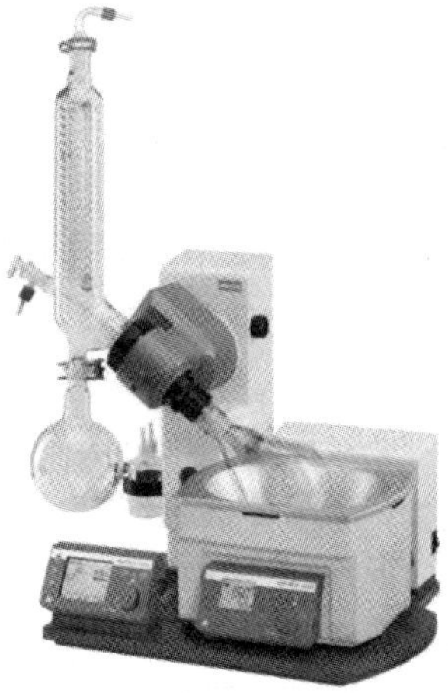

图1-9 旋转浓缩仪

项目 3 仪器分析的误差与数据处理

知识一 仪器分析的误差

在仪器分析中，受分析方法、测量仪器、所用试剂和分析人员主观条件等多种因素的限制，分析结果与真实值不完全一致。即使采用最可靠的分析方法，使用最精密的仪器，由技术很熟练的分析人员进行测定，也不可能得到绝对准确的结果。同一个人在相同条件下对同一种试样进行多次测定，所得结果也不会完全相同。这表明，在分析过程中，误差是客观存在、不可避免的。因此，我们应该了解分析过程中误差产生的原因及其出现的规律，以便采取相应的措施减小误差，以提高分析结果的准确度。

1. 误差与准确度

分析结果的准确度是指测量值与真实值的接近程度，测量值与真实值之间的差别越小，则分析结果的准确度越高。准确度的大小用误差来衡量，误差是指测定结果与真实值之间的差值。误差又可分为绝对误差和相对误差。绝对误差(E)表示测定值(x_i)与真实值(x_T)之差，即

$$E = x_i - x_T \tag{1-6}$$

相对误差(E_r)表示误差在真实值中所占的百分率，即

$$E_r = \frac{E}{x_T} \times 100\% \tag{1-7}$$

【例 1-1】 用分析天平称量两物体的质量分别为 1.6380g 和 0.1637g，假设两物体的真实值各为 1.6381g 和 0.1638g，则两者的绝对误差、相对误差分别是多少？

【解】 两者的绝对误差分别为：

$$E_1 = 1.6380 - 1.6381 = -0.0001(\text{g})$$

$$E_2 = 0.1637 - 0.1638 = -0.0001(\text{g})$$

两者的相对误差分别为：

$$E_{r1} = \frac{-0.0001}{1.6381} \times 100\% = -0.006\%$$

$$E_{r2} = \frac{-0.0001}{0.1638} \times 100\% = -0.06\%$$

由此可见，绝对误差相等时，相对误差并不一定相等。在例 1-1 中，对于同样的绝对误差，称量的物体越重，其相对误差越小。因此，用相对误差来表示测定结果的准确度更为确切。

绝对误差和相对误差都有正、负值。正值表示分析结果偏高，负值表示分析结果偏低。

在实际分析工作中，一般要进行多次平行测定，以求得测量结果的算术平均值。在这种情况下，通常用绝对偏差、平均偏差、相对平均偏差、标准偏差与相对标准偏差来衡量测量结果的精确度。

(1)绝对偏差和平均偏差：测量值与平均值之差称为绝对偏差。绝对偏差越大，精确度越低。若令 $\bar{x}$ 代表一组平行测定的平均值，则单个测量值 x_i 的绝对偏差 d 为：

$$d = x_i - \bar{x} \tag{1-8}$$

一组测量数据中的偏差必然有正有负，还有一些偏差可能为零。如果将各单次测量值的偏差相加，其和为零。为了说明分析结果的精确度，以单次测量偏差的绝对值的平均值，即平均偏差 $\overline{d}$ 表示精密度，即

$$\overline{d} = \frac{\sum_{i=1}^{n} |x_i - \overline{x}|}{n} \tag{1-9}$$

(2)相对平均偏差：平均偏差在平均值中所占的百分率称为相对平均偏差，即：

$$\frac{\overline{d}}{\overline{x}} \times 100\% = \frac{\frac{\sum_{i=1}^{n} |x_i - \overline{x}|}{n}}{\overline{x}} \times 100\% \tag{1-10}$$

(3)标准偏差：使用标准偏差是为了突出较大偏差的存在对测量结果的影响，其计算公式为

$$s = \sqrt{\frac{\sum_{i=1}^{n} (x_i - \overline{x})^2}{n-1}} \tag{1-11}$$

(4)相对标准偏差又称为变异系数，其公式为

$$s_r = \frac{s}{\overline{x}} \times 100\% \tag{1-12}$$

【例 1-2】 分析某铁矿石中铁的含量(%)，其结果为：37.45、37.20、37.50、37.30、37.25。计算结果的平均值、平均偏差、标准偏差及变异系数。

【解】 $$\overline{x} = \frac{37.45+37.20+37.50+37.30+37.25}{5} = 37.34(\%)$$

单次测量的偏差分别为：$d_1 = +0.11\%$；$d_2 = -0.14\%$；$d_3 = +0.16\%$；$d_4 = -0.04\%$；$d_5 = -0.09\%$

$$\overline{d} = \frac{1}{n}\sum_{i=1}^{n} |d_i| = \frac{0.11+0.14+0.16+0.04+0.09}{5} = 0.11(\%)$$

$$s = \sqrt{\frac{\sum_{i=1}^{n} d_i^2}{n-1}} = \sqrt{\frac{0.11^2+0.14^2+0.16^2+0.04^2+0.09^2}{5-1}} = 0.13(\%)$$

$$s_r = \frac{s}{\overline{x}} \times 100\% = \frac{0.13}{37.34} \times 100\% = 0.35\%$$

2.精密度、准确度和精确度

反映测量结果与真实值接近程度的量称为精确度(亦称精度)。它与误差大小相对应，测量的精确度越高，其测量误差就越小。精确度应包括精密度和准确度两层含义。

(1)精密度：测量中所测得数值重现性的程度称为精密度。它反映偶然误差的影响程度。精密度高就表示偶然误差小。

(2)准确度：测量值与真实值的偏移程度称为准确度。它反映系统误差的影响程度。准确度高就表示系统误差小。

(3)精确度(精度)：它反映测量中所有系统误差和偶然误差综合的影响程度。

在一组测量中，精密度高的准确度不一定高，准确度高的精密度也不一定高，但精确度

高，则精密度和准确度都高。

可用如图 1-10 所示的打靶子例子来说明精密度与准确度的区别。

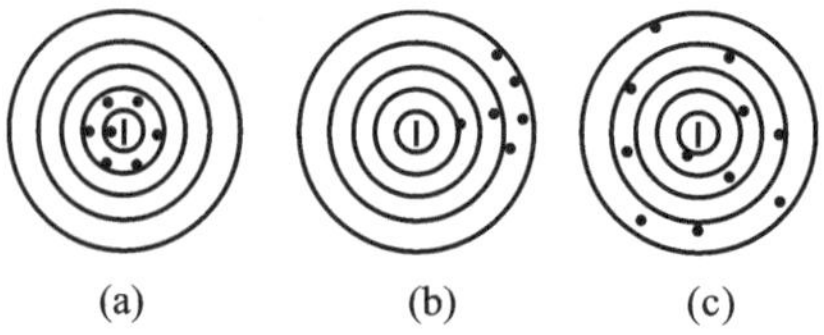

图 1-10　精密度和准确度的关系

图 1-10(a)表示精密度和准确度都很高，则精确度高；图 1-10(b)表示精密度很高，但准确度不高；图 1-10(c)表示精密度与准确度都不高。在实际测量中没有像靶心那样明确的真实值，而是设法去测定这个未知的真实值。

学生在仪器分析过程中，往往满足于仪器分析数据的重现性，而忽略了数据测量值的准确度。绝对真值是不可知的，人们只能订出一些国际标准作为测量仪表准确性的参考标准。随着人类认识活动的推移和发展，可以逐步逼近绝对真值。

知识二　误差产生的原因

误差按其性质可以分为系统误差和随机误差两大类。也有人将操作过失造成的结果与真实值间的差异叫做“过失误差”。其实，过失是错误，是实验过程中应该加以避免的，如试样分解时分解不够完全，称样时试样洒落在容器外，读错刻度，看错砝码，看错读数，记错数据，加错试剂等。

(一)系统误差

系统误差是指分析过程中由于某些固定的原因所造成的误差。系统误差的特点是具有单向性和重现性，即它对分析结果的影响比较固定，使测定结果系统地偏高或系统地偏低；当重复测定时，它会重复出现。系统误差产生的原因是固定的，它的大小、正负是可测的，理论上讲，只要找到原因，就可以消除系统误差对测定结果的影响。因此，系统误差又称可测误差。

根据系统误差产生的原因，可将其分为：

(1)方法误差。方法误差是由于分析方法本身所造成的误差，例如滴定分析中指示剂的变色点与化学计量点不完全一致；重量分析中沉淀的溶解损失等。

(2)仪器误差。仪器误差是由于仪器本身不够精确而造成的误差，例如天平砝码、容量器皿刻度不准确等。

(3)试剂误差。由于实验时所使用的试剂或蒸馏水不纯而造成的误差称为试剂误差，如试剂或蒸馏水中含有微量被测物质或干扰物质。

(4)操作误差。操作误差(个人误差)是由于分析人员所掌握的分析操作与正确的分析操作的差别或分析人员的主观原因所造成的误差，如重量分析中对沉淀的洗涤次数过多或不够；个人对颜色的敏感程度不同，在辨别滴定终点的颜色时有人偏深，有人偏浅；读取滴定管数据时个人习惯性地偏高或偏低等。

(二)随机误差

随机误差又称偶然误差，它是由某些随机(偶然)的原因所造成的，例如测量时环境温度、气压、湿度、尘埃等的微小波动；个人一时辨别的差异而使读数不一致。如在滴定管读数时，估计的小数点后第二位的数值，几次读数不一致。随机误差的产生是一些不确定的偶然原因造成的，因此，其数值的大小、正负都是不确定的，所以，随机误差又称不可测误差。随机误差在分析测定过程中是客观存在、不可避免的。

实际分析检测中，系统误差与随机误差往往同时存在，并无绝对的界限。在判断误差类型时，应从误差的本质和具体表现入手，加以甄别。

(三)提高分析结果准确度的方法

在定量分析中误差是不可避免的，为了获得准确的分析结果，必须尽可能地减少分析过程中的误差。特别要避免操作者粗心大意、违反操作规程或不正确使用分析仪器的情况出现。针对分析测试的具体要求，可以采取多种措施减小分析过程中各种误差的影响，提高分析结果的准确度。

1.选择合适的分析方法

各种分析方法的准确度和灵敏度是不相同的。重量分析和滴定分析的灵敏度虽然不高，但对于高含量组分的测定，能获得比较准确的结果。例如对于铁的质量分数为60.00%的试样，用重铬酸钾法测定，方法的相对误差为0.2%，则测定结果的含量范围是59.88%～60.12%。如果用直接分光光度法进行测定，由于方法的相对误差约为3%，测得铁的质量分数范围将在58.2%～61.8%之间，误差显然大得多。若试样中铁的质量分数为0.1%，则用重铬酸钾法无法测定，这是由于方法的灵敏度达不到。若以分光光度法进行测定，可能测得的铁的含量范围为0.097%～0.103%，结果完全符合要求。

2.减小测量误差

为了保证分析结果的准确度，必须尽量减小测量误差。例如，一般分析天平(电子天平)的两次称量结果的误差为±0.0002g，为了使测量时的相对误差在0.1%以下，试样质量就不能太小。从相对误差的计算中可看到：

$$相对误差=\frac{绝对误差}{被称物质量}\times 100\% \quad (1\text{-}13)$$

可见称取试样的质量必须在0.2g以上。

在滴定分析中，滴定管两次读数的误差常有±0.02mL，为了使测量时的相对误差小于0.1%，则消耗滴定剂的体积必须在20mL以上。

3.减小随机误差

随机误差是由偶然的不固定的原因造成的，在分析过程中始终存在，是不可消除的。在消除系统误差的前提下，平行测定次数愈多，平均值愈接近于真实值。因此，增加测定次数，可以提高平均值的精密度，平均值越接近于真实值。在一般化学分析中，对于同一试样，通常要求平行测定2～4次。如对测定结果的准确度要求较高时，可增加测定次数至10次左右。

教学实验(探索性等实验例外)采用的是较为成熟的分析方法，可认为不存在方法误差；实验若采用符合纯度要求的试剂和蒸馏水，可认为不存在试剂误差；若仪器的各项指标也调试到符合实验要求，可认为无仪器误差。那么实验结果误差的来源就是随机误差。若出现非常可疑的离群值，基本可判断实验存在着操作者的操作误差或过失。

4.检查和消除系统误差

精密度高是准确度高的先决条件，而精密度高并不表示准确度高。在实际工作中，有时遇到这样的情况：几个平行测定的结果非常接近，似乎分析工作没有什么问题了，可是一旦用其他可靠的方法检验，就发现分析结果有严重的系统误差，甚至可能因此而造成严重差错。因此，在分析工作中，必须十分重视系统误差的消除，以提高分析结果的准确度。造成系统误差的原因有多方面，根据具体情况可采用不同的方法加以消除。一般系统误差可用下面的方法进行检验和消除。

(1)对照试验。对照试验是检验系统误差的有效方法。通常采用的对照试验方法有三种：①在相同条件下，以所用的分析方法对标准试样(已知结果的准确值)与被测试样同时进行测定，通过对标准试样的分析结果与其标准值的比较，可以判断测定是否存在系统误差。②在相同条件下，以所用的分析方法与经典的分析方法对同一试样进行测定，对结果进行对照，以检验是否存在系统误差。③可以通过加入回收的方法进行对照试验，即在试样中加入已知量的被测组分后进行分析，通过结果计算出回收率，从而判断是否存在系统误差。

许多生产单位为了检查分析人员之间是否存在系统误差和其他问题，常在安排试样分析任务时，将一部分试样重复安排在不同分析人员之间，互相进行对照试验，这种方法称为“内检”。有时又将部分试样送交其他单位进行对照分析，这种方法称为“外检”。

(2)空白试验。由蒸馏水、试剂和器皿带进杂质所造成的系统误差，一般可作空白试验来扣除。

所谓空白试验，就是在不加待测组分的情况下，按照待测组分分析同样的操作步骤和条件进行试验。试验所得结果称为空白值。从试样分析结果中扣除空白值后，就得到比较可靠的分析结果。当空白值较大时，应找出原因，加以消除，如选用纯度更高的试剂和改用其他适当的器皿等。在进行微量分析时，空白试验是必不可少的。

(3)校准仪器和量器。仪器和量器不准确引起的系统误差，可以通过校准来减小其影响，例如砝码、容量瓶、移液管和滴定管等。在精确的分析中，必须进行校准，在测定时采用校正值。

(4)采用辅助方法校正分析结果。分析过程的系统误差，有时可采用适当的方法进行校正。例如用电重量法测定纯度为99.9%以上的铜，因电解不很完全而引起负的系统误差。为此，可用光度法测定溶液中未被电解的残余铜，将光度法得到的结果加到电重量法的结果中去，即可得到较准确的结果。

知识三　有效数字及其运算规则

1.有效数字

任何测量的准确性都是有限的，人们在实验中只能以一定的近似值表示测量结果，因此在记录时既不可随意地多写数位，夸大测量的精确性；也不可轻率地少写数位，降低测量的精确性。如用酸度计测得某液体的pH值为7.50，若记作7.5或7.500都未能正确、如实地反映测量的精度。

有效数字是指在分析工作中实际上能测量到的数字，通常包括全部准确数字和一位不确定的可疑数字，即在有效数字中，只有最后一位数字是可疑的。

2.有效数字的位数

一个数据中除了起定位作用的0外，其他数都是有效数字。如0.0346只有3位有效数字，而460.0则有4位有效数字。一般要求测试数据的有效数字为4位。要注意有效数字不一定都是可靠数字。如测流体阻力所用的 U 形管压差计，最小刻度是 1mm，但我们可以读到 0.1mm，如 342.4mmHg。又如二等标准温度计的最小刻度为 0.1℃，但我们可以读到 0.01℃，如 15.16℃。此时有效数字为 4 位，而可靠数字只有 3 位，最后一位数字是不可靠的，称为可疑数字。记录测量数值时只保留一位可疑数字。

为了清楚地表示结果的精度，需要明确数字的有效数字位数：

(1)数字中有“零”时，“零”可以是有效数字，也可以是非有效数字。

(2)分数中的分母或倍数中的系数为自然数时，它为非测量所得，它不表示有效数字位数，而应视为无限多位。

(3)计算有效数字的位数时，若第一位数字是 8 或 9，则其有效数字的位数应多算一位。

(4)有效数字的位数与量的使用单位无关。

(5)pH、pK 等，其有效数字的位数取决于小数部分的位数，其整数部分只说明原数值的方次。

具体的有效数字的位数见表 1-2。

表 1-2 有效数字位数

序号	有效数字位数	数字
1	五位有效数字	1.0001；2.0205；2.2023×10^{2}；25.386
2	四位有效数字	0.5500；7.862；25.05%；8.61×10^{-5}
3	三位有效数字	0.0450；0.100%；12.0；0.782
4	二位有效数字	pH=7.50；0.0045；0.40%；5.0
5	一位有效数字	0.02；0.4；0.001%；pH=2.0
6	有效数字位数不定	1；200；1/5；π

3.有效数字的处理规则

(1)直接测量值应保留一位可疑值，记录原始数据时也只有最后一位数是可疑的。例如，分析天平称量到 0.0001g，其最后一位有±1 的偏差。

(2)计算中遇到常数、倍数等，可视为无限多位有效数字。舍去多余或不正确的数字，采用“四舍六入五成双”的原则，即当拟舍去的数字左边第一位小于或等于 4 时，舍去；当拟舍去的数字左边第一位大于或等于 6 时，进位。当尾数为 5 时，则应视保留的末位数是奇数还是偶数而定，5 前为偶数(包括 0)，应将 5 舍去；5 前为奇数，则将 5 进位。若 5 后面还有不是 0 的任何数，皆入。注意修约时只能对原始数据进行一次修约到需要的位数，不能逐级修约。

【例 1-3】 将下列数字修约到两位有效数字。

0.010750→0.011

0.3148→0.31

2.65→2.6

2.55→2.6

2.451→2.5

2.5680→2.6

(3)几个数字相加、相减时，应以各数字中小数点位数最少(绝对误差最大)的数据为标准，决定结果(和或差)的有效位数。

(4)几个数字相乘、相除时，应以各数字中有效数字位数最少(相对误差最大)的数字为标准，决定结果(积或商)的有效位数。中间算式中可多保留一位。首位为8或9时，可多算一位有效数字。

【例 1-4】 计算以下各式。

$0.0025+2.5\times10^{-3}+0.10250=0.10750\to0.1075$

$0.015+34.37+4.3225=38.7075\to38.71$

$3.69+28.01348-18.9964=12.70708\to12.71$

$\frac{15.3\times0.01232}{9.3}=0.02026838\to0.0203$

$\frac{0.07825\times12.0}{6.871}=0.13666\to0.137$

(5)分析结果的有效数字位数应与技术要求数值的有效位数一致。对于高组分含量(>10%)，一般要求以四位有效数字给出结果；对于中等含量的组分(1%～10%)，一般要求以三位有效数字给出结果；对于微量组分(<1%)，一般要求以两位有效数字给出结果。测定杂质含量时，若实际测量值低于技术指标一个或多个数量级，可用“小于”该技术指标的方式给出结果。

知识四　平均值的置信区间

在实际分析检测中，通常把测定数据的平均值作为分析结果报出。测得的少量数据的平均值总是带有一定的不确定性，它不能明确地说明测定的可靠性。在要求准确度较高的分析中，报出分析结果时，应同时指出测定结果包含真实值所在的区间范围，这一范围就称为置信区间。

对于有限次数的测定，真实值 μ 与平均值 $\bar{x}$ 之间有如下关系：

$$\mu=\bar{x}\pm\frac{ts}{\sqrt{n}}$$

式中 s 为标准偏差，n 为测定次数，t 为在选定的某一置信度下的校正系数，可根据测定次数从表1-3中查得。上述公式表示，在一定置信度下，以测定的平均值 $\bar{x}$ 为中心，包括总体平均值 μ 的范围，这就叫平均值的置信区间。

表 1-3　不同测定次数及不同置信度下的 t 值

测定次数 n	置信度				
	50%	90%	95%	99%	99.5%
2	1.000	6.314	12.706	63.657	127.32
3	0.816	2.920	4.303	9.925	14.089
4	0.765	2.353	3.182	5.841	7.453
5	0.741	2.132	2.776	4.604	5.598
6	0.727	2.015	2.571	4.032	4.773
7	0.718	1.943	2.447	3.707	4.317
8	0.711	1.895	2.365	3.500	4.029
9	0.706	1.860	2.306	3.355	3.832

续表 1-3

测定次数 n	置信度				
	50%	90%	95%	99%	99.5%
10	0.703	1.833	2.262	3.250	3.690
11	0.700	1.812	2.228	3.169	3.581
21	0.687	1.725	2.086	2.845	3.153
∞	0.674	1.645	1.960	2.576	2.807

【例 1-5】 分析某一试样中 SiO_2 的质量分数，得到下列数据(%)：28.62，28.59，28.51，28.48，28.52，28.63。求平均值、标准偏差，以及置信度分别为 90%和 95%时平均值的置信区间。

【解】

$$\bar{x}=\frac{28.62\%+28.59\%+28.51\%+28.48\%+28.52\%+28.63\%}{6}=28.56\%$$

$$s=\sqrt{\frac{0.06\%^2+0.03\%^2+0.05\%^2+0.08\%^2+0.04\%^2+0.07\%^2}{6-1}}=0.06\%$$

查表 1-3，置信度为 90%，$n=6$ 时，$t=2.015$，则

$$\mu=28.56\%\pm\frac{2.015\times0.06\%}{\sqrt{6}}=28.56\%\pm0.05\%$$

同理，置信度为 95%，$n=6$ 时，$t=2.571$，则

$$\mu=28.56\%\pm\frac{2.571\times0.06\%}{\sqrt{6}}=28.56\%\pm0.06\%$$

上述计算说明，随着置信度的增加，置信区间同时增大。

从 t 值表中还可以看出，当测量次数 n 增大时，t 值减小；当测定次数为 20 次以上到测定次数为∞时，t 值相差不多，这表明当 $n>20$ 时，再增加测定次数对提高测定结果的准确度已经没有什么意义，因此只有在一定的测定次数范围内，分析数据的可靠性才随平行测定次数的增多而增加。

知识五　可疑值的取舍

在一组平行测定数值中，常发现有个别测定值比其他测定值明显地偏大或偏小，这种明显偏大或偏小的数值称为可疑值。对于明显原因造成的可疑值，应予舍去，但是对于找不出充分理由的可疑值，则应慎重处理，既不可一概保留，也不可随意舍去，应根据数理统计的规律，判断这些可疑值是否合理，再行取舍。常用的数理统计处理方法有 $4\bar{d}$ 法、Q 检验法和 Grubbs 检测法。

1. $4\bar{d}$ 法

$4\bar{d}$ 法即 4 倍于平均偏差法，也叫四倍法，适用于 4～6 个平行数据的取舍。方法如下：

(1)除可疑值 x 外，将其余数据相加，求算术平均值 $\bar{x}$ 及平均偏差 $\bar{d}$。

(2)将可疑值与平均值相减，若 $x-\bar{x}\geq4\bar{d}$，则可疑值 x 应舍弃；若可疑值 $x-\bar{x}<4\bar{d}$，则可疑值 x 应保留。

2. Q 检验法

Q 检验法又叫舍弃商法，适用于 3～10 个平行数据中有一个可疑值的取舍。在一定置信度下，Q 检验法可按下列步骤进行。

(1)先将数据从小到大排列：$x_1, x_2, \cdots, x_{n-1}, x_n$。

(2)计算出统计量 Q

$$Q=\frac{|\text{可疑值}-\text{邻近值}|}{\text{最大值}-\text{最小值}} \tag{1-14}$$

也就是说，若 x_1 为可疑值，则统计量 Q 为：

$$Q=\frac{x_2-x_1}{x_n-x_1} \tag{1-15}$$

若 x_n 为可疑值，则统计量 Q 为：

$$Q=\frac{x_n-x_{n-1}}{x_n-x_1} \tag{1-16}$$

式中分子为可疑值与邻近值的差值，分母为整组数据的最大值与最小值的差值，也称为极值。Q 越大，说明 x_1 或 x_n 离群越远。

(3)根据测定次数和要求的置信度由表 1-4 查得 Q(表值)。

(4)将 Q 与 Q(表值)进行比较，判断可疑数据的取舍。若 $Q>Q$(表值)，则可疑值应该舍去，否则应该保留。

表 1-4　不同置信度下舍弃可疑数据的 Q 值

置信度	测定次数(n)							
	3	4	5	6	7	8	9	10
90%	0.94	0.76	0.64	0.56	0.51	0.47	0.44	0.41
95%	0.98	0.85	0.73	0.64	0.59	0.54	0.51	0.48
99%	0.99	0.93	0.82	0.74	0.68	0.63	0.60	0.57

【例 1-6】 分析某一矿石中钒的含量(%)，4 次分析测定结果为 20.39、20.41、20.40 和 20.16。用 Q 检验法判断 20.16 是否应舍弃(置信度为 90%)。

【解】 将测定值由小到大排列：20.16、20.39、20.40、20.41。

$$Q=\frac{20.39-20.16}{20.41-20.16}=\frac{0.23}{0.25}=0.92$$

查表 1-4，在 90% 的置信度下，当 $n=4$ 时，Q(表值)$=0.76<Q=0.92$，因此该数值应舍弃。

【例 1-7】 用基准 Na_2CO_3 标定 HCl，测得其浓度为 0.1033、0.1060、0.1035、0.1031、0.1022、0.1037(单位略)。问上述 6 次测定值中，0.1060 是否应舍去(置信度为 95%)？求平均值、标准偏差、置信度为 95% 和 99% 时平均值的置信区间。

【解】 根据数据统计处理过程做如下处理：

(1)用 Q 检验法检验并且判断有无可疑值舍弃。

$$Q=\frac{0.1060-0.1037}{0.1060-0.1022}=\frac{0.0023}{0.0038}=0.605$$

由表 1-4 查得，当测定次数 $n=6$ 时，若置信度为 95%，则 Q(表值)$=0.64$，所以 $Q<Q$(表值)，则 0.1060 不应该舍去。

(2)根据所有保留值,得到平均值 $\bar{x}$:

$$\bar{x}=\frac{0.1033+0.1060+0.1035+0.1031+0.1022+0.1037}{6}=0.1036$$

(3)标准偏差 s:

$$s=\sqrt{\frac{0.0003^2+0.0024^2+0.0001^2+0.0005^2+0.0014^2+0.0001^2}{6-1}}=0.0013$$

(4)当置信度为 95%、$n=6$ 时,查表 1-3 得 $t=2.571$

平均值的置信区间

$$\mu=0.1036\pm\frac{2.571\times0.0013}{\sqrt{6}}=0.1036\pm0.0014$$

(5)当置信度为 99%、$n=6$ 时,查表 1-3 得 $t=4.032$

平均值的置信区间

$$\mu=0.1036\pm\frac{4.032\times0.0013}{\sqrt{6}}=0.1036\pm0.0021$$

3. Grubbs(格鲁布斯)检测法

Grubbs 检测法适用于 3～10 个平行数据中有两个(或以上)可疑数据的取舍。在一定置信度下,Grubbs 检测法可按下列步骤进行。

(1)先将数据从小到大排列:$x_1, x_2, \cdots, x_{n-1}, x_n$。

(2)求出平均值 $\bar{x}$ 与标准偏差 s。

(3)假设 x_1 为可疑值,则计算 T:

$$T=\frac{\bar{x}-x_1}{s} \tag{1-17}$$

假设 x_n 为可疑值,则计算 T:

$$T=\frac{x_n-\bar{x}}{s} \tag{1-18}$$

(4)根据测定次数 n 及对应置信度要求,从表 1-5 中查出临界值 $T_{临界}$,若 $T>T_{临界}$,则该可疑数据应予舍去。

表 1-5 Grubbs 法的临界值 T 表

测定次数	置信度		测定次数	置信度	
	95%	99%		95%	99%
3	1.15	1.15	12	2.41	2.54
4	1.48	1.50	13	2.46	2.70
5	1.71	1.76	14	2.51	2.76
6	1.89	1.97	15	2.55	2.81
7	2.02	2.14	16	2.59	2.85
8	2.13	2.27	17	2.62	2.89
9	2.21	2.39	18	2.65	2.93
10	2.23	2.48	19	2.69	2.97
11	2.36	2.56	20	2.71	3.00

使用 Grubbs 检测法时应注意：

(1)如可疑数据有两个或两个以上，而且都在平均值的同一侧，假设为 x_1 和 x_2，则首先检验 x_2，此时测定次数应取 $n-1$。若 x_2 属于应舍去的数据，那么 x_1 自然也应舍去；若检验结果表明 x_2 不应舍去，则须进一步按测定次数 n 检验 x_1。

(2)如可疑数据有两个或两个以上，而且分布在平均值的两侧，应先检验其中离平均值较近的一个，即离平均值偏差绝对值较小的一个，此时测定次数按 $n-1$ 计算。若该数据经检验应予舍去，则另一个离平均值较远的可疑数据自然也应舍去；若检验表明离平均值较近的可疑数据不应舍去，则须进一步按测定次数 n 检验另一个离平均值较远的可疑数据的取舍。

对于测定次数较少的分析，可疑数据的取舍应采取谨慎态度，尤其在计算 T 与查表得到的 $T_{临界}$ 相接近时，最好是增加一次或两次测定，再进行处理。

知识六　数据处理的几种方法

分析检验中测量得到的许多数据需要处理后才能表示测量的最终结果。通常用列表法、图解法、数学方程式等方法表达出来。

(一)列表法

列表法就是将一组实验数据和计算的中间数据依据一定的形式和顺序列成表格。列表法可以简单、明确地表示出数据之间的对应关系，便于分析和发现资料的规律，也有助于检查和发现实验中的问题。列表法一般用于原始数据的记录。

列表时需要注意以下事项：

(1)表格设计要合理，以利于记录、检查、运算和分析。

(2)表格中涉及的各数据，其符号、单位及量值的数量级均要表示清楚。但不要把单位写在数字后。

(3)表中数据要正确反映测量结果的有效数字和不确定度。除原始数据列入表中外，计算过程中的一些中间结果和最后结果也可以列入表中。

(4)表格要加上必要的说明。查得的单项数据应列在表格的上部，说明写在表格的下部。

(二)图解法

图解法是一种最常用的数据处理方法。将分析检验数据按自变量与因变量的关系绘成图形，能够把变量间的变化趋势，如极大、极小、转折点、周期性以及变化速率等重要特性直观地显示出来，便于分析研究。

图解法的基本规则是：

(1)根据函数关系选择适当的坐标纸(如直角坐标纸、单对数坐标纸、双对数坐标纸、极坐标纸等)和比例，画出坐标轴，标明数据符号、单位和刻度值，并写明测试条件。

(2)坐标的原点不一定是变量的零点，可根据测试范围加以选择。坐标分格最好使最低数字的一个单位可靠数与坐标最小分度相当。纵、横坐标的比例要恰当，以使图线居中。

(3)描点和连线。根据测量数据，用直尺和笔尖使其函数对应的实验点准确地落在相应的位置。一张图纸上画几条实验曲线时，每条图线应用不同的标记，如“+”“×”“·”“Δ”等符号标出，以免混淆。连线时，要顾及到数据点，使曲线呈光滑曲线(含直线)，并使数据点均匀分布在曲线(直线)的两侧,且尽量贴近曲线。个别偏离过大的点要重新审核,属于过失误差的应剔去。

(4)标明图名。做好实验图线后,应在图纸下方或空白的明显位置处写上图的名称、作者和作图日期,有时还要附上简单的说明,如实验条件等,使读者一目了然。作图时,一般将纵轴代表的数据写在前面,横轴代表的数据写在后面,中间用"-"连接。

(5)最后将图形放置在实验报告的适当位置。

图解法是整理、分析数据的重要方法,可从中直接或间接获得有关信息,如:

(1)通过变量间的定量关系图形求未知物含量。仪器分析中经常使用标准曲线,在绘成吸光度-浓度曲线、吸光度-含量曲线后,可由未知物的吸光度等数据在标准曲线上直接查得其浓度或含量。

(2)求函数的极值或拐点。由吸光度-波长曲线(吸收曲线)可直接求得吸收峰的波长;由 pH-滴定体积曲线(滴定曲线)的拐点可求出滴定终点。

(3)求某些常数值。由电流-电压曲线(极谱波)可确定不同物种的半波电位;由弱酸的滴定曲线可求得弱酸的离解常数;通过离子活度的对数-电位曲线的斜率,检查选择性电极的能斯特相应情况等。

(4)用曲线外推法求值。线性滴定法中,将曲线外延,求滴定终点;电位分析中的标准物质加入法,将离子活度的对数-电位曲线外延,求得未知物的浓度;以固定干扰法求选择性电极的电位选择系数,也是由外推法求得的。

运用外推法时要注意:在外推的范围内及其邻近位置,变量之间应呈线性关系或近似的线性关系;外推法的部分应用虚线表示,其范围与实测范围不能相距太远;还应注意判断外推法所得的结果与已知的正确资料或经验是否有抵触。

(5)图解微分法和图解积分法。由电位滴定曲线的一次微分和二次微分图解可确定滴定终点;气相色谱分析法中常用的色谱峰面积的数据,也是由图解积分法获得的。

(三)数学方程式

仪器分析实验数据的自变量与因变量之间多呈直线关系,或是经过适当变换后,使之呈直线关系。许多分析法都是利用这一特性的工作曲线查得待测组分的含量,进行定量分析。前面介绍的图解法绘制标准曲线,实际中由于测量误差的不可避免,所得的实验数据都处在同一条直线上的情况还是比较少的,特别是在测量误差较大时,实验数据就比较散乱,仅凭眼睛观察实验数据,分析数据的分布趋势和走向,绘制合理的直线就更加困难。这时应对数据进行回归分析,用数学方程式描述自变量与因变量之间的关系。

分光光度法和原子吸收分光光度法中的浓度与吸光度,气相色谱分析法中的含量与色谱面积(或峰高),以及光谱分析中的浓度与波高等都呈直线关系,它们的自变量只有一个。这样的回归分析称为一元回归,这也是仪器分析方法中使用得较多的方法,本部分仅讨论一元线性回归的有关问题。

一元线性回归分析一般采用平均值法和最小二乘法。

1. 平均值法

根据在一组测量数据中正负偏差相等的原理,在最佳的直线上,偏差的代数和等于零。设实验数据可归纳为直线方程 $y=ax+b$,其中 x 为自变量,y 为因变量,a 与 b 是两个待定的常数。将 n 组实验数据依次代入上式,可得 n 个方程。由于每个方程都含有 a 和 b 两个常数，将 n 个方程分成两组，各组方程的数目相等或接近相等，再将各组的方程相加，得到两个新的方程，将其联立并求解得到常数 a 和 b。

【例 1-8】 根据表 1-6 所列数据，求回归直线方程。

表 1-6 实验数据

x	1.00	1.50	2.00	2.50	3.00	3.50	4.00	4.50
y	2.944	2.481	2.037	1.678	1.234	0.854	0.524	0.188

【解】 依次代入方程 $y=ax+b$，并将 8 个方程分成两组，各自相加后得到两个新的方程

$$\begin{array}{rcl} 2.944 &=& 1.00a+b \\ 2.481 &=& 1.50a+b \\ 2.037 &=& 2.00a+b \\ +)1.678 &=& 2.50a+b \\ \hline 9.140 &=& 7.00a+4b \end{array} \qquad \begin{array}{rcl} 1.234 &=& 3.00a+b \\ 0.854 &=& 3.50a+b \\ 0.524 &=& 4.00a+b \\ +)0.188 &-& 4.50a+b \\ \hline 2.800 &=& 15.00a+4b \end{array}$$

联立所得的两个方程

$$\begin{cases} 9.140 = 7.00a+4b \\ 2.800 = 15.00a+4b \end{cases}$$

可解得：$a=-0.7925$，$b=3.672$

所以回归直线方程为

$$y=-0.7925x+3.672$$

采用平均值法求得回归方程，计算简便，常可得到较为满意的结果。

2. 最小二乘法

各实验数据与回归直线间都存在着或正或负的偏差，但是偏差的平方和均为正值。如果各点对某一直线的偏差平方和为最小，则该直线即为最佳的回归直线。基于这一原理，对于方程

$$y=ax+b$$

其常数 a 和 b 可分别推导得出：

$$a=\frac{n\sum x_iy_i-\sum x_i\sum y_i}{n\sum x_i^2-\left(\sum x_i\right)^2} \tag{1-19}$$

$$b=\bar{y}-a\bar{x} \tag{1-20}$$

回归方程的数字运算中，由于数据较多，而且手续较繁，容易出错，最好在得出回归方程后进行验算。其方法之一是检验下式是否成立：

$$\sum y=a\sum x+nb \tag{1-21}$$

【例 1-9】 利用最小二乘法计算例 1-8 的回归直线方程。

【解】

$$\sum x=1.00+1.50+2.00+2.50+3.00+3.50+4.00+4.50=22.00$$

$$\sum y=2.944+2.481+2.037+1.678+1.234+0.854+0.524+0.188=11.940$$

$$\sum x^2 = 1.00^2 + 1.50^2 + 2.00^2 + 2.50^2 + 3.00^2 + 3.50^2 + 4.00^2 + 4.50^2 = 71.00$$

$$\begin{aligned}\sum xy &= 1.00 \times 2.944 + 1.50 \times 2.481 + 2.00 \times 2.037 + 2.50 \times 1.678 \\ &\quad + 3.00 \times 1.234 + 3.50 \times 0.854 + 4.00 \times 0.524 + 4.50 \times 0.188 \\ &= 24.568\end{aligned}$$

代入上述公式：$a = -0.7873$。

$$\bar{x} = 2.750$$

$$\bar{y} = 1.4925$$

$$b = 1.4925 - (-0.7873) \times 2.750 = 3.6576$$

所以回归直线方程为

$$y = -0.7873x + 3.6576$$

验算：

$$\sum y = 11.940$$

$$a\sum x + nb = (-0.7873) \times 22.00 + 8 \times 3.6576 = 11.9402$$

所以，求得的回归直线方程计算无误。

比较例1-8和例1-9，可以看出两者的结果相当接近，最小二乘法虽然计算较烦琐，但其结果更为准确，更具统计意义。

采用最小二乘法时，在数字运算过程中不宜过早地修约数字，应在得出 a、b 的具体数值后再进行修约，常数 a 的有效数位应与自变量 x 的有效数位相同，或至多比 x 多保留一位。

【读一读】

日本稻米的质量管理与检验

1.稻米的质量管理

日本人多地少，主产稻米。为保证粮食自足，使粮食产出效益最大化，日本对粮食实施严格的质量管理。同时由于经济的高度市场化，农户和加工企业都完全主动按照市场需求，以质量和品质为核心，对稻米实施严格的质量控制。

日本农林水产省是官方负责对稻米的种植、收购、储藏等各环节进行全程指导和质量监管的部门，具体事务由各地农政事务所办理。日本还有全国农协和地方农协、精米工业会等合作社或行业协会性质的团体参与质量管理，推动行业自律。

(1)稻谷种植期的管理

在水稻生长期出穗前的15～25天内，日本农协的技术人员会用稻叶测氮仪测定稻叶的含氮量，根据不同品种、不同生长期的含氮量曲线，指导农民施用肥料和适时收割，以使收获的稻米品质最优化。佐贺县小城郡农协出资为当地农民提供卫星监测服务，通过观测水稻叶子的颜色来判断水稻的生长情况并加以管理，以提高当地稻谷的质量。

(2)稻谷收购环节的质量管理

在稻谷的收获过程中，采用自动化、机械化收割、脱粒，整个过程稻谷不落地，减少了谷粒的破碎率、杂质和污染。各地农协建有储存库点，具有检验资质的实验室和检验员，并配备清理、干燥、加工和储存设施。农户送来的稻谷经检验后，统一清理、干燥，并加工成糙米储存。收购环节的清理、砻谷过程保证了流通和加工环节的清洁。佐贺县小城郡农协拥有300t圆柱形钢板仓12个、90t干燥设备4台、日处理100t的加工机械设备1套、日处理7t的稻壳炭化设备1套，负责为周围农户种植的910公顷稻谷的收购、加工和储藏提供服务(按照每吨稻谷约60元人民币的价格收费)。比较特别的是，其烘干机建在钢板仓群的中间，这种方式既节约了用地，又减少了对周围居民的噪声污染。在对收购稻谷进行清理、干燥的过程中，通过自动扦样装置，对每个农户的稻谷进行扦样并将样品传送到检验室，用仪器快速检测其蛋白质、水分等指标，再按蛋白质高低分别干燥、砻谷。糙米按标准确定等级后，按等级分装存放，包装袋上标注稻谷的品种、产地、收获年度、重量、种植者姓名、质量等级、检验员印章等。

(3)稻米储备环节的质量管理

糙米是日本稻米的主要储存和流通形式，法律规定国家需储备100万吨糙米。目前日本有9个政府直接管理的国家储备库，存储能力为15万吨；全国共有4000余个民间储备点，合计储存能力达到700万吨。政府通过招标的形式确定委托储备库。糙米在温度低于15℃时基本停止呼吸，虫害霉菌较少；湿度在70%时有利于保持糙米的平衡水分维持在14%～15%。所以日本的储备库基本全部是低温库，通过自动调温调湿装置保持库内温度低于15℃，湿度维持在70%左右。在东京深川库，仓库全部实行自动化管理，整个库区处于半封闭状态，由计算机记录温度、湿度，并配有30余台摄像机以及自动报警和灭火装置。当仓库外部空气中二氧化碳的含量达到一定浓度时，通风装置会自动运行以维持空气的清新。深川库同时还拥有部分全自动仓库，通过电脑可精确控制机械传输装置，真正实现了各仓位粮食从入库到出库的全自动化。

(4)精米加工厂的大米质量管理

精米加工厂根据糙米包装袋上的产地、品种、生产年份、等级等标注购入原料，对每批原料，采取抽样核验等级、水分等，并扦取一定量的样品(800g)留存6个月以备争议时查验。糙米加工前，由工厂检验员用仪器快速检测原料的水分、白度、蛋白质和直链淀粉等，以决定是否进行配米，总用时不到5min。加工后的大米，根据标准用仪器快速检测白度或留皮程度、水分、外观(胚芽残存、正常粒、粉质粒、碎米、龟裂粒)等质量指标。大米样品需保留2个星期，以备有质量异议时查验。成品大米包装袋上注明原料糙米的产地、品种、收获年代，精米加工时间、重量，精米厂的名称、地址、电话及相关的认证标志等。

为保证产品的质量和卫生，各大米加工企业的加工车间都采取严格的清洁卫生防护措施。在株式会社九州村濑精米加工厂，每个进车间的参观人员均要戴上工作帽，以防头发脱落；用吸尘器吸去衣服表面的浮尘；用黏性垫子除去鞋底的尘土，并隔着一道玻璃墙参观加工车间。每家大米加工企业平均每年要收到多达300次因为大米中混有异物的投诉，经检查确定，其中只有20%左右是由于工厂自身的原因。为避免在同一批产品中混入其他品种的大米，企业在加工不同品质大米时，要对加工设备进行仔细的清理。

(5)稻米质量、品质和卫生的测报

农协每年将检测的稻米质量结果提供给各地的农政事务所，再由全国瑞穗食粮检查协会(财团法人)汇总，向全国公布。

为掌握全国稻米品质情况，农林水产省委托日本谷物检定协会(财团法人)在全国范围内每年抽取有代表性的主要稻谷生产地区的主要品种进行食味品评，并向社会公布品评结果。通过测报，一方面可以指导农业生产，开发和推广优质品种，促进日本国内稻谷品质不断优化，品种不断集中(目前日本稻谷品种有100多个，但产量排名前10的稻谷品种的总产量占到全国稻谷总产量的85%～87%)；另一方面可以指导消费，供消费者在选购大米时作参考。

日本政府对稻米的卫生安全十分重视，农林水产省下属食品安全局每年出资委托检测单位采集约1万个糙米样进行农药残留分析。一旦某企业样品的农药残留超标，将不得继续生产。检测时，先用低成本的快速检测法定性分析，然后再对有农残检出的样品用精密仪器进行定量检测，这样既减少了检验成本，又提高了工作效率。日本近年来对全国共约10万个米样进行检测，仅发现少部分样品有农药检出，均没有超过基准值，全部符合标准。在检出的农药中，70%为杀虫剂(其中98%为有机磷类和氨基甲酸酯类)。虽然检测结果比较理想，但日本消费者仍要求政府继续调查，以确保稻米的食用安全。

2. 稻米的质量检验

(1)稻米质量检验机构

日本的稻米质量检验制度曾经历了几次变迁。2000年以前，日本各地农政事务所共有约1000名检验员，其身份为国家公务员。2000年日本政府对农产物检查法进行了修正，要求到2005年年底完成农产物检验民营化的转变。检验民营化后，各地农政事务所负责对民营化的检验机构资质进行审核、登记，对检验员进行培训、考核、发证，对粮食收购及出、入库检验进行监督、指导和检验仲裁，对农产物质量与品质检查结果进行通报以及开发检测技术和仪器。目前日本全国共有1253个具备资质的检验机构，其中约有一半隶属农协，有资格的检验员共约12000名。如果某地区没有民营化的检验机构，则仍由各地农政事务所实施检验。

(2)稻米检验技术

日本的稻米检验技术发展可简单归为由宏观检验到微观检验，由感官检验到仪器检验，如采用颗粒水分仪对进入烘干机的稻谷水分进行测定，以掌握每粒稻米的水分变化情况，从而更好地控制不同部位的烘干温度和时间；采用单颗粒谷粒判别器，从三维角度对谷粒的外观和品质等进行检测；采用米粒食味计对大米的颗粒性状和食味等进行测定等。日本的检验技术不但更好地保证了稻米的质量和品质，而且减少了人为误差，提高了检验速度和公正性。在检验民营化后，为降低各地检验员之间的检验误差，日本政府也大力推进感官检验仪器化的进程。仅谷粒判定仪一项，通过认证后，预计全国检验机构将要配置9000台左右。

日本稻米检验技术的发展，不是单纯为了更准确地检测某项指标，其根本目的是提高稻米质量和品质，依据消费者的需要和稻米的不同用途，不断研究和探索新的检验方法，建立与稻米最终用途相适应的质量、品质检验评价体系。例如指导稻谷栽培的稻叶测氮仪，稻米收获时的快速农药残留检测仪，烘干储藏中的单颗粒水分仪，指导分品种储藏和加工的快速DNA品种鉴定仪，鉴定粮食新陈度的测鲜仪，用于加工过程配米及质量控制的米粒食味计和颗粒评定仪，以及依照人的感官品评标准开发出的米饭食味计，米饭硬度、黏度检测仪和米饭气味、滋味、光泽度检测仪等，目的都在于提高稻米的质量和品质。

练一练

一、填空题

1. 仪器分析是从__________中发展起来的一门学科，不仅是重要的分析检验方法，而且是强有力的科学研究手段。

2. 仪器分析是以物质的__________为基础，并借助于特殊的仪器，对待测物质进行定性、定量及结构分析和动态分析的一类方法。

3. 根据所测量的特征、性质不同，仪器分析方法一般可分为四大类，分别是__________、__________、__________、__________等。

4. __________是利用各待测组分在互不相溶的两相中的吸附、分配、离子交换、排斥渗透等性质方面的不同而进行分离和分析的方法。

5. __________是利用待测物质与光波相互作用产生的辐射信号的变化进行分析测定的方法。

6. __________是利用物质在溶液中的电化学性质及其变化来进行分析的方法。

7. 在定量分析中，除__________法和__________法外，其他的分析方法都需要与被测组分相同的标准试样进行校正。

8. 仪器分析法常用的校正方法有__________、__________、__________三种方法。

9. __________是通过高温灼烧的方式破坏样品中有机物的方法，因而又称为灼烧法。

10. 湿法消化法是指在酸性溶液中向样品中加入__________，并结合加热消煮，有时还要加一些氧化剂或催化剂，使样品中的有机物质被完全分解、氧化，呈气态逸出，而待测成分则转化为离子状态存在于消化液中，供测试用。

11. __________蒸馏是用水蒸气加热水和与水互不相溶的混合液体，使具有一定挥发度的被测组分与水蒸气按分压成比例地从溶液中一起蒸馏出来。

12. 有机物破坏法主要用于__________的测定。

二、判断题

(　　)1. 分析仪器的灵敏度就是待测组分能被仪器检出的最低量。

(　　)2. 仪器分析方法的主要不足是绝对误差大。

(　　)3. 提高仪器的信噪比，就是不但要提高仪器的灵敏度，还要设法降低噪声。

(　　)4. 标准曲线就是用标准溶液体积绘制的曲线。

(　　)5. 分析方法的线性范围就是该方法的标准曲线的直线部分所对应的待测物质浓度(或含量)的范围。

(　　)6. 分析方法的选择性是指该分析方法不受样品中基体共存物质干扰的程度。

(　　)7. 某种仪器分析方法的精密度越高，则准确度就越高。

(　　)8. 分析方法的检出限是指该分析方法在给定的置信度下可以检出待测组分的最高浓度(或最高质量)。

(　　)9. 干法灰化法的温度一般是500～550℃。

(　　)10. 湿法消化法使样品中的有机物质被完全分解、氧化，呈气态逸出，而待测成分则转化为离子状态存在于消化液中，供测试用。

(　　)11. 湿法消化法的被测物质以离子状态保存在消化液中，便于分别测定其中的各种微量元素。

(　　)12. 微波消解法避免了挥发损失和样品的沾污，提高了分析的准确度和精密度。

三、选择题

1. 对样品进行分析检验时，采集的样品必须有(　　)。

A. 典型性　　B. 代表性　　C. 随意性　　D. 适时性

2. 如果被蒸馏物质容易发生分解或沸点太高，可以采用(　　)的方式。

A. 常压蒸馏　　B. 减压蒸馏　　C. 水蒸气蒸馏　　D. 萃取蒸馏

3. 色谱分离利用物质在两相中的(　　)的微小差异进行分离。

A. 溶解度　　B. 分配系数　　C. 沸点　　D. 密度

4. 一些被测成分，当加热到沸点时可能发生分解，这些成分的提取，可用(　　)。

A. 常压蒸馏　　B. 减压蒸馏　　C. 水蒸气蒸馏　　D. 萃取蒸馏

5. 湿法消化法通常采用的消化剂是(　　)。

A. 强还原剂　　B. 强萃取剂　　C. 强氧化剂　　D. 强吸附剂

6. 防止减压蒸馏爆沸现象产生的有效方法是(　　)。

A. 与大气相通　　B. 加入沸石　　C. 加入干燥剂　　D. 加入分子筛

7. 蒸馏挥发酸时，一般用(　　)。

A. 常压蒸馏　　B. 减压蒸馏　　C. 水蒸气蒸馏　　D. 加压蒸馏

四、问答题

1. 什么是仪器分析？它包括哪些内容？它与化学分析有什么关系？

2. 仪器分析有什么特点和局限性？

3. 仪器分析的发展趋势是什么？

4. 仪器分析的主要性能指标是什么？

5. 仪器分析方法的校正方式有哪几种？

6. 什么是有机破坏法？它又分为哪些具体的方法？各有什么特点？

模块 2　电位分析法

知识目标

1. 掌握电位分析法的基本原理。
2. 掌握玻璃电极测量溶液 pH 值的原理和实验方法。
3. 熟悉酸度计和电位滴定仪的结构及各部分的功能。
4. 了解酸度计和电位滴定仪的维护与保养。
5. 理解参比电极的结构、作用及使用注意事项。

技能目标

1. 能熟练操作酸度计、离子计和电位滴定仪。
2. 能用电位分析法测定溶液的 pH 值。
3. 能合理选用指示电极和参比电极。
4. 能准确掌握电位滴定终点的判断，测定物质的含量。

项目 1　电位分析法的基本知识

知识一　电化学分析法概述

电化学分析法是根据溶液中物质的电化学性质（电位、电流、电导、电量）及其变化规律，通过在电位、电导、电流和电量等电学量与被测物质的某些量之间建立计量关系，来测定物质组成及含量的仪器分析方法。

1. 方法分类

根据不同的分类条件，电化学分析法有不同的分类，下面是几种常见的分类：

（1）根据在某一特定条件下，化学电池中的电极电位、电量、电流、电压及电导等物理量与溶液浓度的关系进行分析的方法，例如电位分析法、恒电位库仑法、极谱法和电导法等。

（2）以化学电池中的电极电位、电量、电流和电导等物理量的突变作为指示终点的方法，例如电位滴定法、库仑滴定法、电流滴定法和电导滴定法等。

（3）将试液中某一被测组分通过电极反应，使其在工作电极上析出金属或氧化物，称量此电沉积物的质量，求得被测组分含量的方法，例如电解分析法。

2. 方法特点

电化学分析法具有以下特点：

（1）灵敏度较高。最低分析检出限可达 10～12mol/L。

（2）准确度高。如库仑滴定法和电解分析法的准确度很高，前者特别适用于微量成分的测定，后者适用于高含量成分的测定。

(3)测量范围宽。电位分析法及微库仑分析法等可用于微量组分的测定；电容量分析法等则可用于中等含量组分及纯物质的分析。

(4)仪器设备较简单，价格低廉。仪器的调试和操作都较简单，容易实现自动化。

(5)选择性差。电化学分析法的选择性一般都较差，但离子选择性电极法、极谱法及控制阴极电位电解法的选择性较好。

知识二 电位分析法概述

电位分析法是利用物质的电化学性质进行分析的一大类分析方法，是在零电流条件下测定两电极间的电位差来确定物质浓度或含量的一类方法，它包括直接电位法和电位滴定法。其测量装置是将指示电极和参比电极插入待测溶液中组成原电池，也称工作电池，如图2-1所示。

直接电位法是通过测量工作电池电动势来确定物质含量的分析方法。该方法的特点是简便、快速、灵敏度高、应用广泛，常用于测定溶液的 pH 值及一些离子浓度，在工业生产的连续自动分析和环境监测等方面具有独特的应用。

电位滴定法的实质是通过在零电流条件下测定两电极间的电位差（即所构成原电池的电动势）进行分析测定。该方法的特点是测定结果准确度高，易于实现自动控制，能进行连续和自动滴定，被广泛应用于酸碱滴定、配位滴定、沉淀滴定和氧化还原滴定终点的确定。

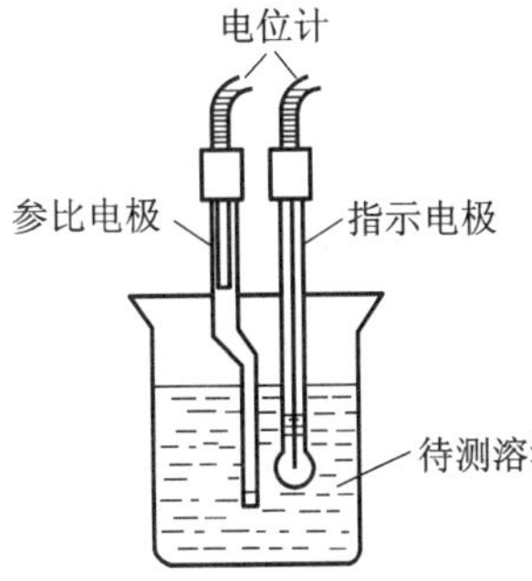

图 2-1 电位分析法测定电池示意图

由于电位分析法测定的是一个原电池的平衡电动势值，而电池的电动势与组成电池的两个电极的电极电位密切相关，因此我们一般将电极电位与被测离子活度变化相关的电极称为指示电极或工作电极，而将在测定过程中其电极电位保持恒定不变的另一支电极叫参比电极。若参比电极的电极电位能保持不变，则测得电池的电动势就仅与指示电极有关，进而也就与被测离子活度有关。

(一)基本原理

将一金属片 M 插入该金属离子 M^{n+} 溶液中，在金属与溶液界面间发生电子的转移，两相间产生电位差，即电极电位。该电极电位 $\varphi_{M^{n+}|M}$ 与溶液中该金属离子的活度 $a_{M^{n+}}$（或浓度 $c_{M^{n+}}$）的定量关系可以用能斯特方程表示如下：

$$\varphi_{M^{n+}|M} = \varphi^{\ominus}_{M^{n+}|M} + \frac{RT}{nF}\ln a_{M^{n+}} \tag{2-1}$$

25℃时的电极电位可表示为

$$\varphi_{M^{n+}|M} = \varphi^{\ominus}_{M^{n+}|M} + \frac{0.0592}{n}\lg a_{M^{n+}} \tag{2-2}$$

将指示电极、参比电极和试液组成原电池，假设参比电极的电位比指示电极的电位高，则该工作电池的组成可表示为

$$(-)\mathrm{M} \mid \mathrm{M}^{n+} \parallel 参比电极(+)$$

其中指示电极 $\varphi_{指示}=\varphi^{\ominus}\pm\frac{0.0592}{n}\lg a_{M^{+}(-)}$，参比电极的电位恒定，电池的电动势 $E=\varphi_{参比}-\varphi_{指示}$。

$$E=\varphi_{参比}-\varphi_{指示}=\varphi_{参比}-\varphi^{\ominus}_{M^{n+}|M}-\frac{0.0592}{n}\lg a_{M^{n+}} \tag{2-3}$$

在一定温度下，式(2-3)中 $\varphi_{参比}$ 和 $\varphi^{\ominus}_{M^{n+}|M}$ 均为常数，只要测出工作电池的电动势，就可以测出待测离子的活度。

(二)参比电极

在工作电池中，电位恒定的电极称为参比电极。常用的参比电极有甘汞电极和银-氯化银电极。

1. 甘汞电极

(1)电极结构

甘汞电极是由金属汞及其难溶盐 Hg_2Cl_2 和 KCl 溶液组成的电极。它有两个玻璃套管，内套管中封接一根铂丝，铂丝插入汞液面以下 0.5～1.0cm，下置一层甘汞和汞的糊状物；外套管中装有 KCl 溶液(即内参比溶液)；电极下端与待测溶液接触部分是熔结陶瓷芯或玻璃砂芯等多孔物质。单盐桥甘汞电极的结构见图 2-2。

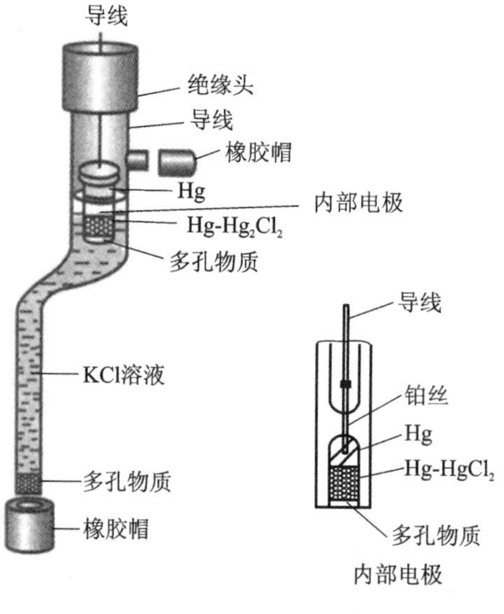

图 2-2 单盐桥甘汞电极结构示意图

(2)电极组成　　$Hg, Hg_2Cl_2(s)|KCl(c)$

(3)电极反应　　$Hg_2Cl_2+2e^- \rightleftharpoons 2Hg+2Cl^-$

25℃时的电极电位为

$$\varphi_{Hg_2Cl_2|Hg}=\varphi^{\ominus}_{Hg_2Cl_2|Hg}-0.0592\lg a_{Cl^-} \tag{2-4}$$

式(2-4)表明，当温度一定时，甘汞电极的电极电位取决于电极中 KCl 溶液的浓度(活度)。KCl 溶液的浓度不同时，甘汞电极的电极电位见表 2-1。因为饱和 KCl 溶液的浓度易于控制，所以在电位分析法中最常用的参比电极是饱和甘汞电极。双盐桥甘汞电极结构如图 2-3所示。

表 2-1 25℃时甘汞电极的电极电位(对标准氢电极 NHE)

电极类型	KCl 溶液浓度	电极电位(V)
0.1mol/L 甘汞电极	0.1mol/L	+0.3365
标准甘汞电极(NCE)	1.0mol/L	+0.2828
标准甘汞电极(SCE)	饱和溶液	+0.2438

2. 银-氯化银电极

(1)电极结构

将银丝表面镀上一层氯化银,浸入用氯化银饱和的一定浓度的氯化钾溶液中,即构成银-氯化银电极,其结构如图 2-4 所示。

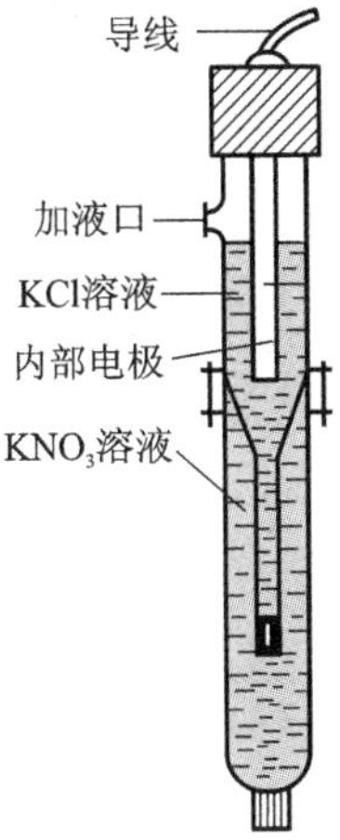

图 2-3 双盐桥甘汞电极结构示意图

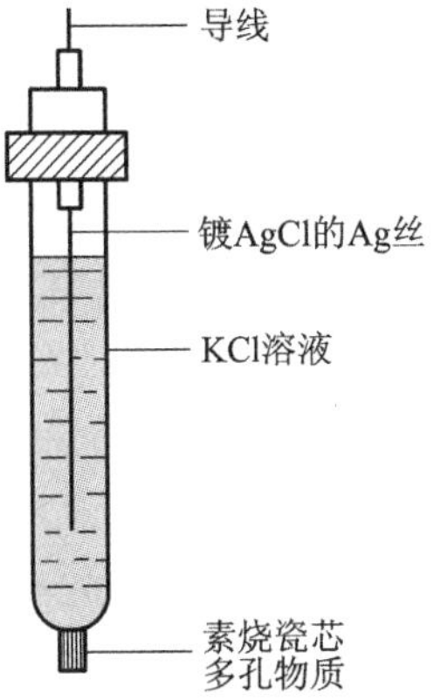

图 2-4 银-氯化银电极结构示意图

(2)电极组成 $Ag,AgCl(s)|KCl(c)$

(3)电极反应 $AgCl+e^- \rightleftharpoons Ag+Cl^-$

25℃时的电极电位为

$$\varphi_{AgCl|Ag} = \varphi^{\ominus}_{AgCl|Ag} - 0.0592\lg a_{Cl^-} \tag{2-5}$$

在不同浓度的 KCl 溶液中,银-氯化银(Ag-AgCl)电极的电极电位见表 2-2。

表 2-2 25℃时银-氯化银电极的电极电位(对标准氢电极 NHE)

电极类型	KCl 溶液浓度	电极电位(V)
0.1mol/L Ag-AgCl 电极	0.1mol/L	+0.2880
标准 Ag-AgCl 电极	1.0mol/L	+0.2223
标准 Ag-AgCl 电极	饱和溶液	+0.2000

(三)指示电极

在工作电池中,电位随待测离子活度的变化而改变的电极称为指示电极。电位分析法的核心是求出指示电极的电极电位,从而得出待测溶液中离子的活度(浓度)。

指示电极必须满足以下要求:

(1)电极电位与有关离子活度之间符合能斯特方程;

(2)电极具有高的选择性，且对离子活度变化的响应快；

(3)具有好的重现性。

按测定原理的不同，可将指示电极分为金属基电极和离子选择性电极。

金属基电极是以金属为基体的电极，其电极电位主要来源于电极表面的氧化还原反应，即都有电子的转移，主要包括金属-金属离子电极、金属-金属难溶盐电极、汞电极及惰性金属电极。

1. 金属-金属离子电极

金属-金属离子电极由金属片或棒 M 浸入含有该金属离子 M^{n+} 的电解质溶液中组成，简称为金属电极，也称为第一类电极。

电极组成　　$M|M^{n+}$

电极反应　　$M^{n+}+ne^{-} \rightleftharpoons M$

25℃时的电极电位为

$$\varphi=\varphi^{\ominus}_{M^{n+}|M}+\frac{0.0592}{n}\lg a_{M^{n+}} \tag{2-6}$$

例如，Ag 与 Ag^{+} 组成的电极，其电极组成表示式为

$$Ag \mid Ag^{+}\ (a)$$

电极反应为

$$Ag^{+}+e^{-} \rightleftharpoons Ag$$

25℃时的电极电位为

$$\varphi=\varphi^{\ominus}_{Ag^{+}|Ag}+0.0592\lg a_{Ag^{+}} \tag{2-7}$$

式(2-7)表明，银电极的电极电位仅与 Ag^{+} 的活度有关。该类电极的电位仅与金属离子的活度有关。此类电极不仅可用来测定金属离子的活度，还可以用于电位滴定。常用来组成这类电极的金属有银、铜、锌及汞等；不能使用的金属有铁、钴、镍、铬等。使用金属电极前应彻底清洗金属表面。清洗的方法是：先用砂纸打磨金属表面，再分别用自来水和蒸馏水清洗干净。

2. 金属-金属难溶盐电极

金属-金属难溶盐电极是将金属表面覆盖一层该金属的难溶盐，再将其浸入该金属难溶盐的相同阴离子溶液中组成的电极，也称为第二类电极。其电极电位取决于溶液中能与该金属离子生成难溶盐的阴离子的活度，所以又称为阴离子电极。此类电极做指示电极时，可用于测定不参与电子转移的金属难溶盐的同种阴离子的活度。由于这类电极电位稳定、重现性好，因而常用作参比电极，如前面所述的甘汞电极和 Ag-AgCl 电极均属于此类电极。

3. 汞电极

汞电极是由金属汞浸入含少量 HgY^{2-} 配合物及待测金属离子 M^{n+} 的溶液中所组成的电极，也称为第三类电极。

电极组成　　$Hg\mid HgY^{2-},MY^{n-4},M^{n+}$

电极反应　　$Hg^{2+}+2e^{-} \rightleftharpoons Hg$

25℃时的电极电位为

$$\varphi_{Hg^{2+}|Hg}=\varphi^{\ominus}_{Hg^{2+}|Hg}+\frac{0.0592}{2}\lg a_{Hg^{2+}} \tag{2-8}$$

式(2-8)表明，在一定条件下，汞电极电位仅与溶液中待测金属离子的活度有关，因此可用作 EDTA 滴定 M^{n+} 的指示电极。汞电极适用的 pH 值范围是 2～11，恰好是配位滴定通用的适宜酸度范围，能用于 30 多种金属离子的电位滴定。

4. 惰性金属电极

惰性金属电极是由化学性质稳定的惰性材料（如铂、金、石墨等）做成棒状或片状，插入含有氧化还原电对（$Fe^{3+}|Fe^{2+}$，$Ce^{4+}|Ce^{3+}$，$I^{3-}|I^{-}$）物质离子的溶液中构成的，也称为第零类电极。这类电极本身不参与电极反应，仅起传导电子的作用，常用的是金属铂电极。例如，将铂片插入含有 Fe^{2+}、Fe^{3+} 的溶液中，其电极组成表示式为

$$\mathrm{Pt} \mid \mathrm{Fe}^{3+}(a_1),\mathrm{Fe}^{2+}(a_2)$$

电极反应为

$$\mathrm{Fe}^{3+} + \mathrm{e}^- \rightleftharpoons \mathrm{Fe}^{2+}$$

25℃时的电极电位为

$$\varphi = \varphi_{\mathrm{Fe}^{3+}|\mathrm{Fe}^{2+}} + 0.0592\lg \frac{a_{\mathrm{Fe}^{3+}}}{a_{\mathrm{Fe}^{2+}}} \tag{2-9}$$

式(2-9)表明，虽然铂电极本身不参与电极反应，但其电极电位能反映溶液中 F^{3+} 和 Fe^{2+} 的活度比的大小，即惰性金属电极的电位取决于溶液中进行电极反应金属的氧化态与还原态的活度比。基于此特性，此类电极常被选作氧化还原电位滴定中的指示电极。

项目 2 常用的离子选择性电极

知识一 离子选择性电极的分类

离子选择性电极（ISE）也称膜电极，这类电极有一层特殊的敏感膜，敏感膜对特定的离子具有选择性响应，敏感膜的电位与待测离子含量之间的关系符合能斯特方程。这类电极由于具有选择性好、平衡时间短的特点，是电位分析法用得最多的指示电极。

按照敏感膜组成和结构的不同，将离子选择性电极分类如下：

- 离子选择性电极
  - 原电极
    - 晶体膜电极
      - 单晶膜电极
      - 多晶膜电极
    - 非晶体膜电极
      - 刚性基质电极
      - 流动载体电极
        - 带正电荷载体电极
        - 带负电荷载体电极
        - 中性载体电极
  - 敏化电极
    - 气敏电极
    - 酶电极

知识二 离子选择性电极的基本结构

离子选择性电极种类繁多，各种电极的结构、形状也不尽相同，但基本结构大致相似，一般是由内参比电极、内参比溶液和敏感膜三部分组成，如图 2-5 所示。

电极管由玻璃或高分子聚合材料制成。内参比电极一般是银-氯化银电极。内参比溶

液由电极响应离子(即待测离子的同种离子)的强电解质和内参比电极的难溶盐的阴离子组成。敏感膜由不同敏感材料(如单晶、混晶、液膜、功能膜即生物膜等)制成,用胶黏剂或机械方法固定于电极管底部,它是离子选择性电极的关键元件。在敏感膜与待测溶液间通过离子的交换与扩散产生膜电位,其膜电位与溶液中响应离子活度间的关系符合能斯特方程。各种离子选择性电极都能选择性测定对该电极有电位响应的特定离子的浓度,是电位分析中最常用的一类指示电极。

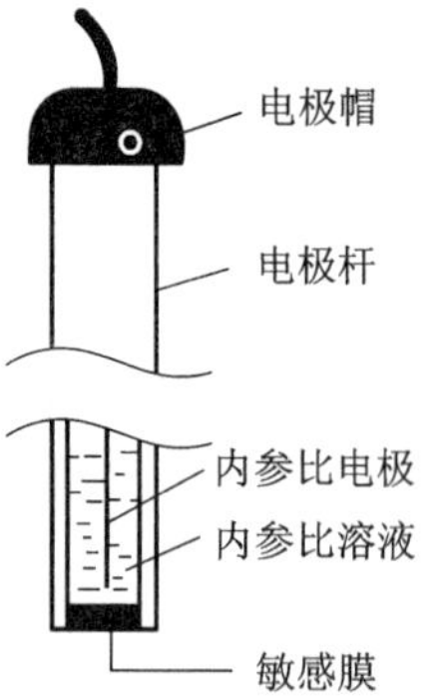

图 2-5　离子选择性电极结构示意图

知识三　玻璃电极

玻璃电极是世界上使用最早的离子选择性电极,属于非晶体刚性基质膜电极。玻璃电极由银-氯化银(内参比电极)、0.1mol/L HCl 溶液(内参比溶液)、玻璃管底端用特殊玻璃吹制而成的对 H^+ 有选择性响应的球状敏感玻璃膜组成。其结构如图 2-6 所示。

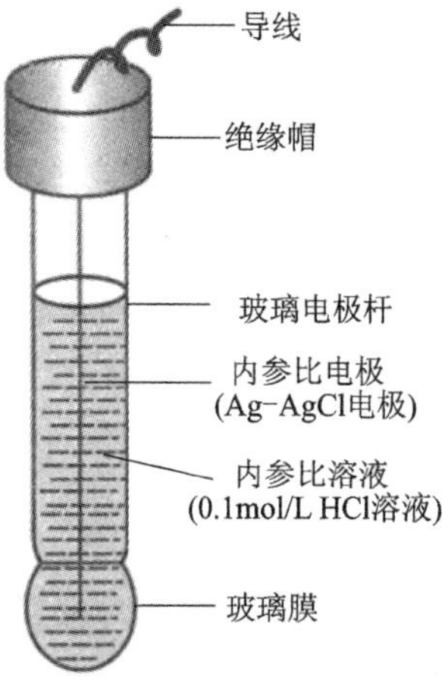

图 2-6　玻璃电极结构示意图

玻璃电极中内参比电极的电位是恒定的,与待测溶液的 pH 值无关。玻璃电极之所以能测定溶液的 pH 值,是由于玻璃膜产生的膜电位与待测溶液的 pH 值有关。

玻璃电极在使用前必须在水中浸泡一定时间,使玻璃膜表面形成很薄的一层水合硅胶层,其厚度为 0.05～1μm。玻璃薄膜内侧表面由于长期与内部溶液接触也形成了水合硅胶层,处于两水合硅胶层中间的是干玻璃层。其结构如图 2-7 所示。

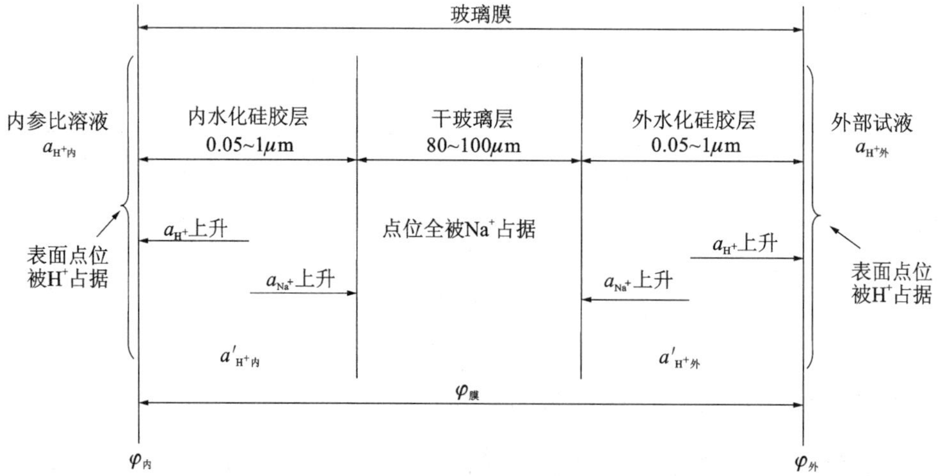

图 2-7　浸泡后的玻璃膜示意图

当玻璃电极浸入待测溶液中时，玻璃膜处于 H^+ 活度一定的内参比溶液和试液之间，膜外水合硅胶层与试液之间产生相界电位 $\varphi_{外}$，膜内水合硅胶层与内部缓冲溶液间产生相界电位 $\varphi_{内}$。这种跨越玻璃膜两个溶液之间产生的电位差称为膜电位 $\varphi_{膜}$。膜电位的大小仅与试液中 H^+ 活度有关。可用能斯特方程表示为：$\varphi_{膜} = K + 0.0592\lg a_{H^+}$，即

$$\varphi_{膜} = K - 0.0592\text{pH} \tag{2-10}$$

式(2-10)中，K 为常数，它是由玻璃膜电极本身决定的。上式说明，在一定温度下，玻璃电极的膜电位与试液的 pH 值呈线性关系。

应该指出，膜电位的产生不是由于电子的得失或转移，而是由于 H^+ 在溶液和硅胶层界面间进行迁移，改变界面上电荷的分布而产生了相界电位。膜内外的相界电位差就是膜电位。

玻璃电极具有内参比电极，如 Ag-AgCl 电极，因此整个玻璃电极的电位就是内参比电极电位与膜电位之和，即 $\varphi_{玻璃} = \varphi_{AgCl|Ag} + \varphi_{膜}$。

玻璃电极不仅可用于 pH 值的测定，在适当改变玻璃的组成后，可制作 pNa、pK、pAg 等玻璃电极，可用于 Na^+、K^+、Ag^+ 等活度的测定。

pH 玻璃电极的特点：

(1)测定速度快，准确度高。

(2)使用 pH 玻璃电极测定溶液的 pH 值时，不受溶液性质(如氧化剂、还原剂、颜色、沉淀即杂质)的影响，不易中毒，不沾污试液，有较高的选择性，使用范围广。

(3)玻璃电极本身内阻很高，必须辅以电子放大装置才能测定，其电阻又随温度变化，一般只能在 5～60℃ 使用。

(4)pH 玻璃电极的测量范围一般为 pH＝1～10。当试液 pH＜1 时，因 H^+ 浓度过高，溶液离子强度增加，导致水分活度下降，而使测定结果偏高，产生的误差称为“酸差”。当试液 pH＞10 时，由于 a_{H^+} 太小，其他阳离子在溶液和膜界面间可能进行交换，而使 pH 值偏低，尤其是 Na^+ 的干扰较为显著，引起的误差称为“碱差”或“钠差”。

(5)电极玻璃膜球泡很薄，易因碰撞或受压而破裂，使用时需非常小心。

(6)玻璃电极的使用期一般为一年，在长期使用或贮存中会老化，老化的电极不能使用。

(7)玻璃电极在使用前需在蒸馏水中浸泡 24h 以上。不能用浓硫酸、洗液或乙醇洗涤，也不能用于含氟较高的溶液中，否则电极将失去功能。

(8)玻璃球泡沾湿时可以用滤纸吸去水分，但不能擦拭。

(9)电极导线绝缘部分及电极插杆应保持清洁、干燥。

知识四 氟离子电极

1. 氟离子电极的结构

氟离子电极是典型的单晶膜电极，其结构如图 2-8 所示，内参比电极为银-氯化银电极，内参比溶液是 0.1mol/L NaF 和 0.1mol/L NaCl 混合溶液；电极杆为硬质塑料管，下端封有 LaF_3 单晶膜，单晶膜中掺入了少量的 EuF_2 和 CaF_2，以改

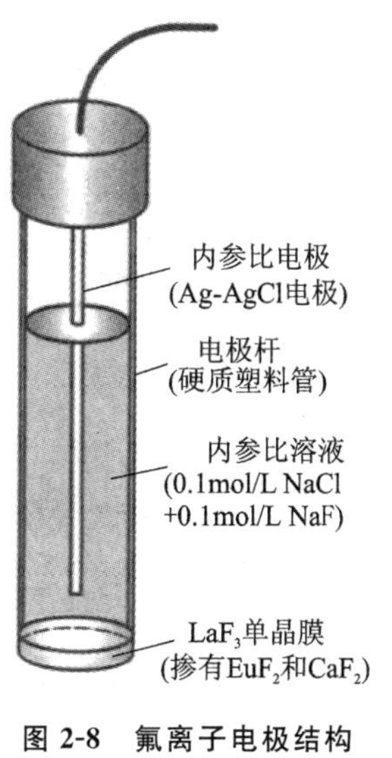

图 2-8 氟离子电极结构

善电极的导电性。

2. 氟离子电极的电极电位

与玻璃电极相似，将氟离子电极插入含有 F^- 的溶液时，F^- 在 LaF_3 单晶膜表面交换。溶液中的 F^- 活度较高时，F^- 可以进入单晶的空穴，单晶表面的 F^- 也可进入溶液，当单晶内、外表面与溶液中的 F^- 交换达到平衡时，也产生膜电位。在 25℃时，其膜电位与试液中被测 F^- 活度 $a_{F^-试}$ 间的关系也符合能斯特方程，即

$$\varphi_{膜} = K - 0.0592\lg a_{F^-试} = K + 0.0592\text{pF}_{试} \tag{2-11}$$

氟离子电极的电极电位 φ_{F^-} 为

$$\varphi_{F^-} = \varphi_{膜} + \varphi_{AgCl|Ag} + \varphi_{不对称} \tag{2-12}$$

将式(2-11)代入式(2-12)，并用符号 K'' 表示常数项，25℃时氟离子电极的电位为

$$\varphi_{F^-} = K'' - 0.0592\lg a_{F^-试} = K'' + 0.0592\text{pF}_{试} \tag{2-13}$$

依据式(2-13)，可用氟离子电极为指示电极测定待测溶液中的氟离子活度。

3. 氟离子电极的特点

(1)选择性较高。当 Cl^-、Br^-、I^-、SO_4^{2-}、NO_3^- 等的含量为 F^- 的 1000 倍时，无明显干扰。

(2)线性范围宽，为 10^{-6}～1mol/L。

(3)适宜的 pH 值范围为 5～6。pH 值过低时，试液中的 F^- 部分形成 HF 或 HF_2^-，降低了 F^- 的活度；pH 值过高时，LaF_3 单晶膜与 OH^- 发生交换，在晶体表面形成 $La(OH)_3$，而释放出 F^- 干扰测定。

(4)当待测溶液中含有能与 F^- 生成稳定配合物或难溶化合物的阳离子(如 Al^{3+}、Fe^{3+}、Ca^{2+})时，会干扰测定，需加入掩蔽剂消除。

项目 3　直接电位法

直接电位法应用最多的是 pH 值的电位法测定和离子选择性电极直接电位法测定离子活度(浓度)。

知识一　pH 值的电位法测定

1. 装置介绍

电位法测定溶液 pH 值时，通常使用 pH 玻璃电极为指示电极(负极)、饱和甘汞电极为参比电极(正极)，与待测溶液组成工作电池，用精密 pH 计(酸度计)测量电池电动势。其测量装置如图 2-9 所示。

2. 测定原理

如图 2-9 所示，测量电池组成可表示为

(－)Ag，AgCl | HCl | 玻璃膜 | 试液 ‖ KCl(饱和) | Hg_2Cl_2，Hg(＋)

25℃时，该电池的电动势为

$$E = \varphi_+ - \varphi_- = \varphi_{参比电极} - \varphi_{指示电极}$$

即

$$E = \varphi_{Hg_2Cl_2|Hg} - \varphi_{玻璃} + \varphi_L \tag{2-14}$$

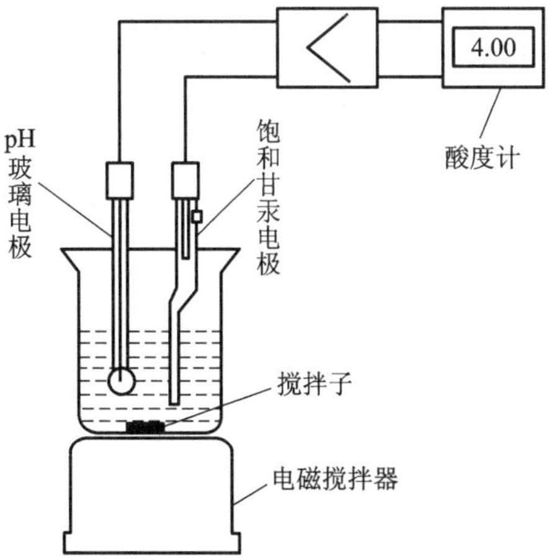

图 2-9 pH 值的电位法测定装置示意图

式(2-14)中的 φ_L 为液体接界电位,简称液接电位。当两种组成不同(如上述电池的试液与甘汞电极的饱和 KCl 溶液)或浓度不同的溶液相接触时,由于正、负离子扩散速率的不同,在两种溶液的界面上电荷分布不同,从而产生电位差,即为液接电位 φ_L。在电池中通常用盐桥连接两种电解质溶液,使 φ_L 减至最小,并趋于稳定,在一定条件下为常数。其他离子选择性电极也同样如此。

上述电池的电动势则为

$$E = \varphi_{Hg_2Cl_2|Hg} - \varphi_{玻璃} + \varphi_L = \varphi_{Hg_2Cl_2|Hg} - \varphi_{AgCl|Ag} - \varphi_{膜} + \varphi_L \tag{2-15}$$

由式(2-10)可知

$$\varphi_{膜} = K - 0.0592\text{pH}_{试液}$$

代入式(2-15)得

$$E = \varphi_{Hg_2Cl_2|Hg} - \varphi_{玻璃} + \varphi_L = \varphi_{Hg_2Cl_2|Hg} - \varphi_{AgCl|Ag} - K + 0.0592\text{pH}_{试液} + \varphi_L \tag{2-16}$$

式(2-16)中,$\varphi_{Hg_2Cl_2|Hg}$、$\varphi_{AgCl|Ag}$、φ_L、K 在一定条件下都是常数,将其合并为常数 K',则

$$E = K' + 0.0592\text{pH}_{试液} \tag{2-17}$$

由式(2-17)可知,工作电池的电动势与试液的 pH 值呈线性关系,尽管式中的 K' 为一常数,但是由于 K' 不仅包括内、外参比电极的电极电位,还包括难以测量和计算的 φ_L 等项,因此在实际工作中,不是用上式直接计算 pH 值,而是用已知 pH 值的标准缓冲溶液作为基准,并在相同条件下分别测定包含待测溶液和标准缓冲溶液的两个工作电池的电动势,得到

$$E = K' + 0.0592\text{pH}_{试液}$$

$$E_{标} = K' + 0.0592\text{pH}_{标液}$$

将两式合并可得

$$\text{pH}_{试液} = \text{pH}_{标液} + \frac{E - E_{标液}}{0.0592} \tag{2-18}$$

将式(2-18)变换为其他温度下的计算式为

$$\text{pH}_{试液} = \text{pH}_{标液} + \frac{2.303RT}{F}(E - E_{标液}) \tag{2-19}$$

式(2-19)即为按照实际操作方式对水溶液 pH 值的实际定义,亦称 pH 值标度。式中的 $\text{pH}_{标液}$ 为已知的确定值,通过测量 E 和 $E_{标液}$ 即可求得 $\text{pH}_{试液}$。

3. pH 标准缓冲溶液

pH 标准缓冲溶液是测定 pH 值的基准，标准缓冲溶液的配制及其 pH 值的确定是非常重要的。我国标准计量局颁发了 6 种 pH 标准缓冲溶液及其在 0～60℃时的 pH 值，其中几种见表 2-3。

表 2-3　不同温度下标准缓冲溶液的 pH 值

温度(℃)	0.05mol/L 草酸三氢钾	0.05mol/L 邻苯二甲酸氢钾	0.025mol/L 磷酸二氢钾 0.025mol/L 磷酸氢二钠	0.01mol/L 硼砂
0	1.668	4.006	6.981	9.458
10	1.671	3.996	6.921	9.330
20	1.676	3.998	6.879	9.226
30	1.684	4.010	6.852	9.142
40	1.694	4.029	6.838	9.072
50	1.706	4.055	6.833	9.015
60	1.721	4.087	6.837	8.968

知识二　离子选择性电极直接电位法测定离子活度(浓度)

1. 测定装置

与 pH 值的电位法测定相似，离子活度(浓度)的直接电位法测定是将待测离子的选择性电极与参比电极插入待测溶液中组成工作电池，并测量该电池的电动势。例如，用氟电极为指示电极、饱和甘汞电极为参比电极，测量试液中 F^- 的装置如图 2-10 所示。

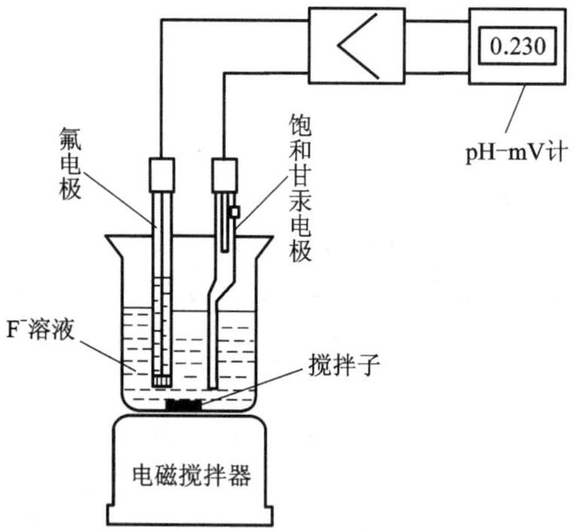

图 2-10　F^- 的电位法测定装置示意图

2. 测定原理

如图 2-10 所示，F^- 的电位法测定电池的组成可表示为

(—)Hg，Hg_2Cl_2 | KCl(饱和) ‖ 试液 | LaF_3 | NaF + NaCl(0.1mol/L) | AgCl | Ag(+)

该电池的电动势为

$$E = \varphi_{F^-} - \varphi_{Hg_2Cl_2|Hg} + \varphi_L \quad (2\text{-}20)$$

整理式(2-20),并用符号 K' 表示常数项,25℃时 F^- 的电位法测定电池的电动势为

$$E = K' - 0.0592\lg a_{F^-试液} \quad (2\text{-}21)$$

$$E = K' + 0.0592pF_{试液} \quad (2\text{-}22)$$

以各种离子选择性电极为指示电极,与参比电极组成电池,测定与其响应的相应离子活度时的电池电动势,可用下列通式表示(25℃)

$$E = K' \pm \frac{0.0592}{n_i}\lg a_i \quad (2\text{-}23)$$

式(2-23)中,当离子选择性电极作正极时,对阳离子响应的电极,电池常数 K'后一项取"+"号;对阴离子响应的电极,K'后一项取"-"号。

与 pH 值的测定同理,K'也是一个复杂项,也需要用已知离子活度的标准溶液为基准,通过比较待测溶液和标准溶液构成电池的电动势来确定待测溶液的离子活度。但目前能提供校准离子选择性电极用的标准活度溶液,除用于校准 Cl^-、Na^+、Ca^+、F^- 电极用的 NaCl、KF、$CaCl_2$ 外,其他离子活度标准溶液尚无标准。通常在要求不高,并保持离子活度系数不变的情况下,可用浓度代替活度进行测定。

3. 定量方法

(1)离子选择性电极测定离子浓度的条件

离子的活度 a_i 与浓度 c_i 的关系为 $a_i = \gamma c_i$。因此,用离子选择性电极测定离子浓度的条件是:在用标准溶液校准电极和用此电极测定试液的两个步骤中,必须保持离子的活度系数不变。由于离子的活度系数是离子强度的函数,则要求保持溶液的离子强度不变。为此,常用的方法是在试液和标准溶液中加入相同量的惰性电解质,即离子强度调节剂。常用的离子强度调节剂有 NaCl、KCl 溶液等。有时将离子强度调节剂、pH 缓冲溶液和消除干扰的掩蔽剂预先混合在一起加入。此混合溶液称为总离子强度调节缓冲剂(TISAB)。总离子强度调节缓冲剂的作用是维持试液和标准溶液的离子强度恒定;保持试液在离子选择性电极适宜的 pH 值范围内,避免 H^+ 或 OH^- 的干扰;掩蔽干扰离子,将被测离子释放成可检测的游离离子。例如用氟电极测定 F^- 时,常加入 TISAB,其组成为 NaCl(1mol/L)、HAC(0.25mol/L)、NaAC(0.75mol/L)及柠檬酸钠(0.001mol/L),它可以维持溶液有较高的离子强度(1.75mol/L)和适于测定 F^- 的 pH 值(约为 5.0),柠檬酸钠的作用主要是消除 Fe^{3+}、Al^{3+} 的干扰。

(2)标准曲线法

将指示电极和参比电极插入一系列含有不同活度的待测离子的标准溶液中,并在其中加入相同量的 TISAB,在同一条件下分别测定不同活度时电池的电动势 E。以各标准溶液的电动势为纵坐标,离子活度(或浓度)的对数(或负对数)为横坐标,绘制标准曲线。在相同条件下测量待测溶液的电动势,从标准曲线上查得待测溶液中离子的活度(或浓度)。

标准曲线法适用于组成简单并已知的大批同种试样的测定。对于要求不高的少数试样,可用与试液浓度 c_x 相近的标准溶液(浓度为 c_s),在相同条件下分别测出 E_x 和 E_s,再用测 pH 值的相似公式计算组分的浓度。即

$$\lg c_x = \lg c_s + \frac{E_x - E_s}{S}$$

式中 S 为电极斜率，可对两份不同浓度的标准溶液，在相同条件下测出 E，再用公式 $S=\frac{E_1-E_2}{\lg c_1-\lg c_2}$ 求得。

(3)标准加入法

在一定条件下，向一定体积的待测溶液中准确加入少量离子活度（或浓度）已知的标准溶液，分别测定加入标准溶液前后待测溶液的电动势，根据能斯特方程计算出待测离子的活度（或浓度）。

标准加入法只需一种标准溶液，且操作简便，适用于组成复杂的个别试样的测定，能较好地消除试样基体干扰，测定准确度高。

(4)浓度直读法

与用酸度计测量溶液 pH 值相似，测定溶液中待测离子的活度或浓度，也可由经过标准溶液校准后的测量仪器上直接读出待测溶液的活度或浓度。此方法简便、快速，所用仪器为离子计。

4.影响测定准确度的因素

影响电位法测定准确度的因素主要有温度、电动势的测量、干扰离子、溶液的离子强度和酸碱度，以及测量过程中的搅拌情况等。

(1)温度。温度不仅影响直线的斜率，而且影响直线的截距，K' 所包括的参比电极电位、膜电位、液接电位等都与温度有关，所以在整个测定过程中必须保持温度恒定，才能保证测定的准确度。

(2)电动势的测量。电动势测量的准确度直接影响电位法测定的准确度。如果电动势的测量发生 ±1mV 的误差，对 1 价离子所引起的浓度测定的相对误差为 ±4%，因此，测量电位的仪器必须有很高的灵敏度和准确性。通常用精密酸度计和专用离子计。

(3)干扰离子。有的干扰离子能直接与电极发生反应，有的则能与待测离子发生反应，生成在电极上不产生响应的物质。为了消除干扰离子的影响，可以加入掩蔽剂，或者必要时预先分离干扰离子。

(4)溶液的离子强度。严格地讲，电位法测出的实际上是溶液中待测离子的活度，但习惯上将分析结果以浓度表示。离子活度一般小于浓度，离子强度越大，活度系数越小，测量误差越大。由于配制标准活度溶液比较困难，在实际工作中，往往通过加入总离子强度调节缓冲剂的方法来控制待测溶液和标准溶液的离子强度基本一致，以消除由于两者待测离子活度系数不一致造成的误差。

(5)溶液的酸碱度。溶液的酸碱度也会影响某些测定，因而测量不同离子往往需要将溶液的 pH 值控制在一定的范围内才能得到准确的结果。如用氟电极测溶液中的 F^- 时，需用缓冲溶液将待测溶液的 pH 值控制在 5～6。

(6)搅拌情况。测量过程中搅拌溶液，可加速离子的扩散，缩短电极响应时间。但搅拌速度过快，会使电池电动势读数不稳定。可在溶液搅拌均匀、停止搅拌后再读数。此外，应根据具体情况选择合适的搅拌速度。特别是测量低浓度溶液时，即使缓慢搅拌，电池电动势读数也不稳定，此时可采用定时搅拌、静止读数或定时读数的方法。同时应注意标准溶液和试液必须在相同条件下测定，以减小误差。

项目4 电位滴定法

电位滴定法是根据工作电池电动势在滴定过程中的变化来确定滴定终点的一种滴定分析方法。由于电位滴定法只需要观测滴定过程中电位的变化情况，而不需要知道终点电位的绝度值，因此与直接电位法相比，受电极性质、液接电位和活度系数等的影响要小得多，进而测定的精密度、准确度均比直接电位法高，与滴定分析法相当。

知识一 电位滴定装置及基本原理

1. 电位滴定装置

电位滴定装置如图 2-11 所示，主要由滴定管、滴定池、指示电极、参比电极和电池电动势测量装置等组成。

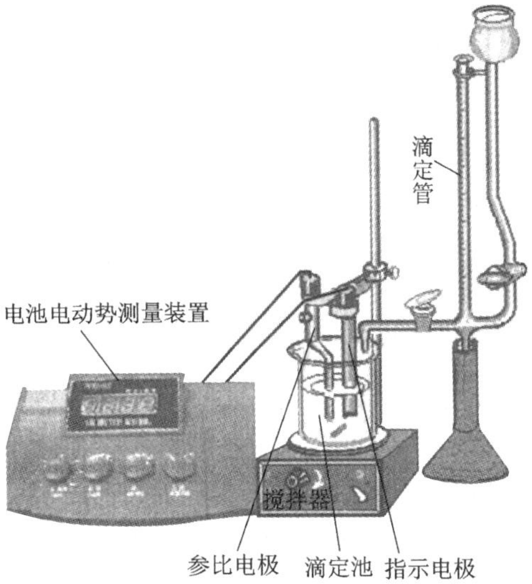

图 2-11 电位滴定装置示意图

(1)滴定管用于盛装滴定剂。可根据待测物质含量的高低选用常量滴定管、微量滴定管或半微量滴定管。

(2)指示电极用于指示被测定离子浓度的变化，应根据被滴定物质的性质合理选择。

(3)电位滴定中，一般选用饱和甘汞电极作为参比电极。实际工作中应使用产品分析标准规定的指示电极和参比电极。

(4)滴定池用于存放被滴定溶液，应根据滴定剂和被滴定物质的性质选择玻璃或塑料等材料的滴定池。

(5)电池电动势测量装置为高阻抗毫伏计，可用酸度计或离子计代替。

2. 基本原理

将指示电极和参比电极插入待测溶液组成电池，用手动滴定管或电磁阀控制的自动滴定管向待测溶液中滴加滴定剂，使之与待测离子发生定量化学反应。随着滴定反应的进行，溶液中待测离子的浓度不断发生变化，导致指示电极电位即电池电动势的相应改变。当滴定到达终点时，待测离子浓度的突变引起电池电动势的突跃，由精密毫伏计的电池电动势

（或 pH 值）读数的突跃可判断滴定终点的到达。根据滴定剂与待测组分反应的化学计量关系，由滴定过程中消耗的滴定剂的量即可计算出待测组分的含量。

以银电极为指示电极，双盐桥饱和甘汞电极作为参比电极，用 0.1mol/L $AgNO_3$ 标准溶液滴定 20.00mL NaCl 溶液的实验数据见表 2-4。

表 2-4　0.1mol/L $AgNO_3$ 标准溶液滴定 NaCl 溶液

加入 $AgNO_3$ 的体积 V(mL)	电动势 E(mV)	$\frac{\Delta E}{\Delta V}$(mV/mL)	加入 $AgNO_3$ 的体积 V(mL)	电动势 E(mV)	$\frac{\Delta E}{\Delta V}$(mV/mL)
5.00	62	—	24.20	194	110
15.00	85	2	24.30	233	390
20.00	107	4	24.40	316	830
22.00	123	8	24.50	340	240
23.00	138	15	24.60	351	110
23.50	146	16	24.70	358	70
23.80	161	50	25.00	373	50
24.00	174	65	25.50	385	24
24.10	183	90			

知识二　电位滴定终点的确定方法

电位滴定法确定终点的方法有 E-V 曲线法、$\Delta E/\Delta V$-$\bar{V}$ 曲线法、二阶微商法。

1. E-V 曲线法

以滴定过程中测得的电池电动势 E 为纵坐标，消耗滴定剂的体积 V 为横坐标，绘制 E-V 曲线，如图 2-12 所示。E-V 曲线上的拐点（即曲线斜率最大处）所对应的体积即为终点体积 V_{ep}。确定拐点的方法是：作两条与横坐标呈 45°角的 E-V 曲线的平行切线，两条切线等距离的平行线与 E-V 曲线的交点即为拐点。

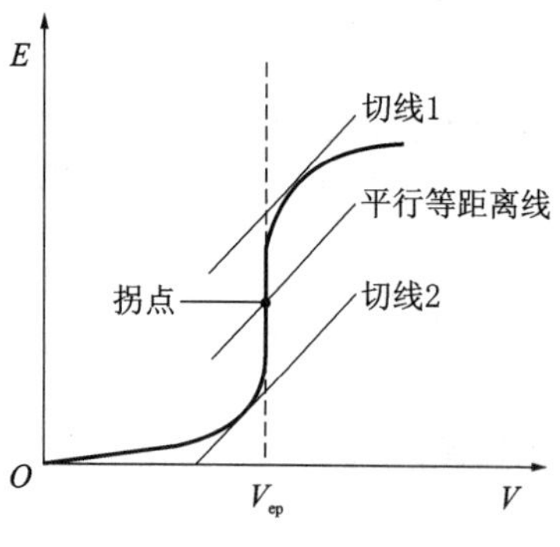

图 2-12　E-V 曲线

2. $\Delta E/\Delta V$-$\bar{V}$ 曲线法

$\Delta E/\Delta V$-$\bar{V}$ 曲线法又称为一阶微商法。若 E-V 曲线较为平坦，突跃不明显，则可绘制 $\Delta E/\Delta V$-$\bar{V}$ 曲线。$\Delta E/\Delta V$ 是 E 的变化值与相应的加入滴定剂体积的增量之比。如表2-4 中，当加入 $AgNO_3$ 溶液 24.10～24.20mL 时，相应的 E 由 183mV 变至 194mV，则

$$\frac{\Delta E}{\Delta V}=\frac{(194-183)\text{mV}}{(24.20-24.10)\text{mL}}=110\text{mV/mL}$$

其对应的体积平均值

$$\bar{V}=\frac{(24.20+24.10)\text{mL}}{2}=24.15\text{mL}$$

将 $\Delta E/\Delta V$ 对 $\bar{V}$ 作图，可得到一峰形图形，如图 2-13 所示，曲线最高点由实验点连线外推所得，其对应的体积即为终点体积 V_{ep}。用此法作图确定滴定终点较为准确，但较为烦琐。

3. 二阶微商法

此方法的原理是：$\Delta E/\Delta V\text{-}\bar{V}$ 曲线的最高点正是 $\Delta^2 E/\Delta^2 V$ 为零的点。二阶微商法有作图法和计算法两种。

(1) $\Delta^2 E/\Delta^2 V\text{-}\bar{V}$ 曲线法（作图法）

以 $\Delta^2 E/\Delta^2 V$ 对 $\bar{V}$ 作图可得二阶微商曲线，曲线的最高点和最低点的连线与横坐标的交点即为终点体积 V_{ep}。

(2) 二阶微商计算法

GB/T 9725—2007 规定电位滴定法确定终点可用 $\Delta^2 E/\Delta^2 V\text{-}\bar{V}$ 曲线法，也可用计算法，但实际中一般多采用二阶微商计算法，详见相关标准。

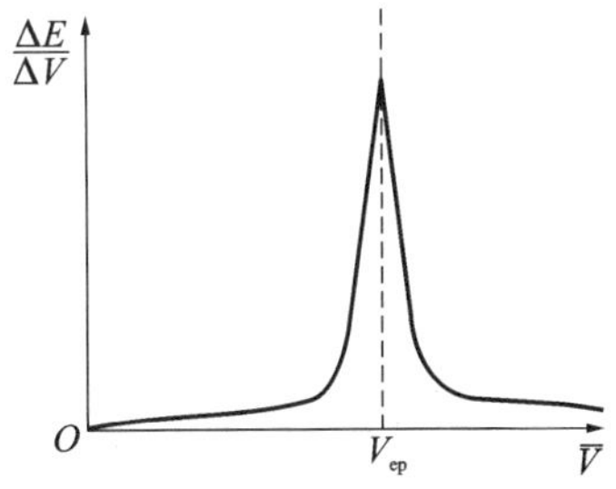

图 2-13　$\Delta E/\Delta V\text{-}\bar{V}$ 曲线

知识三　电位滴定法的应用

电位滴定法可用于酸碱滴定、沉淀滴定、氧化还原滴定以及配位滴定。不同类型滴定中的滴定反应不同，因此需要根据具体滴定反应的特点选择合适的指示电极和参比电极。表 2-5 列出了各类滴定常用的指示电极和参比电极，以供参考。

表 2-5　常用的指示电极和参比电极

序号	滴定类型	指示电极	参比电极
1	酸碱滴定	pH 玻璃电极、锑电极	甘汞电极
2	沉淀滴定	银电极、硫化银膜电极等离子选择性电极	双盐桥甘汞电极、玻璃电极
3	氧化还原滴定	铂电极	甘汞电极、钨电极
4	配位滴定	金属基电极、汞电极、离子选择性电极	甘汞电极

1. 酸碱滴定

酸碱一般都可用电位滴定法滴定，尤其是对弱酸、弱碱的滴定，使用电位滴定法很有实际意义。滴定中常用 pH 玻璃电极、锑电极作为指示电极，用甘汞电极作为参比电极。

太弱的酸和碱、不易溶于水而溶于有机溶剂的酸或碱，不能在水溶剂中滴定，但可以在非水溶剂中滴定，用电位法指示终点。例如，在醋酸介质中可以用 $HClO_4$ 溶液滴定吡啶；在乙醇介质中可以用 HCl 溶液滴定三乙醇胺；在异丙醇和乙二醇的混合介质中可以滴定苯胺和生物碱；在丙酮介质中可以滴定高氯酸、盐酸、水杨酸的混合物等。

2. 沉淀滴定

在沉淀滴定中使用最广泛的指示电极是银电极，参比电极用甘汞电极或玻璃电极。滴定 Ag^+ 或卤素离子时应用双盐桥甘汞电极，选用 NH_4NO_3 或 KNO_3 做外盐桥溶液。以银电极为指示剂，可用 $AgNO_3$ 溶液滴定 Cl^-、Br^-、I^-、SCN^-、S^{2-}、CN^- 等一些有机酸阴离子。此外，用铂电极作指示剂，可用于 $K_4[Fe(CN)_6]$ 溶液滴定 Pb^{2+}、Cd^{2+}、Zn^{2+}、Ba^{2+} 等，还可间接滴定 SO_4^{2-}。

3. 氧化还原滴定

在氧化还原滴定中，一般以铂电极作为指示电极，以甘汞电极或钨电极作为参比电极。可以用 $KMnO_4$ 溶液滴定 I^-、NO^{2-}、Fe^{2+}、V^{4+}、Sn^{2+}、$C_2O_4^{2-}$ 等，用 $K_2Cr_2O_7$ 溶液滴定

Fe^{2+}、Sn^{2+}、I^-、Sb^{3+}等。

4. 配位滴定

使用汞电极作为指示电极，可以用 EDTA 滴定 Cu^{2+}、Zn^{2+}、Ca^{2+}、Mg^{2+} 和 Al^{3+} 等多种离子。配位滴定的终点也可用离子选择性电极指示，例如，以钙离子电极作指示电极，可用 EDTA 滴定 Ca^{2+}。电位滴定法扩大了离子选择性电极的适用范围。

知识四　自动电位滴定法

上述电位滴定中，是用手动滴定，并随时测量、记录滴定剂体积和电池电动势，最后通过绘图或计算来确定滴定终点，烦琐而费时。如果使用自动电位滴定仪即可解决上述问题。目前使用的自动电位滴定仪主要有三种类型。

第一种为保持滴定速度恒定，在记录仪上自动记录完整的 *E*-*V* 滴定曲线，然后根据上述方法确定终点。

第二种是将滴定电池两极间的电位差与预设电位差(即用上述手动方法确定的终点电位)相比较，两信号的差值经放大后用来控制滴定速度，近终点时滴定速度降低，终点时，即滴定至预定终点电位时，自动停止滴定。

第三种是基于化学计量点时滴定电池两极间电位差的二阶微商由大降至最小，从而启动继电器，并通过电磁阀自动关闭滴定管滴定通路，再从滴定管读出滴定终点时滴定剂消耗的体积。

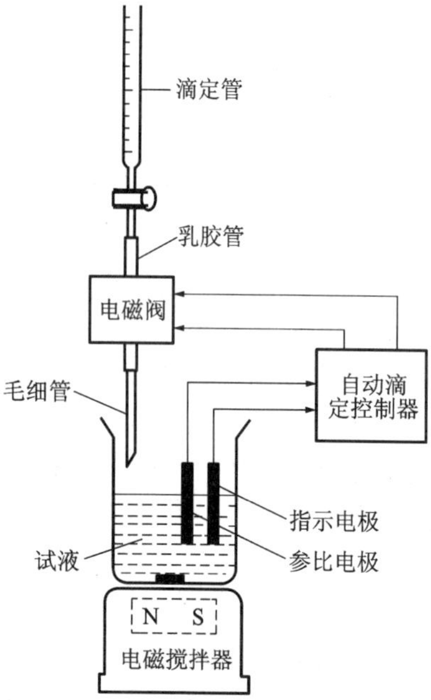

图 2-14　DZ-2 型自动电位滴定装置示意图

目前，使用较为普遍的是 DZ-2 型自动电位滴定仪，它由 DZ-2 型滴定计和 DZ-1 型滴定装置通过双头连接插塞线组合而成。它是根据“终点电位补偿”原理设计的。仪器能自动控制滴定速度，终点时会自动停止滴定。其结构如图 2-14 所示。

插在试液中的指示电极和参比电极与自动滴定控制器相连接，自动滴定控制器与滴定管的电磁阀相连接。进行自动电位滴定前，先将仪器的比较电位调到预先用手动方法测得的终点电位，滴定开始至终点前设定的终点电位与滴定池两电极的电位差不相等，控制器向电磁阀发出吸通信号，电磁阀自动打开，使滴定剂滴入试液中。当接近终点时，两者的电位差逐渐减小，电磁阀吸通时间逐渐缩短，滴定剂滴入速度逐渐减慢。达到滴定终点时，设定的电位与滴定池两极的电位差相等，控制器无电位差信号输出，电磁阀自动关闭，终止滴定。DZ-2 型自动电位滴定仪单独使用时可作为 pH 计或毫伏计，DZ-1 型滴定装置单独使用时可作为电磁搅拌器。

【读一读】

1. 复合电极

(1)复合电极不用时，可充分浸泡于3mol/L氯化钾溶液中。切忌用洗涤液或其他吸水性试剂浸洗。

(2)使用前，检查玻璃电极前端的球泡。正常情况下，电极应该透明而无裂纹；球泡内要充满溶液，不能有气泡存在。

(3)测量浓度较大的溶液时，尽量缩短测量时间，用后仔细清洗，防止被测液黏附在电极上而污染电极。

(4)清洗电极后，不要用滤纸擦拭玻璃膜，而应用滤纸吸干，避免损坏玻璃薄膜、防止交叉污染，影响测量精度。

(5)测量中注意电极的银-氯化银内参比电极应浸入到球泡内的氯化物缓冲溶液中，避免电位计显示部分出现数字乱跳现象。使用时，注意将电极轻轻甩几下。

(6)电极不能用于强酸、强碱或其他腐蚀性溶液。

2. pH玻璃电极

(1)pH玻璃电极贮存。短期：贮存在pH=4的缓冲溶液中；长期：贮存在pH=7的缓冲溶液中。

(2)pH玻璃电极的清洗。玻璃电极球泡受污染可能使电极响应时间加长。可用CCl_4或皂液揩去污物，然后浸入蒸馏水一昼夜后继续使用。污染严重时，可用5%HF溶液浸10～20min，立即用水冲洗干净，然后浸入0.1mol/L HCl溶液一昼夜后继续使用。

(3)玻璃电极老化的处理。玻璃电极的老化与胶层结构的渐进变化有关。旧电极响应迟缓，膜电阻高，斜率小。用氢氟酸浸蚀掉外层胶层，经常能改善电极性能。若能用此法定期清除内、外层胶层，则电极的寿命几乎是无限的。

3. 参比电极的贮存

银-氯化银电极最好的贮存液是饱和氯化钾溶液。高浓度氯化钾溶液可以防止氯化银在液接界处沉淀，并维持液接界处于工作状态。此方法也适用于复合电极的贮存。

做一做

实验一　电位滴定法测定食醋中醋酸的含量

一、实验目的

1. 掌握电位滴定法的基本操作和滴定终点的计算方法；
2. 学习食用醋中醋酸含量的测定方法；

3. 学会电位滴定曲线的绘制方法，熟练使用 pH 计。

二、实验原理

1. 原理

在酸碱电位滴定过程中，随着滴定剂的不断加入，被测物与滴定剂发生反应，溶液 pH 值不断变化，在化学计量点附近发生 pH 值突跃。因此，测量溶液 pH 值的变化就能确定滴定终点。

2. 确定终点的方法

(1)pH-V 曲线法：以滴定剂用量为横坐标，以 pH 值为纵坐标，绘制 pH-V 曲线。作两条与滴定曲线相切的直线，等分线与曲线的交点即为滴定终点。

(2)ΔpH/ΔV-V 曲线法：ΔpH/ΔV 代表 pH 值的变化值与对应的加入滴定剂体积的增量(ΔV)的比。绘制 ΔpH/ΔV-V 曲线，曲线的最高点即为滴定终点。

三、仪器和试剂

1. 仪器

PHS-3C 型酸度计，电磁搅拌器，pH 复合电极；100mL 容量瓶；25mL 移液管；100mL 小烧杯；10mL、100mL 量筒；洗瓶；玻璃棒；吸耳球。

2. 试剂

pH＝4.00(25℃)和 pH＝6.86(25℃)的标准缓冲溶液；氢氧化钠(AR)；邻苯二甲酸氢钾(AR)；0.2％乙醇酚酞溶液；食醋。

四、实验步骤

1. 0.1mol/L NaOH 溶液的配制

在台秤上称取 2g NaOH 固体于小烧杯中，加入 50mL 蒸馏水使其溶解，稍冷后转入 500mL 试剂瓶中，加水 450mL，用橡皮塞塞好瓶口，摇匀。

2. NaOH 溶液的标定

用差量法准确称取 0.4～0.45g 邻苯二甲酸氢钾，分别置于 250mL 锥形瓶中，加水 40～50mL，溶解后，用 NaOH 溶液滴定，记录滴定过程中 NaOH 的体积和对应的 pH 值，以此绘制滴定曲线。

3. 酸度计的安装与校正

(1)开机预热 30min，连接复合电极，安排好滴定管和酸度计的位置。

(2)用标准缓冲溶液校准仪器(测定前要开动搅拌器)：将搅拌棒放入标准缓冲溶液中，把电极插入溶液中使玻璃球完全浸没在溶液中，开动搅拌器，注意磁棒不要碰到电极。

(3)pH6.86 标准缓冲溶液定位：先将斜率旋钮顺时针调到最大，调节 pH 量程至 6.86，按下读数开关，将定位旋钮调至 pH 值至标准缓冲溶液 pH 值。

(4)pH4.00 标准缓冲溶液调斜率：调节 pH 量程至 4.00，按下读数开关，将斜率旋钮调至 pH 值至标准缓冲溶液 pH 值。

注意事项：以上校正完成后，定位和斜率旋钮位置不能再变动！在将电极插入待测溶液前，要用蒸馏水冲洗干净，用滤纸吸干水分，再放入溶液中；测定应在搅拌的情况下进行；测定前必须根据测量 pH 值范围选择合适的量程。

4. 食醋 pH 值的测定

直接移取 20mL 食醋于 100mL 烧杯中，用 pH 计测定其 pH 值。

5. 电位滴定法测定食醋中的醋酸含量

准确移取 20.00mL 食醋于 100mL 容量瓶中定容，再从中移取 15mL 于烧杯中，加水 35mL 后，用 NaOH 溶液滴定，记录滴定过程中 NaOH 的体积和对应的 pH 值，以此绘制滴定曲线。

6. 取 40～50mL 去离子水，进行空白试验。

五、实验数据记录与处理

1. NaOH 的标定

编号	1	2	3	4	5	6
V_{NaOH}(mL)						
pH 值						

2. 样品分析

V_{NaOH}(mL)	pH	ΔpH	ΔV	$\Delta pH/\Delta V$

3. 数据处理

(1)绘制 pH-V 曲线和 $\Delta pH/\Delta V$-V 曲线，分别确定滴定终点 V。

(2)计算醋酸的含量。

六、注意事项

每测完一份试样，均要清洗电极。

议一议：

1. 计算 NaOH 滴定醋酸时化学计量点的电动势，与实验结果比较，是否有差异？其原因是什么？

2. 与容量分析法相比较，电位滴定分析法有哪些优、缺点？

3. 标定 NaOH 溶液时，称取的邻苯二甲酸氢钾为什么要在 0.4～0.45g 范围内？

实验二　电位滴定法测定氯离子含量

一、实验目的

1. 掌握电位滴定法的原理及方法。

2. 学会用酸度计测量电动势的方法。

二、实验原理

氯离子是水中主要的阴离子之一，一般当氯离子含量超过 250mg/mL 时，就有一定咸味。水中氯离子含量高，对金属管道和农作物都有害处。

测定水中氯离子的含量，一般用 $AgNO_3$ 溶液滴定，它的滴定终点，除了用 K_2CrO_4 或 $NH_4Fe(SO)_4$ 等指示外，也可用电位法来确定。

如果试样较混浊或带有颜色，则靠指示剂的颜色变化来确定终点就有困难，如维生素 B_1 片剂中含氯量的测定。维生素 B_1 又名盐酸硫胺（$C_{12}H_7ClN_4OS \cdot HCl$），分子中的氯在水溶液中可完全离解成氯离子，其含量通常以溴酚蓝作吸附指示剂、用 $AgNO_3$ 溶液滴定，但这种方法不能用于维生素 B_1 片剂中氯的测定，因为片剂中还有糊精、淀粉等填料，以致药片在水中生成悬浊液。用电位滴定法就能克服这一困难。

用 $AgNO_3$ 溶液滴定氯离子时，发生下列反应：

$$Ag^+ + Cl^- = AgCl$$

电位滴定时可选用对氯离子或银离子有响应的电极作指示电极。本实验以银电极作指示电极，带硝酸钾盐桥的饱和甘汞电极作参比电极。由于银电极的电位与银离子浓度有关，在 25℃时为：

$$E_{Ag^+|Ag} = E^{\ominus} + 0.059\lg[Ag^+]$$

随着滴定的进行，银离子浓度逐渐改变，原电池的电动势亦随之变化。

滴定终点可由电位滴定曲线来确定，也可以用二次微商法求得。二次微商法是一种不经绘图手续，通过简单计算即可求得终点的方法，结果比较准确。这种方法的原理是：滴定终点时，二次微商值等于 0。

Br^-、I^-、$Fe(SCN)_6^{3-}$、CrO_4^{2-}、$Cr_2O_7^{2-}$ 等离子对本实验的测定有干扰。

三、仪器和试剂

1. 仪器

PHS-2C 型酸度计；216 型银电极；217 型饱和甘汞电极（双盐桥）；磁力搅拌器；25mL滴定管 1 支；10mL 吸量管 1 支；50mL 量筒 1 个；100mL 烧杯 3 只。

2. 试剂

（1）0.0200mol/L NaCl 标准溶液：称取 1.1689g 优级纯氯化钠（预先在 400～450℃灼烧至无爆裂声响，放在干燥器内冷却至室温），溶解在少量的去离子水中，然后移入 1L 容量瓶中，用去离子水稀释至刻度，摇匀。

（2）0.01mol/L $AgNO_3$ 溶液。

(3)1 ∶ 1(V/V)氨水。

四、实验步骤

1. $AgNO_3$ 溶液的标定

(1)调节仪器:将银电极接酸度计的正端,饱和甘汞电极接酸度计的负端,测量时按"+mV"键,按 PHS-2C 酸度计的使用方法校正仪器。

(2)电位滴定

①用吸量管取 10mL 0.0200mol/L NaCl 标准溶液于 100mL 烧杯中,再加约25mL水,将此烧杯放在磁力搅拌器上,放入搅拌子,然后将清洗后的银电极和双盐桥饱和甘汞电极插入溶液,注意勿使电极与搅拌子相碰,在滴定管内注入 $AgNO_3$溶液。

②开动搅拌器,溶液应稳定而缓慢地搅动,并测量电动势,记下滴定起始体积的毫伏读数。然后由滴定管加入一定体积的 $AgNO_3$溶液,待电位稳定后,读取滴定体积和电动势。每次滴加的 $AgNO_3$溶液体积,开始时可以大些,为 5mL,但在接近计量点时应小些,如0.10mL,且每次加入的量应相同,这样有利于滴定终点的计算。在过计量点后还应继续滴定几滴。

(3)重复滴定两次,依次用氨水、水淋洗电极、烧杯及搅拌子。

2. 自来水中氯离子含量的测定

用吸量管取 5~10mL 水样,其余操作同 1。

3. 维生素 B_1片剂中总氯量的测定

在 100mL 烧杯中放入两片维生素 B_1(每片含 10mg 维生素 B_1)片剂,加入约 40mL 蒸馏水,待片剂均匀分散后,其余操作同 1。

五、实验数据记录与处理

1. 记录标定 $AgNO_3$溶液时得到的数据,作出电动势对 $AgNO_3$体积的滴定曲线,并用二次微商法确定滴定终点,计算 $AgNO_3$的浓度。

2. 记录测定水样中氯离子含量时得到的数据,用二次微商法确定终点,计算水样中氯离子的含量(mg/L)。

3. 记录测定维生素 B_1 片剂中氯离子含量时得到的数据,用二次微商法确定终点,计算维生素 B_1片剂的总氯量。

六、注意事项

每测完一份试样,均要清洗电极。

议一议:

1. 试述双盐桥甘汞电极的结构特点及在本实验中的作用。
2. 滴定操作时应注意哪些问题?
3. 电位滴定法确定滴定终点的依据是什么?

练一练

一、填空题

1. 指示电极的电位随溶液中待测离子活(浓)度的变化而变化,反映出__________。

2. 直接电位法是通过测量__________来确定被测物质含量的方法;电位滴定法是利用__________来指示滴定终点到达的一种电化学容量分析方法。

3. 金属基电极的电极电位的产生是__________的结果;而离子选择性电极又称为__________,是由于__________而产生的电极电位,离子选择性电极一般是由__________、__________和__________三部分组成。

4. 最早使用的离子选择性电极是__________。它属于离子选择性电极中的__________电极。

5. 电位法测定溶液 pH 值时,通常用__________为指示电极,__________作参比电极。

6. 用 pH 玻璃电极测定酸度时,测定强酸溶液时,测得的 pH 值比实际数值__________,这种现象称为__________;测定强碱时,测得的 pH 值比实际数值__________,这种现象称为__________。

7. 用氟离子选择性电极的标准曲线法测定试液中 F^- 浓度时,对较复杂的试液需要加入__________试剂,其目的有:第一,____________________;第二,____________________;第三,____________________。

8. 在电位滴定法中,确定终点的方法有____________、____________和____________。

二、判断题

(　　)1. 参比电极的电极电位发生变化是其特征之一。

(　　)2. 甘汞电极的电极电位随电极内 KCl 溶液浓度的增加而增加。

(　　)3. 参比电极具有不同的电极电位,且电极电位的大小取决于内参比溶液。

(　　)4. 使用玻璃膜电极前必须浸泡 24h,在玻璃表面形成能进行 H^+ 交换的水化膜,故使用所有膜电极前都必须浸泡较长时间。

(　　)5. 氟离子选择电极的晶体膜是由高纯 LaF_3 晶体制作的。

(　　)6. 用总离子强度调节缓冲溶液(TISAB)保持溶液的离子强度相对稳定,故在所有电位测定方法中都必须加入 TISAB。

(　　)7. pH 值测量中,采用标准 pH 溶液进行定位的目的是校正温度的影响及校正由于电极制造过程中电极间产生的差异。

(　　)8. 在电位分析中,通常测定的应是待测物的活度,但采用标准加入法测定时,由于加入了大量强电解质,所以测定的是待测物的浓度而不是活度。

(　　)9. 待测离子的电荷数越大,测定灵敏度越低,产生的误差越大,故电位法多用于低价离子测定。

(　　)10. 电化学分析法仅能用于无机离子的测定。

三、选择题

1. 当金属插入其盐溶液中时，金属表面和溶液界面间形成双电层，产生了电位差，这个电位差叫(　　)。

A. 液接电位　　B. 电极电位　　C. 电动势　　D. 膜电位

2. 银-氯化银电极的电极电位取决于溶液中(　　)。

A. Ag^+ 浓度　　B. AgCl 浓度

C. Ag^+ 浓度和 AgCl 浓度总和　　D. Cl^- 活度

3. 用离子选择性电极测定离子活度时，与测定的相对误差无关的是(　　)。

A. 待测离子价态　　B. 电池电动势本身是否稳定

C. 温度　　D. 搅拌速度

4. 使用玻璃电极前浸泡的目的是(　　)。

A. 活化电极　　B. 清洗电极　　C. 校正电极　　D. 检查电极性能

5. 用氟离子选择性电极测定溶液中氟离子的含量，主要的干扰离子是(　　)。

A. Na^+　　B. Ca^{2+}　　C. La^+　　D. OH^-

6. 离子选择性电极的结构中必不可少的部分是(　　)。

A. 对特定离子呈能斯特响应的敏感膜　　B. 内参比电极

C. 内参比溶液　　D. 电极杆

7. 在测定溶液 pH 值时，需用标准 pH 缓冲溶液进行校正，其目的是(　　)。

A. 消除温度的影响

B. 提高测定的灵敏度

C. 扣除待测电池电动势与试液 pH 值关系式中的 K

D. 消除干扰离子的影响

8. 考虑 F^- 选择电极的膜特性，氟离子选择性电极使用的合适 pH 值范围为(　　)。

A. 5～6　　B. 8～10　　C. 1～3　　D. 2～10

9. 玻璃电极的内参比电极是(　　)。

A. Pt 电极　　B. Ag 电极　　C. Ag-AgCl 电极　　D. 石墨电极

10. 用离子选择性电极进行测量时，需要磁搅拌器搅拌溶液，这是为了(　　)。

A. 减小浓差极化　　B. 加快响应速度

C. 使电极表面保持干净　　D. 降低电极内阻

11. 正确的饱和甘汞电极的半电池组成为(　　)。

A. Hg | Hg_2Cl_2(1mol/L) | KCl(饱和)

B. Hg | Hg_2Cl_2(固) | KCl(饱和)

C. Hg | Hg_2Cl_2(固) | HCl(1mol/L)

D. Hg | $HgCl_2$(固) | KCl(饱和)

12. 以下表述正确的是(　　)。

A. Ag 与 Ag^+ 组成电极的电极反应是 $Ag^+ + e^- \rightleftharpoons Ag$

B. 汞电极可以写成 Hg|HgY^{2-}，MY^{n-4}，M

C. 25℃时，汞电极的电极电位是：$\varphi_{Hg^{2+}|Hg}=\varphi^{\ominus}_{Hg^{2+}|Hg}+\frac{0.0592}{2}\lg[M^{n+}]$

D. 玻璃电极膜电位的能斯特方程表示为：$\varphi_{膜}=K+0.0592pH_{试液}$

四、问答题

1. 为什么实际测量溶液 pH 值时，必须使用 pH 标准缓冲溶液？
2. 哪些因素影响直接电位法测定的准确性？
3. 测定 F^- 浓度时，为什么要在溶液中加入 TISAB？
4. 简述 pH 玻璃电极的作用原理。
5. 电位滴定法的基本原理是什么？
6. 电位滴定法中确定终点的方法有哪些？

模块3　紫外-可见分光光度法

知识目标

1. 掌握 Lambert-Beer 定律、紫外-可见分光光度法的基本定律，电子跃迁类型。
2. 理解吸收带的类型、紫外-可见分光光度计的基本构造、定性与定量方法。

技能目标

1. 熟悉紫外-可见分光光度计的主要部件及主要性能。
2. 能熟练使用紫外-可见分光光度计，并能对其进行日常维护。
3. 掌握紫外-可见分光光度计的相关分析技术。

项目1　基本原理

知识一　紫外-可见分光光度法概述

利用紫外-可见吸收光谱对物质进行定性、定量分析的方法称为紫外-可见分光光度法(ultraviolet and visible spectrophotometry，UV-vis)。紫外-可见分光光度法的准确度一般约为 0.5%，采用性能较好的仪器时测定准确度可达 0.2%，检测限一般可达 $10^{-6}\sim10^{-4}$ g/mL；既可以进行单一组分和多组分样品的定量分析，也可以根据吸收光谱的特性，与其他分析方法配合，用以推断有机化合物的分子结构，鉴别结构不同的化合物。本法准确、灵敏，仪器相对比较简单，适用于大多数有共轭结构的化合物，在化学、药学等领域有着极其广泛的应用。

知识二　紫外-可见吸收光谱的产生

紫外-可见吸收光谱是基于分子内的电子跃迁产生的吸收光谱，属于带状光谱，这是由于吸收紫外光的分子除了有电子能级的跃迁外，还伴随着分子振动能级和转动能级的跃迁(图 3-1)。分子对电磁辐射的吸收是分子总能量变化的加和。因此分子的电子光谱中包含着不同振动能级和不同转动能级产生的谱线，形成了连续的吸收带。紫外-可见光区的波长一般用 nm 表示，可分为真空紫外光区(<190nm)、近紫外光区(200～380nm)和可见光区(380～780nm)三个区间，常规分析仅限于使用近紫外光和可见光。

知识三　光吸收定律

早在 18 世纪 Borguer 和 Lambert 研究了物质对光的吸收和吸收介质厚度的关系。19

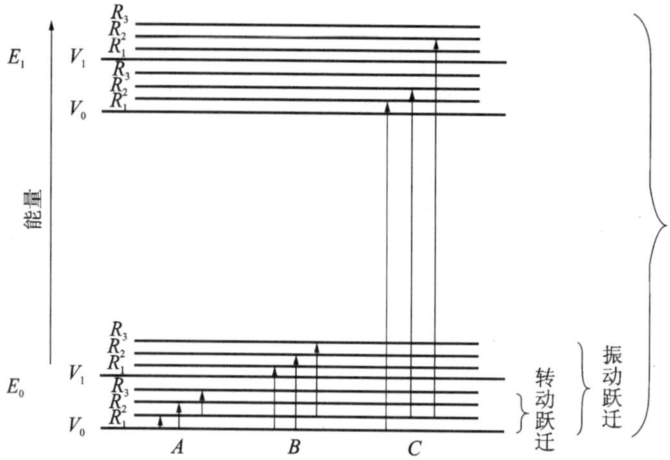

图 3-1　电磁波吸收和分子能级示意图

世纪 Beer 确定了光吸收与溶液浓度和液层厚度之间的关系，建立了光吸收的基本定律，习惯上称为 Lambert-Beer 定律。其中 Beer 定律说明吸光度与浓度的关系，Lambert 定律说明吸光度与厚度的关系。

设一束强度为 I_0 的平行单色光束垂直通过厚度为 l 的均匀介质，则一部分光被介质中的吸光分子吸收，使光的强度由 I_0 降到 I，若吸光分子的浓度为 c，则 Lambert-Beer 定律的数学表达式可表示为

$$-\lg \frac{I}{I_0} = Ecl \tag{3-1}$$

式中，E 在一定条件下为常数，称为吸光系数(absorptivity)。定义 I/I_0 是透光率 T(transmitance，常用百分数表示)，以 A 代表 $-\lg T$，称为吸光度(absorbance)，则有

$$A = -\lg T = Ecl \text{ 或 } T = 10^{-A} = 10^{-Ecl} \tag{3-2}$$

式(3-2)说明单色光通过吸光介质后，透光率 T 与浓度 c 或厚度 l 之间的关系是指数函数的关系。若以透光率的负对数为吸光度 A，则吸光度与浓度或厚度之间是简单的正比关系。

吸光系数的物理意义是吸光物质在单位浓度及单位厚度时的吸光度。在给定单色光、溶剂和温度等条件下，吸光系数是物质的特性常数。不同物质对同一波长的单色光，可有不同的吸光系数，吸光系数愈大，表明该物质的吸光能力愈强，灵敏度愈高，所以吸光系数是定性和定量依据。

有两种常用的吸光系数表示方式：

(1)摩尔吸光系数，指在一定波长时，溶液浓度为 1mol/L、厚度为 1cm 的吸光度，用 ε 或 EM 标记。

(2)百分吸光系数或称比吸光系数，指在一定波长时，溶液浓度为 1%(m/V)、厚度为 1cm 的吸光度，用 $E_{1\text{cm}}^{1\%}$ 表示。

两种吸光系数表示方式之间的关系是

$$\varepsilon = \frac{M}{10} \cdot E_{1\text{cm}}^{1\%} \tag{3-3}$$

式中，M 是吸光物质的摩尔质量。ε 一般不超过 10^5 数量级，通常 ε 在 $10^4 \sim 10^5$ 之间为

强吸收，小于 10^2 为弱吸收，介于两者之间称中强吸收。吸光系数 ε 或 $E_{1cm}^{1\%}$ 一般用已知准确浓度的稀溶液测得吸光度计算得到。

例如，氯霉素（$M=323.15$g/mol）的水溶液在 278nm 处有吸收峰。设用纯品配制 1000mL 含有 2.00g 的溶液，以 1.00cm 厚的吸收池在 278nm 处测得透光率为 24.3%，则

$$E_{1cm}^{1\%}=\frac{-\lg T}{c\cdot l}=\frac{0.614}{0.002}=307$$

$$\varepsilon=\frac{323.15}{10}\times 307=9921$$

知识四 偏离 Beer 定律的因素

按照 Beer 定律，浓度 c 与吸光度 A 之间的关系应该是一条通过原点的直线。事实上，往往容易发生偏离直线的现象而引入误差，如图 3-2 所示。导致偏离的主要原因有化学方面和光学方面的因素。

1. 化学因素

溶液中溶质可因浓度改变而有离解、缔合与溶剂间的作用等原因而发生偏离 Beer 定律的现象。例如，重铬酸钾的水溶液有以下平衡

$$Cr_2O_7^{2-}+H_2O \rightleftharpoons 2H^{+}+2CrO_4^{2-}$$

若溶液严格地稀释 2 倍，CrO_7^{2-} 浓度不是减少 1/2，而是受稀释平衡向右移动的影响，$Cr_2O_7^{2-}$ 浓度的减少明显多于 1/2，结果偏离 Beer 定律而产生误差。

由化学因素引起的偏离，有时可通过控制溶液条件设法减免。如上例，若在强酸性溶液中测定 $Cr_2O_7^{2-}$，或在强碱性溶液中测定 CrO_4^{2-}，都可避免偏离现象。

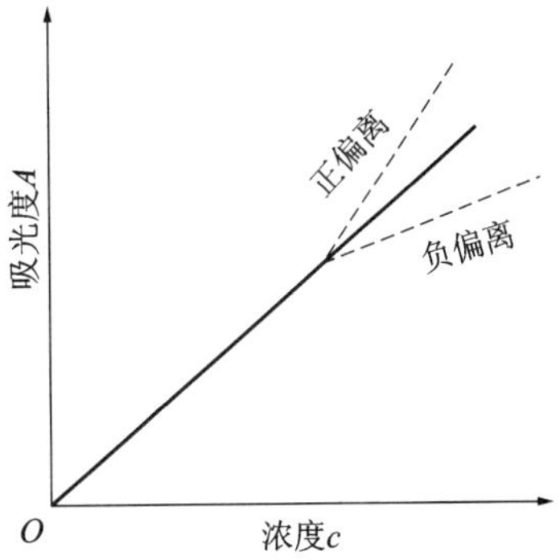

图 3-2 Beer 定律的偏离情况

2. 光学因素

(1)非单色光。Beer 定律只适用于单色光，但一般仪器所获得的入射光是具有一定波长范围的复合光，由于物质对不同波长的光有不同的吸光系数，而使得吸光度变化而偏离 Beer 定律。

(2)杂散光。从分光器得到的单色光中，还有一些不在谱带宽度范围内的与所需波长相隔较远的光，称为杂散光(stray light)。杂散光和仪器光学元件表面的性能有关。仪器使用、保养不善，光学元件受到尘染或霉蚀也是杂散光增多的原因。

(3)散射光和反射光。吸光质点对入射光有散射作用，入射光在吸收池内、外界面之间通过时又有反射作用。散射光和反射光都是入射光谱带宽度内的光，对透射光强度有直接影响。一般情况下可用空白对比补偿。

(4)非平行光。通过吸收池的光一般都不是真正的平行光，倾斜光通过吸收池的实际光程将比垂直照射的平行光的光程长，使厚度 l 增大而影响测量值。实际厚度的变异也会导致测定吸光度时的差异。

项目2 紫外-可见吸收光谱和分子结构的关系

知识一 跃迁类型

根据分子轨道理论，分子中的价电子主要有处于 σ 轨道上的 σ 电子，π 轨道上的 π 电子和未参与成键而仍处于原子轨道中的 n 电子(亦称 p 电子)。电子围绕分子或原子运动的概率分布叫做轨道。轨道不同，电子所具有的能量也不同。当两个原子靠近而结合成分子时，两个原子的原子轨道可以线性组合生成两个分子轨道，其中一个具有低能量，称为成键轨道；另一个具有高能量，称为反键轨道。

如图 3-3 所示，两个氢原子的 s 电子结合并以 σ 键组成氢分子，分子轨道具有 σ 成键轨道和 σ^* 反键轨道。同样，两个原子的 p 轨道平行地重叠起来，组成两个分子轨道时，该分子轨道称 π 成键轨道和 π^* 反键轨道。π 键的电子重叠比 σ 键的电子重叠少，键能弱，跃迁所需的能量低。分子中 n 电子的能级基本上保持原来原子状态的能级，称非键轨道，比成键轨道所处能级高，比反键轨道所处能级低。图 3-4 显示，分子中不同轨道的价电子具有不同能量，处于低能级的价电子吸收一定能量后就会跃迁到较高能级。

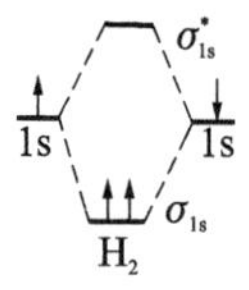

图 3-3 H_2 的成键和反键轨道

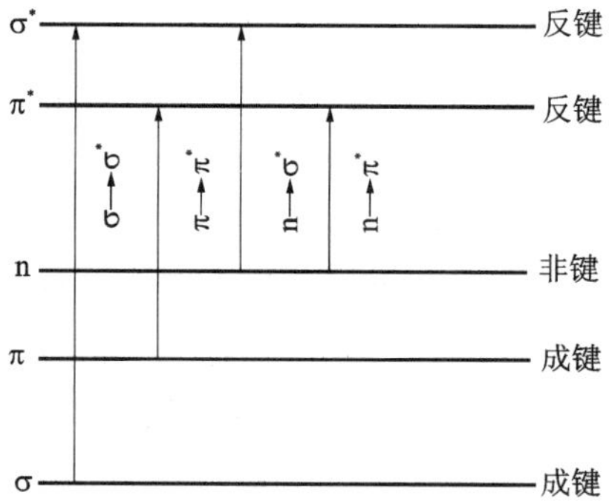

图 3-4 分子中价电子能级跃迁示意图

在紫外光区和可见光区范围内，有机化合物的吸收光谱主要是由 σ-σ^*、π-π^*、n-σ^*、n-π^* 跃迁及电荷迁移跃迁产生。

(1)σ-σ^* 跃迁：处于 σ 成键轨道上的电子吸收光能后跃迁到了 σ^* 反键轨道。分子中 σ 键较为牢固，故跃迁需要较大的能量，吸收峰在远紫外区。如乙烷的 λ_{max} 在 135nm。饱和烃类的吸收峰一般都小于 150nm，在 200～400nm 范围内没有吸收峰。

(2)π-π^* 跃迁：处于 π 成键轨道上的电子跃迁到 π^* 反键轨道上，所需的能量小于 σ-σ^* 跃迁所需的能量。孤立的 π-π^*，跃迁一般在 200nm 左右，其特征是吸光系数 ε 很大，一般 $\varepsilon > 10^4$，为强吸收。例如 $CH_2=CH_2$ 的吸收峰在 165nm，ε 为 10^4。具有共轭双键的化合物，相邻的 π 键相互作用形成离域键，电子容易激发，使 π-π^* 跃迁所需能量减少，如丁二烯的 λ_{max} 在 217nm(ε 为 21000)。共轭键愈长，跃迁所需能量愈小。

(3)n-π^* 跃迁：含有杂原子不饱和基团，如 C=O、C=S、—N=N—等化合物，其非键轨道中孤对电子吸收能量后，向 π^* 反键轨道跃迁，这种跃迁一般在近紫外光区，吸收强度弱，ε 小(在 10～100 之间)。例如丙酮的 $\lambda_{max}=279$nm，即属此种跃迁，ε 为 10～30。

(4)n-σ^* 跃迁:如含—OH、—NH_2、—X、—S 等基团的化合物,其杂原子中孤对电子吸收能量后向 σ^* 反键轨道跃迁,这种跃迁可以吸收的波长在 200nm 左右。

(5)电荷迁移跃迁:所谓电荷迁移跃迁,是指用电磁辐射照射化合物时,电子从给予体向接受体相联系的轨道上跃迁。因此电荷迁移跃迁实质是一个内氧化还原过程,而相应的吸收光谱称为电荷迁移吸收光谱。某些有机化合物,如取代芳烃,可产生这种分子内电荷迁移吸收。电荷迁移吸收带的特点是谱带较宽,吸收强度大,一般 $\varepsilon_{max}>10^4$。

知识二 光谱特征及有关术语

紫外-可见吸收光谱是分子中的价电子有选择地吸收紫外-可见光产生的吸收光谱。吸收光谱又称吸收曲线,是以波长 λ(nm)为横坐标,以吸光度 A(或透光率 T)为纵坐标所描绘的曲线,如图 3-5 所示。

吸收光谱的特征一般用下列术语进行描述:

(1)吸收峰。曲线上吸收最大的地方,它所对应的波长称最大吸收波长(λ_{max})。

(2)谷。峰与峰之间的部位叫谷,该处的波长称最小吸收波长(λ_{min})。

(3)肩峰。在一个吸收峰旁边产生的一个曲折,称为肩峰(shoulder peak),该处的吸收波长为 λ_{sh}。

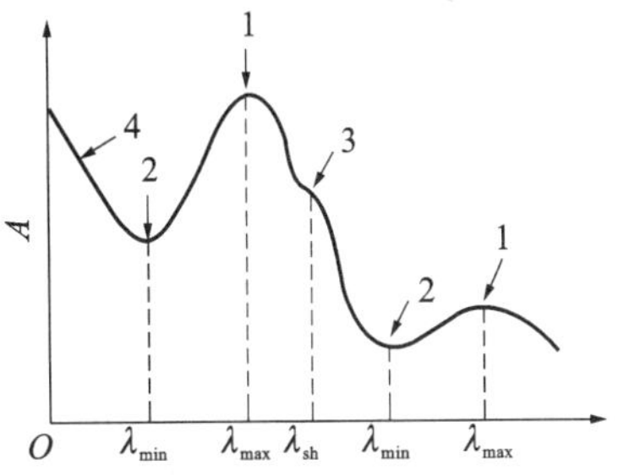

图 3-5 吸收光谱示意图

(4)末端吸收。在光谱短波端只呈现强吸收而不成峰形的部分称为末端吸收(end absorption)。

(5)生色团(chromophore)。有机化合物分子结构中含有 π-π* 或 n-π* 跃迁的基团,如 C═C、C═O、—N═N—、—NO_2、—C═S 等,能在紫外-可见光范围内产生吸收的原子团。

(6)助色团(auxochrome)。助色团是指含有非键电子的杂原子饱和基团,如—OH、—NH_2、—OR、—SH、—SR、—Cl、—Br、—I 等。当它们与生色团或饱和烃相连时,能使该生色团或饱和烃的吸收峰向长波方向移动,并使吸收强度增加。

(7)红移(red shift)。亦称长移(bathochromic shift),由于化合物的结构改变,如发生共轭作用、引入助色团以及溶剂改变等,使吸收峰向长波方向移动。

(8)蓝(紫)移(blue shift)。亦称短移(hypsochromic shift),当化合物的结构改变或受溶剂影响时,使吸收峰向短波方向移动。

(9)增色效应和减色效应。由于化合物结构改变或其他原因,使吸收强度增加称增色效应或浓色效应(hyperchromic effect);使吸收强度减弱称减色效应或淡色效应(hypochromic effect)。

(10)强带和弱带(strong band and weak band)。紫外-可见吸收光谱中,凡摩尔吸光系数 $\varepsilon_{max}>10^4$ 的吸收峰称为强带;凡 $\varepsilon_{max}<10^2$ 的吸收峰称为弱带。

知识三 吸收带及其与分子结构的关系

吸收带(absorption band)反映吸收峰在紫外-可见光谱中的位置。根据电子和轨道种类,吸收带主要有四种类型。

(1)R 带。从德文 radikal(基团)得名。由 n-π^* 跃迁引起的吸收带，是杂原子的不饱和基团，如—NO、—NO_2、—N ═N—等这一类生色团的特征。它的特点是处于较长波长范围(~300nm)，是弱吸收(ε<100)。

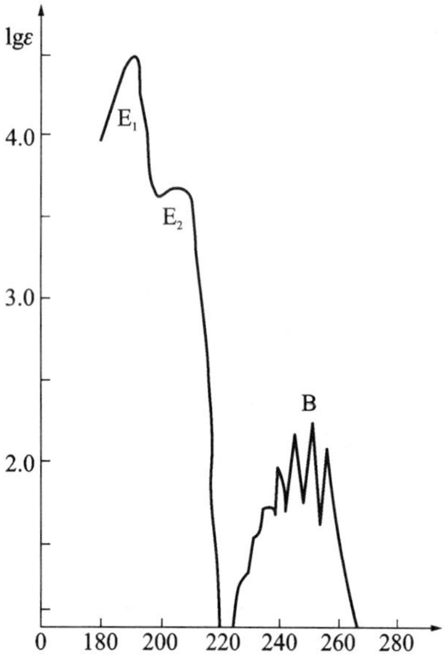

图 3-6 苯异丙烷溶液的紫外光谱

(2)K 带。从德文 konjugation(共轭作用)得名。相当于共轭双键中 π-π^* 跃迁所产生的吸收峰，其特点是摩尔吸光系数值一般大于 10^4，为强带。

如丁二烯CH_2 ═CH—CH ═CH_2 的 λ_{max} 为 218nm，ε 为 10^4 就属于 K 带。

(3)B 带。从 benzenoid(苯)得名，是芳香族化合物的特征吸收带。苯在蒸气状态中分子间彼此作用小，反映出孤立分子振动、转动能级跃迁，即在 230~270nm 处出现精细结构的吸收光谱，又称苯的多重吸收带。在极性溶剂中，溶剂和溶质间的相互作用加大，振动光谱表现不出来，精细结构消失，出现一个宽峰，其重心在 256nm 附近，ε 为 200 左右(图 3-6)。

(4)E 带。也是芳香族化合物的特征吸收带。由苯环结构中三个乙烯的环状共轭系统的 π-π^* 跃迁所产生，分为 E_1 和 E_2 带。E_1 带的吸收峰约在 180nm，ε 为 4.7×10^4；E_2 带的吸收峰约在 200nm，ε 为 7000，都属于强带吸收。

一些化合物的电子结构、跃迁类型和吸收带的关系如表 3-1 所示。

表 3-1 电子结构的跃迁

电子结构	化合物	跃迁	λ_{max}	ε_{max}	吸收带
σ	乙烷	σ-σ^*	135	10000	
n	1-乙硫醇	π-σ^*	224	120	
	碘丁烷	π-σ^*	257	486	
π	乙烯	π-π^*	165	10000	
	乙炔	π-π^*	173	6000	
π 和 n	丙酮	π-π^*	约 160		
		n-σ^*	194	9000	
		n-π^*	279	15	R
π-π	CH_2 ═CH—CH ═CH_2	π-π^*	217	21000	K
	CH_2 ═CH—CH ═CH—CH ═CH_2	π-π^*	258	35000	K
n-π 和 n	CH_2 ═CH—CHO	π-π^*	210	11500	K
		n-π^*	315	14	R

续表 3-1

电子结构	化合物	跃迁	λ_{max}	ε_{max}	吸收带
芳香族 π	苯	芳香族 π-π^*	约 180	60000	E_1
		芳香族 π-π^*	约 200	8000	E_2
芳香族 π-π	苯乙酸	芳香族 π-π^*	255	215	B
		芳香族 π-π^*	244	12000	K
芳香族 π-σ	甲苯	芳香族 π-π^*	282	450	B
		芳香族 π-π^*	208	2460	E_2
		芳香族 π-π^*	262	174	B
芳香族 π-n	苯酚	芳香族 π-π^*	210	6200	E_2
		芳香族 π-π^*	270	1450	B

表 3-1 可以用于判断一个化合物有无紫外吸收，以及进一步预测该化合物的紫外吸收带可能出现的波长范围及吸收带类型。

项目 3 紫外-可见分光光度计

知识一 仪器构成

各种型号的紫外-可见分光光度计，就其基本结构来说，都是由 5 个部分组成，即光源、单色器、吸收池、检测器和信号指示系统。

光源→单色器→吸收池→检测器→信号指示系统

1. 光源

对光源的基本要求是：在仪器操作所需的光谱区域内能够发射连续辐射，有足够的辐射强度和良好的稳定性，而且辐射能量随波长的变化尽可能小。紫外-可见分光光度计中常用的光源有热辐射光源和气体放电光源两类：热辐射光源用于可见光区，如钨丝灯和碘钨灯；气体放电光源用于紫外光区，如氢灯和氘灯。

钨丝灯和碘钨灯可使用的波长范围为 340～2500nm。这类光源的辐射能量与施加的外加电压有关，在可见光区，辐射的能量与工作电压的 4 次方成正比，因此必须严格控制工作电压，仪器必须备有稳压装置。

在近紫外光区测定时常用氢灯和氘灯。它们可在 160～375nm 范围内产生连续光谱。氘灯的灯管内充有氢的同位素氘，它是紫外光区应用最广泛的一种光源，其光谱分布与氢灯类似，但光强度比相同功率的氢灯大 3～5 倍。

2. 单色器

单色器是能从光源的复合光中分出单色光的光学装置。单色器一般由入射狭缝、准光镜（透镜或凹面反射镜使入射光成平行光）、色散元件、聚焦元件和出射狭缝等几部分组成（如图 3-7 所示）。其核心部分是色散元件，起分光的作用，主要有棱镜和光栅两种。

棱镜有玻璃和石英两种材料。它们的色散原理是：不同波长的光通过棱镜时有不同的

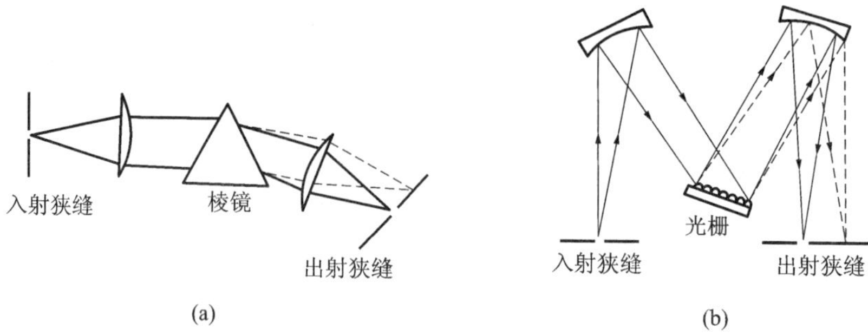

图 3-7　单色器结构示意图

(a)棱镜型;(b)光栅型

折射率而将不同波长的光分开。由于玻璃可吸收紫外光,因此玻璃棱镜只能用于 350～3200nm 的波长范围。石英棱镜适用的波长范围较宽,可在 185～4000nm 之间,可用于紫外光、可见光、近红外光 3 个光区。光栅是利用光的衍射与干涉作用制成的。它可用于紫外光区、可见光区及近红外光区,而且在整个波长区具有良好的、几乎均匀一致的分辨能力。它具有色散波长范围宽、分辨本领高、成本低、便于保存和易于制备等优点;缺点是各级光谱会重叠而产生干扰。

狭缝在决定单色器性能上起重要作用。狭缝的大小直接影响单色光纯度,过小的狭缝又会减弱光强。

3. 吸收池

吸收池用于盛放分析试样,一般有石英和玻璃两种材料。石英吸收池用于可见光区及紫外光区,玻璃吸收池只能用于可见光区。为减少光的反射损失,吸收池的光学面必须完全垂直于光束方向。在高精度的分析测定中(紫外光区尤其重要),同一套吸收池的性能要基本一致,因为吸收池材料的本身吸光特征以及吸收池的光程长度等对分析结果都有影响。

4. 检测器

检测器的功能是检测光信号、测量单色光透过溶液后光强度的变化。常用的检测器有光电池、光电管和光电倍增管等。它们通过光电效应将照射到检测器上的光信号转变成电信号。对检测器的要求是:在测定的光谱范围内具有高的灵敏度;对辐射能量的响应时间短,线性关系好;对不同波长的辐射响应均相同,且可靠;噪声水平低、稳定性好等。

硒光电池对光的敏感范围为 300～800nm,其中又以 500～600nm 最为灵敏。这种光电池的特点是:能产生可直接推动微安表或检测器的光电流,但由于容易出现疲劳效应,只能用于低档的分光光度计中。

光电管在紫外-可见分光光度计上的应用较为广泛。它的结构是:以一个弯成半圆柱形的金属片为阴极,阴极的内表面涂有光敏层;在圆柱形的中心置一个金属丝为阳极,接受阴极释放出的电子。两个电极密封于玻璃或石英管内并抽成真空。阴极上的光敏材料不同,光谱的灵敏区也不同。可分为蓝敏和红敏两种光电管:前者是在镍阴极表面上沉积锑和铯,可用于的波长范围为 210～625nm;后者是在阴极表面上沉积银和氧化铯,可用于的波长范围为 625～1000nm。与光电池比较,它有灵敏度高、光敏范围宽、不易疲劳等优点。

光电倍增管是检测微弱光最常用的光电元件，它的灵敏度比一般的光电管要高 200 倍，因此可使用较窄的单色器狭缝，从而对光谱的精细结构有较好的分辨能力。

5. 信号指示系统

它的作用是放大信号并以适当方式指示或记录下来。常用的信号指示装置有直读检流计、电位调节指零装置以及数字显示或自动记录装置等。很多型号的分光光度计装配有微处理机，一方面可对分光光度计进行操作控制，另一方面可进行数据处理。

知识二 紫外-可见分光光度计的类型

紫外-可见分光光度计的类型很多，但可归纳为 3 种类型，即单光束分光光度计、双光束分光光度计和双波长分光光度计。

1. 单光束分光光度计

经单色器分光后的一束平行光，轮流通过参比溶液和样品溶液，以进行吸光度的测定。这种类型的分光光度计结构简单，操作方便，维修容易，适用于常规分析。国产 722 型、751 型、724 型，英国 SP500 型以及 Bacdman DU-8 型等均属于此类光度计。

2. 双光束分光光度计

其光路示意图如图 3-8 所示。经单色器分光后经反射镜分解为强度相等的两束光，一束光通过参比池，另一束光通过试样池。光度计能自动比较两束光的强度，此比即为试样的透射比，经对数变换将它转换成吸光度并作为波长的函数记录下来。双光束分光光度计一般都能自动记录吸收光谱曲线。两束光同时分别通过参比池和试样池，能自动消除光源强度变化所引起的误差。这类仪器有国产 710 型、730 型和 740 型等。

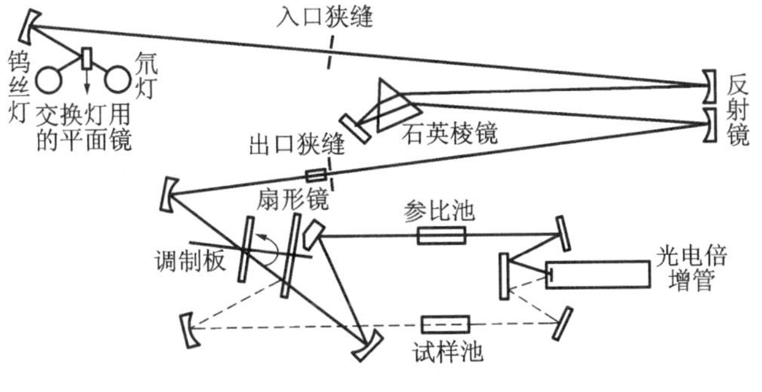

图 3-8 双波长双光束分光光度计原理图

3. 双波长分光光度计

其基本光路如图 3-9 所示。由同一光源发出的光被分成两束，分别经过两个单色器，得到两束不同波长（为和）的单色光。利用切光器使两束光以一定的频率交替照射同一吸收池，然后经过光电倍增管和电子控制系统，最后由显示器显示出两个波长处的吸光度差值 $\Delta A(\Delta A=A_{\lambda1}-A_{\lambda2})$。对于多组分混合物、混浊试样（如生物组织液）分析以及存在背景干扰或共存组分吸收干扰的情况下，利用双波长分光光度计，往往能提高方法的灵敏度和选择性。利用双波长分光光度计，能获得导数光谱。通过光学系统转换，使双波长分光光度计能很方便地转化为单波长工作方式。如果能在 λ_1 和 λ_2 处分别记录吸光度随时间变化的曲线，还能进行化学反应动力学研究。

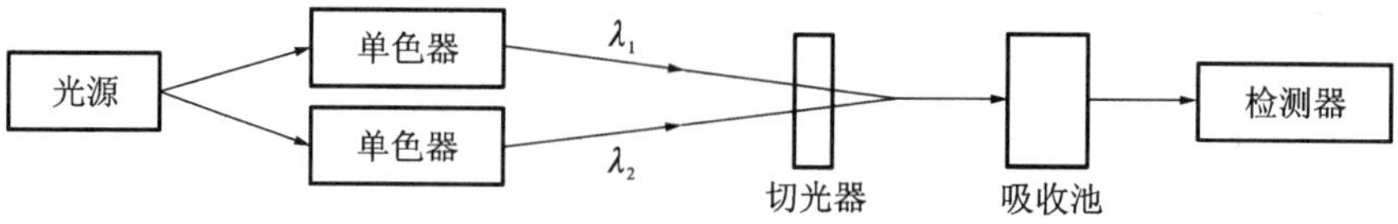

图 3-9　双波长分光光度计光路示意图

项目 4　测量条件的选择

为了使光度分析有较高的灵敏度和准确度，除了要注意控制合适的显色条件外，还必须选择适宜的光度测量条件，如入射光波长的选择、参比溶液的选择及吸光度读数范围的选择等。

知识一　入射光波长的选择

应根据吸收曲线选择入射光波长，通常选择最大吸收波长 λ_{max} 作为入射光波长。因为在 λ_{max} 处 K 值最大，测定的灵敏度高，同时在 λ_{max} 附近，吸光度变化不大，不会造成对吸收定律的偏离，因而测定的准确度也较高。

如果干扰物质在 λ_{max} 处也有吸收，则应选用其他峰值波长或曲线的相对平坦处对应的波长进行测定。例如测定镍时，以丁二酮肟为显色剂，丁二酮肟镍配合物的 λ_{max} 为 470nm，若待测试液中有 Fe^{3+} 存在，需加酒石酸作为掩蔽剂，形成酒石酸铁配合物，但酒石酸铁配合物在 470nm 处也有吸收，对镍的测定产生干扰，如图 3-10 所示。此时若在 520nm 处测定，虽然灵敏度有所降低，但酒石酸铁不会产生干扰，提高了测定的准确度。

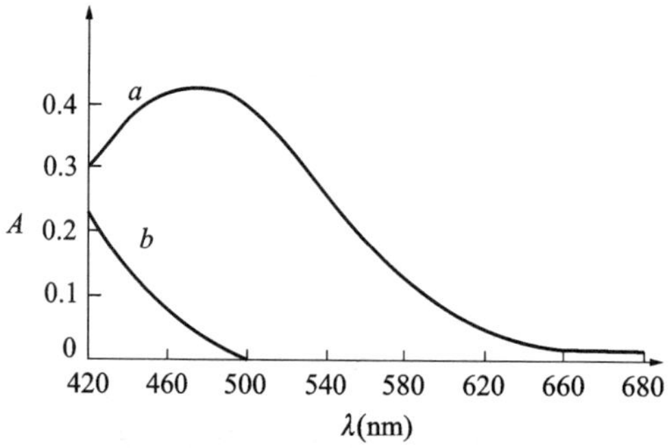

图 3-10　丁二酮肟镍(a)和酒石酸铁(b)的吸收曲线

知识二　参比溶液的选择

吸光光度法测定吸光度时，是将待测溶液盛放于比色皿内，放入分光光度计光路中，测量入射光的减弱程度。由于比色皿对入射光的反射、吸收，以及溶剂、试剂等对入射光的吸收，会使光强度减弱。为了使光强度减弱仅与待测组分的浓度有关，需要选择合适组成的参比溶液，将其放入比色皿内并置于光路中，调节仪器，使 $T=100\%(A=0)$，然后再测定盛放于另一相同规格比色皿中的试液吸光度。这样就消除了由于比色皿、溶剂及试剂等对入射光的反射和吸收带来的误差。

选择参比溶液的原则是：使试液的吸光度真正反映待测组分的浓度。常用的参比溶液有以下几种：

(1)溶剂。当试液、显色剂及所用的其他试剂在测量波长处均无吸收，仅待测组分与显色剂的反应产物有吸收时，可用溶剂作参比溶液，以消除溶剂和比色皿等因素的影响。

(2)试剂空白。如果显色剂或加入的其他试剂在测量波长处略有吸收，应采用试剂空白(不加试样而其余试剂全加的溶液)作参比溶液，以消除试剂因素的影响。

(3)试液。如显色剂在测量波长处无吸收，但待测试液中的共存离子有吸收，如 Co^{2+}、MnO_4^- 等，此时可用不加入显色剂的试液为参比溶液，以消除有色离子的干扰。

知识三 吸光度读数范围的选择

在吸光光度法测定中，除了各种化学因素所引起的误差外，还存在着仪器测量误差。对于一台特定的分光光度计，其透射比的读数误差 ΔT 为一常数[通常为±(0.2%～2%)]，透射比读数误差 ΔT 与测定结果误差 $\Delta c/c$ 之间的关系为

$$\frac{\Delta c}{c}=\frac{0.434}{T\lg T}\Delta T \qquad (3\text{-}4)$$

设 $\Delta T=\pm 0.5\%$，带入式(3-4)，可算出不同透射比(或吸光度)读数时浓度的相对误差，结果列于表 3-2 并图示于图 3-11 中。

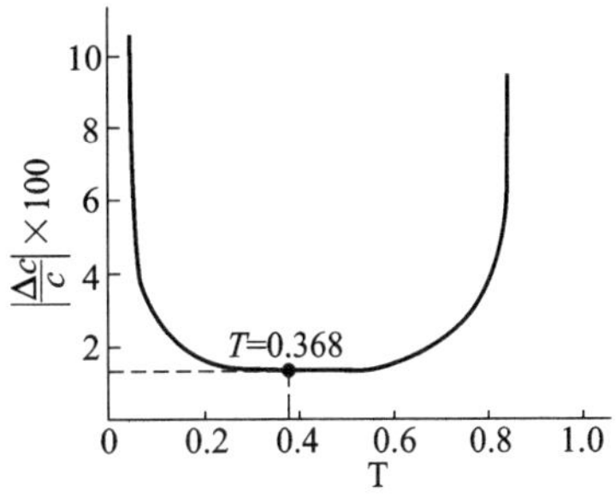

图 3-11 相对误差与透射比的关系

表 3-2 不同 T 时的 $\Delta c/c(\Delta T=\pm 0.5\%)$

T	A	$\frac{\Delta c}{c}\times 100$	T	A	$\frac{\Delta c}{c}\times 100$
0.95	0.022	∓10.2	0.40	0.399	∓1.363
0.90	0.046	∓5.30	0.368	0.434	∓1.359
0.85	0.071	∓3.62	0.35	0.456	∓1.360
0.80	0.097	∓2.80	0.30	0.523	∓1.38
0.75	0.125	∓2.32	0.25	0.602	∓1.44
0.70	0.155	∓2.00	0.20	0.6999	∓1.55
0.65	0.187	∓1.78	0.15	0.824	∓1.76
0.60	0.222	∓1.63	0.10	1.000	∓2.17
0.55	0.260	∓1.52	0.05	1.301	∓3.34
0.50	0.301	∓1.44	0.02	1.699	∓6.40
0.45	0.347	∓1.39	0.01	2.000	∓10.9

由表 3-2 和图 3-11 可知，测定结果的相对误差不仅与仪器精度有关，还和透射比或吸光度的读数范围有关。当 $T=36.8\%$，即 $A=0.434$ 时，测量的相对误差最小。当 T 为 15%～70%，即 A 在 0.2～0.8 时，测量的相对误差≤±2%，能满足分析测定的要求，故吸光度在 0.2～0.8 为测量的适宜范围。

实际工作中可以通过改变待测溶液的浓度和使用不同厚度的比色皿来调整吸光度，使其在合适的吸光度范围内。

项目5 定性与定量分析方法

知识一 定性分析方法

1. 定性鉴别

定性鉴别主要是依据有机化合物的光谱特征，如光谱形状、吸收峰数目、吸收波长及相应的吸光系数值等对样品进行定性鉴别。

（1）对比吸收光谱特征数据。最常用于鉴别的光谱特征数据是吸收峰和谷所在波长（λ_{max}和λ_{min}）。λ_{max}处的$E_{1cm}^{1\%}$或ε值也常用于化合物的定性鉴别。

（2）对比吸光度的比值 有两个或更多吸收峰的化合物，可用在不同吸收峰处（或峰与谷）测得吸光度的比值

$$\frac{A_1}{A_2}=\frac{E_1cl}{E_2cl}=\frac{E_1}{E_2} \tag{3-5}$$

作为鉴别的依据。因为用的是同一浓度的溶液和同一厚度的吸收池，取吸光度比值也就是吸光系数比值，可消去浓度与厚度的影响。

如《中华人民共和国药典》规定维生素B_{12}的鉴别为：吸光度361nm与278nm的比值应为1.70～1.88；吸光度361nm与550nm的比值应为3.15～3.45。

（3）对比吸收光谱的一致性。将试样与已知标准品配制成相同浓度的溶液，在同一条件下分别描绘吸收光谱，核对其一致性，也可利用文献所载的标准谱进行核对。若光谱曲线有差异，则试样与标准品并非同一物质。

用紫外-可见吸收光谱数据或曲线进行定性鉴别有一定的局限性，主要是因为紫外-吸收光谱一般只有1个或几个宽吸收带，曲线形状变化少。在成千上万种有机化合物中，不相同的化合物可以有相类似甚至雷同的吸收光谱。所以在吸收光谱相同时，应考虑到有并非同一物质的可能性。而当两种纯化合物的吸收光谱有明显差别时，则可以肯定两物不是同一种物质。

2. 纯物检测

（1）杂质检测。如果化合物在紫外-可见光区没有明显吸收，而所含杂质有较强的吸收，含有少量杂质就可用光谱检查出来。例如，乙醇和环己烷中若含少量杂质苯，苯在256nm处有吸收峰，而乙醇和环己烷在此波长处无吸收峰，即使乙醇和环己烷中的含苯量低达10ppm，也能从光谱中检出。

若化合物有较强的吸收峰，而所含杂质在此波长处无吸收峰或吸收很弱，杂质的存在将使化合物的吸收光系数值降低；若杂质在此吸收峰处有比化合物更强的吸收，则将使吸收光系数值增加；有吸收的杂质也将使化合物的吸收光谱变形，这些都可作为检测杂质是否存在的方法。但是，被检测的化合物必须已经鉴别确证之后，方能认为光谱数据或形状的改变是杂质存在所致。

（2）杂质的限量检测。对于药物中的杂质，常需制定一个容许其存在的限量。例如，肾上腺素在合成过程中有一中间体——肾上腺酮，而影响肾上腺素的疗效。因此，肾上腺酮的量必须规定在某一限量内。在0.05mol/L HCl溶液中肾上腺素与肾上腺酮的紫外吸收光

谱有显著不同：在 310nm 处，肾上腺酮有吸收峰，而肾上腺素没有吸收峰，故可利用 $\lambda_{max}=310nm$ 检测肾上腺酮。该方法是：将肾上腺素用 0.05mol/L HCl 溶液制成每 1mL 含 2mg 的溶液，在 1cm 吸收池中，于 310nm 处测定吸收光度 A。规定 A 值不得超过 0.05，则以肾上腺酮 $E_{1cm}^{1\%}$ 值(435)计算，相当于含酮体不超过 0.06%。

有时也可用峰谷吸收光度的比值控制杂质的限量。例如，碘磷定的杂质在碘磷定的最大吸收波长 294nm 处几乎没有吸收；但在碘磷定的吸收谷 262nm 处有吸收，因此为了限制杂质的量，可规定一个峰谷吸光度比的最小允许值。碘磷定标准规定峰谷吸光度比 A_{294}/A_{262} 的最小允许值为 3.39，作为碘磷定杂质的限量检查指标。

知识二　定量分析方法

(一)目视比色法

用眼睛观察、比较待测物质溶液颜色的色度以测定其含量的方法称为目视比色法。常用的目视比色法是标准系列法。这种方法要使用一套由同种玻璃材料制成的形状、大小相同的平底玻璃管(亦称比色管)，依次分别在比色管中加入不同量的待测组分标准溶液和一定量的显色剂及其他辅助试剂，并用溶剂稀释到相同体积，配成一套颜色逐渐加深的标准色阶。将一定量试液在相同条件下显色、定容，然后从管口上方垂直向下观察颜色深浅，比较待试系列色阶，颜色深浅相同者，其待测物质含量亦相同。

例如，环境分析中测定水质中的亚硝酸盐时，通常采用亚硝酸盐和对氨基苯磺酸发生重氮化反应，然后与盐酸 α-萘胺偶合，生成紫红色染料，进行比色。此法适用于河水等污染不严重水质的测定。

目视比色法的优点是仪器简单，操作简便，比色管中的液层较厚，而人眼具有辨别很稀的有色溶液颜色的能力，故测定的灵敏度高，适宜于稀溶液中微量组分的测定。它的缺点是准确度较差，相对误差为 5%～20%。

目视比色法主要用于界限分析(确定试样中待测杂质含量是否在规定的最高界限以下)。

(二)分光光度法

1.单一组分的定量分析

(1)标准曲线法

标准曲线法又称校准曲线法，是分光光度法中最常用的定量分析方法。选取与待测物质含有相同组分的标准品，配制一系列不同浓度的标准溶液，按所需条件显色后，选择测定波长和适当的比色皿，分别测定它们的吸光度 A。以 A 为纵坐标，浓度 c 为横坐标，绘制吸光度与浓度的关系曲线，称为标准曲线，如图 3-12 所示。在相同条件下测得试液的吸光度，从标准曲线上查出试液的浓度，再算试样中待测组分的含量。

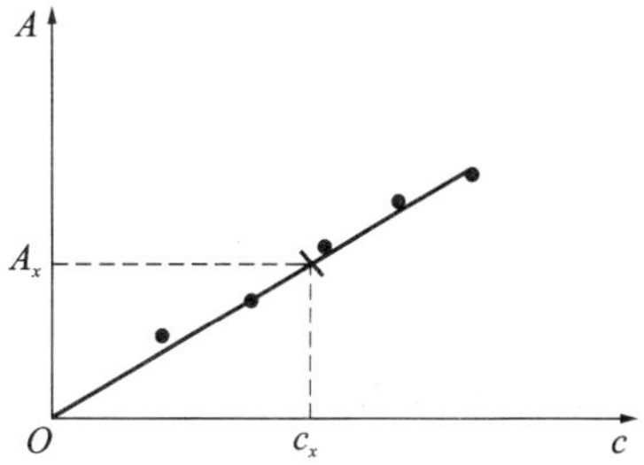

图 3-12　标准曲线

标准曲线法准确、简便，尤其适用于批量试样的常规分析。

由于受到各种因素的影响，实验测出的各点可能不完全在一条直线上，手工绘制的标准曲线或多或少带有主观性。若根据最小二乘法原理对实验数据进行线性回归处理，确定的回归直线会更准确。

设有 n 个实验点(x_i,y_i)，其回归直线方程可表示为

$$y=a+bx \tag{3-6}$$

式中 x 为标准溶液的浓度；y 为相应的吸光度；a、b 为回归系数，a 表示直线的截距，b 表示斜率。则

$$b=\frac{\sum_{i=1}^{n}(x_i-\overline{x})(y_i-\overline{y})}{\sum_{i=1}^{n}(x_i-\overline{x})^2} \tag{3-7}$$

$$a=\overline{y}-b\overline{x} \tag{3-8}$$

其中：

$$\overline{x}=\frac{\sum_{i=1}^{n}x_i}{n}\qquad \overline{y}=\frac{\sum_{i=1}^{n}y_i}{n} \tag{3-9}$$

当 a 和 b 确定之后，一元线性回归方程及回归直线就确定了，利用该方程可以求得线性范围内试样吸光度所对应的浓度。

标准曲线线性的好坏可用回归方程的线性相关系数 r 来表示：

$$r=b\cdot\sqrt{\frac{\sum_{i=1}^{n}(x_i-\overline{x})^2}{\sum_{i=1}^{n}(y_i-\overline{y})^2}} \tag{3-10}$$

r 越接近于 1，说明线性越好。分光光度法一般要求 $r\geqslant0.999$。

【例 3-1】 以亚甲基蓝-二氯甲烷萃取分光光度法测定硼的结果如表 3-3 所示。

表 3-3 测定结果

编号	标液 1	标液 2	标液 3	标液 4	标液 5	标液 6	试样
硼的含量(μg/mL)	1.00	2.00	3.00	4.00	5.00	6.00	?
吸光度	0.135	0.275	0.395	0.546	0.671	0.792	0.428

求其线性回归方程并计算试样中硼的含量。

【解】 设硼的含量为 x，吸光度为 y，由于

$$n=6,\overline{x}=3.50,\overline{y}=0.469$$

按式(3-7)、式(3-8)计算回归系数 a、b：

$$b=\frac{\sum_{i=1}^{n}(x_i-\overline{x})(y_i-\overline{y})}{\sum_{i=1}^{n}(x_i-\overline{x})^2}=0.132$$

$$a=\overline{y}-b\overline{x}=0.007$$

回归方程为

$$y=0.007+0.132x$$

相关系数为

$$r = b \cdot \sqrt{\frac{\sum_{i=1}^{n}(x_i - \overline{x})^2}{\sum_{i=1}^{n}(y_i - \overline{y})^2}} = 0.9995$$

$r>0.999$，实验所作标准曲线符合要求，即硼的含量与吸光度之间有较好的线性关系。将试样的吸光度代入回归方程，求硼的含量为

$$x = \frac{0.428 - 0.007}{0.132} = 3.19(\mu g/mL)$$

(2)比较法

在实际工作中，对于个别试样的测定，有时也采用比较法。这种方法是用一种已知准确浓度的标准溶液 c_s，在一定条件下测定其吸光度 A_s，然后在相同条件下测定试液 c_x 的吸光度 A_x，当试液和标准溶液完全符合 Lambert-Beer 定律时：

$$c_x = \frac{A_x}{A_s} \cdot c_s \tag{3-11}$$

使用这种方法要求 c_s 于 c_x 很接近，且都符合吸收定律。

(3)示差分光光度法

分光光度法一般适用于含量为 $10^{-6} \sim 10^{-2}$ mol/L 浓度范围的测定。当待测组分含量较高，溶液的浓度较大时，其吸光度值往往超出适宜的读数范围，引起较大的测量误差，甚至无法直接测定。此时可采用示差分光光度法。

采用示差分光光度法测定常量组分时，用一个比待测试液浓度稍低的标准溶液作参比溶液，设参比溶液的浓度为 c_s，待测试液的浓度为 c_x，且 $c_x > c_s$，根据 Lambert-Beer 定律得到：

$$A_x = Kbc_x, A_s = Kbc_s$$

两式相减得

$$A_x - A_s = Kb(c_x - c_s)$$

$$\Delta A = Kb\Delta c \tag{3-12}$$

由式(3-12)可知，吸光度差值 ΔA(称为相对吸光度)与浓度差值 Δc 成正比关系，这是示差分光光度法的基本关系式。以浓度为 c_s 的标准溶液作参比溶液，测定一系列浓度已知的标准溶液的相对吸光度 ΔA，作 ΔA-Δc 工作曲线，由待测试液的 ΔA_x 在工作曲线上查出相应的 Δc，则

$$c_x = c_s + \Delta c \tag{3-13}$$

由于采用浓度为 c_s 的标准溶液作参比溶液，测得的相对吸光度的数值将处于 0.2～0.8 的适宜读数范围内，因而示差分光光度法测定高含量的组分时，其测定的相对误差仍然较小，即提高了测定的准确度。此法可测定 Mo、W、Ta、Ti、Al、SiO_3^{2-} 等高含量组分。

使用示差分光光度法，要求仪器光源强度足够大，检测器足够灵敏，以保证将标准参比溶液的 T 调到 100%。

2. 多组分的定量分析

当试液中共存组分较多，吸收曲线可能相互重叠而发生干扰时，可通过实验测量和计算下列解析式，求得各组分的含量，不必分离。

现假设试样中含有 x、y 两种组分，首先在 λ_1 处测定混合物吸光度 $A_{\lambda_1}^{x+y}$ 和纯组分 x 及 y 的 $K_{\lambda_1}^{x}$、$K_{\lambda_1}^{y}$，然后在 λ_2 处测定混合物吸光度 $A_{\lambda_2}^{x+y}$ 和纯组分 x 及 y 的 $K_{\lambda_2}^{x}$、$K_{\lambda_2}^{y}$。根据吸光度的加和性原则，即在同一波长下，总的吸光度等于各组分吸光度的总和，可列出方程：

$$\begin{cases} A_{\lambda_1}^{x+y} = K_{\lambda 1}^{x} bc_x + K_{\lambda 1}^{y} bc_y \\ A_{\lambda_2}^{x+y} = K_{\lambda_2}^{x} bc_x + K_{\lambda_2}^{y} bc_y \end{cases}$$

由上述联立方程即可求得两组分的浓度 c_x、c_y。对于更复杂的体系（多组分）可用计算机处理测定的结果。

知识三　吸光光度法的应用示例

1. 邻二氮菲法测定微量铁

试样经溶解、分离干扰物质后，在试液中加入盐酸羟胺将铁全部还原为 Fe^{2+}，加入邻二氮菲显色剂，并加入 HOAc-NaOAc 缓冲溶液，将 pH 值控制在 5.0 左右，显色 3～5min 后，以试剂空白为参比溶液，于 510nm 波长处测定吸光度，在标准曲线上查得其含量，即可求得测定结果。

2. 钢铁中锰的分析

锰是钢铁中的有益元素，在炼钢中是良好的脱氧剂和脱硫剂。它以金属固熔体 MnS 状态存在。试样用 HNO_3 溶解，用 H_3PO_4 与 Fe^{3+} 配合成无色的 $Fe(HPO_4)^{2-}$，在催化剂 $AgNO_3$ 的作用下，以 $(NH_4)_2SO_8$ 为氧化剂，加热煮沸使 Mn^{2+} 氧化为紫红色的 MnO_4^-，于 525nm 波长下测定吸光度，在标准曲线上查得含量，即可计算锰的含量。

3. 二苯碳酰二肼法测定铬

Cr(Ⅵ)在环境分析中很重要，六价铬对人体是有害的。地表水、地下水或工业废水中常要求测定其含量。方法是：在弱酸性介质中，Cr(Ⅵ)与二苯碳酰二肼形成紫红色水溶性化合物，于 540nm 波长处测定吸光度，在标准曲线上查得相应的浓度，计算铬的含量。

4. 有机物的测定

含有共轭双键的有机物一般都可用紫外分光光度法测定。紫外分光光度法定量分析方法与可见分光光度法一样，只是不需要加入显色剂。某些有机物也可以通过化学反应使它们变为有色物质，再用可见分光光度法测定。例如，氨基酸与茚三酮反应生红色物质，可用于氨基酸的定量测定；考马斯亮蓝 G250 与蛋白质反应使试剂颜色发生变化，可用于蛋白质的定量测定。

做一做

实验一　钢中硅含量的测定

一、实验目的

1. 熟悉钢铁试样的分解方法和硅标准溶液的配制方法。
2. 掌握杂多酸的生成条件及其在分光光度法中的应用。

二、实验原理

钢中的硅能增加钢的耐热性、耐酸性、抗张力性，硅还是有效的脱氧剂，硅在钢中主要以 FeSi 形态存在。

钢样以稀酸溶解后，硅呈可溶性的正硅酸，然后在一定酸度下与钼酸铵生成硅钼杂多酸，最后在草酸存在下用 Fe^{2+} 使之还原成硅钼蓝，进行光度比色测定，有色离子的干扰用空白试验抵消。

其主要反应如下：

溶样反应

$$3FeSi + 16NHO_3 = 3Fe(NO_3)_3 + 3H_4SiO_4 + 7NO\uparrow + 2H_2O$$

$$FeSi + H_2SO_4 + 4H_2O = H_4SiO_4 + FeSO_4 + 3H_2\uparrow$$

显色反应

$$H_4SiO_4 + 12H_2MoO_4 = \underset{(硅钼蓝)}{H_8[Si(Mo_2O_7)_6]} + 10H_2O$$

$$H_8[Si(Mo_2O_7)_6] + 4FeSO_4 + 6HNO_3 = \underset{(硅钼蓝)}{H_8[Si(Mo_2O_5)(Mo_2O_7)_5]} + Fe(SO_4)_3 + H_2SO_4 + 3Fe(NO_3)_2 + 2H_2O$$

磷、砷也能与钼酸铵生成配合物，同时被还原成硅钼蓝，故应消除其影响，否则使结果偏高：加入草酸、酒石酸、柠檬酸能破坏磷、砷与钼酸铵生成的配合物，其中以草酸破坏得最快，并能与三价铁生成浅黄色配合物$[Fe(C_2O_4)_3]_3^-$，从而能溶解钼酸铁，同时由于 Fe^{3+} 的有效浓度大大降低，使 $Fe^{3+}|F^{2+}$ 产电对电极电位降低，相对地提高了 Fe^{2+} 的还原能力。

本方法适宜的测定范围：$w_{Si}=0.1\%\sim1.0\%$。

三、仪器和试剂

1. 721 型分光光度计。
2. 盐-硝混合酸(770mL 水中加浓盐酸 170mL、浓硝酸 60mL，摇匀)。
3. 高锰酸钾溶液 4%。
4. 亚硝酸钠溶液 10%。
5. 钼酸铵溶液 5%。
6. 草酸溶液 5%。
7. 硝酸溶液(1∶3)。
8. 硫酸亚铁氨溶液 6%(每 100mL 该溶液中加 1∶1 硫酸 1mL)。
9. 硅标准溶液 0.02mg/mL [称取高纯 SiO_2(经 800℃灼烧 10min 后，置于干燥器中冷却至室温)0.4279g 置于铂坩埚中，加 5g 无水 Na_2CO_3，混匀后再覆盖 3～5g 无水 Na_2CO_3，在 900℃高温下熔融后再继续加热熔融 5min，冷却。用盛有热水的塑料杯浸出熔块至完全溶解，用水润洗铂坩埚，将溶液一起定量移入 1L 容量瓶中，稀释至刻度，摇匀，贮于塑料瓶中，将此贮备液定容稀释 10 倍，即得每毫升含 0.02mg 硅的标准溶液]。

四、实验步骤

1. 试样的溶解

称取试样 0.1g，精确至 0.0001g，置于 100mL 烧杯中，加入 15mL 1∶3 HNO_3（若为合金钢，可改用混合酸），低温加热 30min 左右，使试样溶解，此时溶液主体呈黄色。滴加高锰酸钾溶液以氧化碳化物及偏磷酸，待 MnO_2 生成后，再多加几滴，然后用亚硝酸钠溶液还原过量 $KMnO_4$ 及生成的 MnO_2，使溶液呈清亮状态，煮沸驱尽氮氧化物，冷却，定量转移至 250mL 容量瓶中，以水稀释至刻度，摇匀。分别取此溶液 10.0mL 于两个50mL容量瓶中，按下列手续分别处理。

（1）显色液：准确地加入 5mL 钼酸铵溶液，用少量水冲洗瓶壁，于沸水浴上加热 30s 以生成硅钼蓝，加 10mL 草酸和 10mL 硫酸亚铁铵溶液，冷却，稀释至刻度，摇匀。

（2）空白液：加入 10mL 草酸溶液、5mL 钼酸铵溶液、10mL 硫酸亚铁铵溶液，稀释至刻度，摇匀。

用 2cm 比色皿，在分光光度计上于 680nm 波长处，以空白液为参比，测量显色液吸光度。

2. 标准曲线绘制

称取纯铁粉（$w_{Si} < 0.002\%$）0.1g，精确至 0.0001g，于 100mL 烧杯中，按照溶解试样方法溶解，制备成底液。吸取底液 5.0mL，分别置于 5 个 50mL 容量瓶中，依次加入硅标准溶液 0.00mL、0.50mL、1.50mL、2.50mL 和 3.50mL，补加水到总体积为 10mL，按上述显色步骤进行显色，测量吸光度，绘制标准曲线。

3. 由标准曲线中样品的吸光度值，计算钢中硅的质量分数。

议一议：

1. 溶样时为什么要低温加热？

2. 溶液的酸度对分析结果的准确度影响很大，怎样操作才能保证反应所需要的适宜酸度？

实验二　工业废水中微量挥发酚的测定

一、实验目的

1. 了解工业废水中酚的分离方法。
2. 掌握用分光光度法测定微量挥发酚的原理和方法。

二、实验原理

在炼油、炼焦、煤气洗涤和某些化工厂的废水中一般都含有酚类化合物，酚的水溶液易被人体皮肤吸收，酚蒸气由呼吸道吸入，均会引起中毒，严重危害人体健康。水体中含酚在 1～10mg/L 时，会使鱼类中毒甚至死亡；含酚量大于 100mg/L 的废水用于灌溉农田，会导致农作物减产或枯死，故水中酚的测定具有重大意义。

采用预蒸馏将酚蒸出，测定的是挥发酚。含酚量在 0.1～1.0mg/L 的废水样，可采用 4-氨基安替比林为显色剂，在 pH 值为 10.0±0.2 的酸度条件下，以铁氰化钾为氧化剂，酚与显色剂作用生成橙红色吲哚酚安替比林染料，可用分光光度法测定。

生成的物质在水中能稳定 30min。如用氯仿萃取，可使此染料稳定 4h，并能提高测定灵敏度。当水样中存在氧化剂、还原剂、油类及某些金属离子时，均应设法消除并进行蒸馏。

如对于游离氯，可加入硫酸亚铁还原；对于硫化物，可用硫酸铜使之沉淀或酸化，使其变成硫化氢逸出；对于油类，可采取溶剂萃取清除。进一步蒸馏，既可分离出挥发酚，又能避免颜色、浑浊和金属离子等干扰。

三、仪器和试剂

1. 721 型分光光度计。

2. 蒸馏装置（全玻璃磨口蒸馏-冷凝器）。

3. 苯酚标准贮备液[称取 1.00g 无色苯酚（C_6H_5OH）溶于水，移入 1L 容量瓶中，稀释至刻度。在冰箱内保存，至少稳定一个月]。其质量浓度按如下公式计算：

$$\rho_{苯酚} = \frac{(V_1 - V_2)c_{Na_2S_2O_3}M_{\frac{1}{6}C_6H_5OH}}{V}$$

式中：V_1 为空白试验中硫代硫酸钠标准溶液滴定用量；V_2 为滴定苯酚贮备液时，硫代硫酸钠标准溶液滴定用量；V 为取用苯酚贮备液体积；$c_{Na_2S_2O_3}$ 为硫代硫酸钠标准溶液的浓度；$M_{\frac{1}{6}C_6H_5OH}$为 1mol $\frac{1}{6}C_6H_5OH$ 的质量。

苯酚标准使用液可通过贮备液适当稀释而制成。

4. NH_3-NH_4Cl 缓冲溶液（pH＝9.8）（称取 20g NH_4Cl，溶于 100mL 浓氨水中，稀释至 200mL）。

5. 4-氨基安替比林溶液 2%（称取 2g 4-氨基安替比林，溶于水中，稀释至 100mL，贮于棕色瓶中，置于冰箱内保存，可使用一周）。

6. 铁氰化钾溶液 8%（贮存在棕色瓶中，放入冰箱内）。

7. 硫酸铜溶液 10%。

8. 磷酸溶液（1∶9）。

四、实验步骤

1. 标准曲线的绘制：于 50mL 容量瓶中分别加入 0.00mL、0.50mL、1.00mL、3.00mL、5.00mL、10.00mL 标准酚溶液（含酚 0.010mg/mL 左右），加入 2.5mL NH_3-NH_4Cl 缓冲溶液、1.0mL 4-氨基安替比林溶液，混匀，加入 1.0mL 铁氰化钾溶液，混匀，加水稀释至刻度，放置 10min，以试剂溶液为参比液，于 510nm，用 1cm 比色皿测定吸光度 A。

2. 废水试样的测定：量取 250mL 废水样于玻璃蒸馏-冷凝器内，加入 5mL 硫酸铜溶液，用磷酸溶液调节溶液 pH≤4.0，放入数粒玻璃珠，蒸馏，以 250mL 量筒收集馏出液，待馏出液为 220～230mL 时停止加热。待蒸馏瓶内液面静止后，向其中加 25mL 蒸馏水，再蒸馏至馏出液的液面达量筒 250mL 的标线为止。

移取适量的馏出液，按制作标准曲线方法显色，然后测定 A。计算挥发酚的质量浓度，用苯酚的形式来表征，单位为 mg/L。

议一议：

1. 测定酚时为何要蒸馏出酚？能否直接取水样进行实验？

2. 预蒸馏水样为何要调节水样的酸度，使其 pH≈4.0？

实验三　邻二氮菲分光光度法测定水中微量铁

一、实验目的

1. 初步掌握常见型号可见分光光度计的使用方法。

2. 掌握吸收光谱曲线的测绘方法和测定波长的选择。

3. 掌握邻二氮菲分光光度法测定水中微量铁的基本原理、操作方法和数据处理方法。

二、实验原理

邻二氮菲(简写为 phen)又称 1,10-邻二氮菲,或邻菲啰啉。它与 Fe^{2+} 在 pH＝2～9 的溶液中均可形成稳定的橘红色配合物 $[Fe(phen)_3]^{2+}$,其 $\lg K_{稳}=21.3$(20℃),最大吸收波长 $\lambda_{max}=510nm$,摩尔吸光系数 $\varepsilon_{510}-1.1\times10^4 L/(mol\cdot cm)$。因此测定的灵敏度高,可以利用这一方法测定水中的微量铁。这种方法也是国家标准规定的测定化工产品中杂质铁的通用方法。

测定时,可用醋酸盐缓冲溶液控制溶液酸度在 pH＝5 左右。酸度过高,反应进行较慢;酸度过低,则 Fe^{2+} 水解,影响显色和准确度。

水中的 Fe^{3+} 可以先用盐酸羟胺或抗坏血酸还原成二价后再进行测定。

三、仪器与试剂

1. 仪器

可见分光光度计(721E 型或其他常见型号);容量瓶(50mL 10 个,100mL 1 个,1000mL 1 个);烧杯(100mL);吸量管(1mL 1 支,2mL 1 支,5mL 3 支,10mL 1 支);移液管(10mL 1 支)。

2. 试剂

(1)铁标准贮备液(含 Fe^{3+} 100.0μg/mL):准确称取 0.8634g 硫磺铁铵 $[NH_4Fe(SO_4)_2\cdot12H_2O]$ 置于烧杯中,加入 10mL 硫酸溶液 $[c(H_2SO_4)=3mol/L]$,定量移入 1000mL 容量瓶中,定容,摇匀作贮备液。

(2)铁标准溶液(含 Fe^{3+} 10.00μg/mL):吸取上述铁标准贮备液 10.00mL 于 100mL 容量瓶中,用水稀释至刻度,摇匀。

(3)盐酸羟胺溶液(100g/L 水溶液,临用时配制)。

(4)邻二氮菲溶液(1.5g/L):称取 1,10-邻二氮菲 0.15g,用少量乙醇溶解,再用水稀释至 100mL。

(5)醋酸钠溶液(1.0mol/L)。

四、实验步骤

1. 准备工作

(1)清洗容量瓶、移液管及需用的玻璃器皿。

(2)配制铁标准溶液和其他辅助试剂。

(3)按仪器使用说明书检查仪器，预热 20min，并调试至工作状态。

(4)检查比色皿的配套性。

取 4 只洁净的 2cm 玻璃比色皿，装入蒸馏水至 2/3 处，置于比色皿架内，在 60nm 处，以第一个比色皿为参比，调节 τ 为 100%，测量其他各比色皿的透射比，透射比的偏差小于 0.5%的比色皿可配成一套使用。记录参考格式如下：

比色皿配套性检查：(1)τ=100%，(2)τ=__________%，可以配套使用。

2. 测绘吸收曲线，选择测定波长

取两只洁净的 50mL 容量瓶，移取 10.00μg/mL 铁标准液 5.00mL 于其中一个容量瓶中，然后在两容量瓶中各加入 1mL 100g/L 盐酸羟胺溶液，平摇摇匀后再分别加入 2mL 1.5g/L邻二氮菲溶液、5mL 醋酸钠溶液，用蒸馏水稀释至标线，摇匀。

用 2cm 比色皿，以未加铁标准溶液的试剂空白为参比，在 440～540nm 间，每隔 10nm 测量一次吸光度值(注意每改变一次波长，都要重新调节仪器零点和参比溶液的 τ=100%)。在峰值附近每隔 2nm 测量一次。以波长为横坐标、吸光度为纵坐标绘制吸收曲线，确定 λ_{max}作为测定波长。要求总测量点不少于 13 个点。记录参考格式如下。

邻二氮菲分光光度法测定水中微量铁吸收曲线数据记录

λ(nm)										
A										
λ(nm)										
A										

选取的测量波长：λ_{max}=__________ nm。

3. 配制标准系列显色溶液，测绘工作曲线

于 6 个洁净的 50mL 容量瓶中各加入 10.00μg/mL 标准溶液 0.00mL、2.00mL、4.00mL、6.00mL、8.00mL、10.00mL，1mL 100g/L 盐酸羟胺溶液，平摇摇匀后再分别加入 2mL 1.5g/L 邻二氮菲溶液、5mL 醋酸钠溶液，用蒸馏水稀释至标线，摇匀。

在选定的波长下，用 2cm 比色皿分别取上述配制的标准系列显色溶液，以未加铁标准溶液的试剂空白为参比，测定各溶液的吸光度。

以 50mL 容量瓶中铁的质量浓度为横坐标，相应的吸光度为纵坐标，绘制吸光度对铁含量的标准曲线。记录参考格式如下。

邻二氮菲分光光度法测定水中微量铁工作曲线数据记录

溶液编号	0	1	2	3	4	5
吸收标液体积(mL)	0.00	2.00	4.00	6.00	8.00	10.00
ρ(μg/mL)	0.00	0.40	0.80	1.20	1.60	2.00
A	0.000					

4. 铁含量的测定

取 3 只洁净的 50mL 容量瓶，分别加入适量(以吸光度落在工作曲线中部为宜)含铁未知试液，各加入 1mL 100g/L 盐酸羟胺溶液，平摇摇匀后再分别加入 2mL 1.5g/L 邻二氮菲溶液及 5mL 醋酸钠溶液，用蒸馏水稀释至标线，摇匀。在选定的波长下测量吸光度并记录。

记录参考格式如下。

邻二氮菲分光光度法测定水中微量铁数据记录

平行测定次数	1	2	3
测得吸光度 $A_{测}$			
在曲线上查得的浓度 ρ(μg/mL)			
原始试液浓度 ρ(μg/mL)			
原始试液平均浓度 ρ(μg/mL)			
相对平均偏差(%)			

5.结束工作

测定完毕，关闭电源，拔下电源插头，取出比色皿，清洗、晾干后放盒内保存。清理实验台，罩好仪器防尘罩，填写仪器使用记录。清洗所用玻璃仪器并放回原处。

五、注意事项

1.在显色过程中，每加入一种试剂均要平摇摇匀，稀释至刻度线后方可盖好容量瓶瓶塞，倒置摇匀。

2.测定试样和工作曲线时实验条件保持一致，最好两者同时显色、同时测定。

六、数据记录与处理

按各步骤记录的原始数据完成以下各项。

1.在坐标纸上绘制吸收光谱曲线，标注曲线名称，横、纵坐标含义及单位，坐标分度和最大吸收波长。

2.在坐标纸上绘制工作曲线，标注曲线名称，横、纵坐标含义及单位，坐标分度，所用标准溶液名称和浓度，测量条件(仪器型号、入射光波长、比色皿厚度、参比液名称)，制作日期和制作者姓名。

3.在曲线上查出铁含量(以 μg/mL 表示)，计算原始试样中的铁含量和相对平均偏差。

原始试样中的铁含量为：

$$\rho = \rho_{查} \times \frac{50}{V}$$

式中：$\rho_{查}$ 为根据试样溶液吸光度在标准曲线上查得的铁含量，μg/mL；V 为吸取试样溶液的体积，mL。

议一议：

1.测定中加入盐酸羟胺和醋酸钠溶液的作用是什么？

2.在测定纯碱试样中的铁含量时，如何对试样进行预处理？

实验四　紫外分光光度法测定苯甲酸含量

一、实验目的

1.初步掌握 T6 新世纪型(或其他型号)紫外-可见分光光度计的使用方法。

2.熟练掌握吸收光谱曲线的测绘方法和测定波长的选择。

3.掌握苯甲酸的紫外吸收光谱分析基本原理、操作方法和数据处理方法。

二、实验原理

利用紫外吸收光谱进行定性的方法是:将未知试样和标准样在相同的溶剂中配制成大致相同的浓度,在相同的条件下分别绘制它们的紫外吸收光谱曲线,两者进行比较,如果两光谱图形状相似,λ_{max}和ε_{max}相同,则可初步判断是同一物质。

苯甲酸会产生π-π^*跃迁和n-π^*跃迁,在227nm处有较强的吸收。可用此波长作为测量波长,用工作曲线法定量。

三、仪器与试剂

1.仪器

紫外-可见分光光度计;石英比色皿(1cm 3只);容量瓶(100mL 10只);吸量管(10mL 2支);烧杯(100mL)。

2.试剂

(1)苯甲酸标准贮备液(1mg/mL):准确称取1.0000g苯甲酸置于100mL烧杯中,加入50mL蒸馏水,微热溶解,定量移入1000mL容量瓶中,定容,摇匀作贮备液。

(2)苯甲酸标准溶液(0.1mg/mL):移取10.00mL 1mg/mL苯甲酸标准贮备液于100mL容量瓶中,加蒸馏水稀释,定容,摇匀。

(3)苯甲酸未知试液(40～60μg/mL)。

四、实验步骤

1.准备工作

(1)清洗容量瓶、移液管及需用的玻璃器皿。

(2)配制苯甲酸标准溶液。

(3)按仪器使用说明书检查仪器,预热20min,并调试至工作状态。

(4)检查比色皿的配套性。

取3只洁净的1cm石英比色皿,装入蒸馏水至2/3处,置于比色皿架内,在220nm处以第一个比色皿为参比,调节τ为100%,测量其他各比色皿的透射比,透射比的偏差小于0.5%的比色皿可配成一套使用。记录参考格式如下:

比色皿配套性检查:(1) τ =100%,(2) τ =________%,可以配套使用。

2.配制标准系列溶液和未知试液

准确移取0.1mg/mL苯甲酸标准溶液0.00mL、1.00mL、2.00mL、4.00ml、6.00mL、8.00mL、10.00mL于7个洁净的100mL容量瓶中,用蒸馏水稀释,定容,摇匀,得测定用第一份至第七份标准系列溶液。

准确移取苯甲酸未知液10.00mL于洁净的100mL容量瓶中,用水稀释,定容,摇匀,得测定用苯甲酸未知试液。

3.测绘吸收曲线,选择测定波长

在3只1cm石英比色皿中分别装蒸馏水、测定用第五份标准系列溶液和测定用苯甲酸未知试液。以蒸馏水为参比，在 200～350nm 间，每隔 10nm 分别测量一次吸光度值(注意每改变一次波长，都要重新调节仪器零点和参比溶液的 τ =100%)。在峰值附近每隔 2nm 测量一次。以波长为横坐标、吸光度为纵坐标绘制吸收曲线，比较吸收曲线的形状，确定测定波长。记录参考格式如下。

紫外分光光度法测定苯甲酸含量吸收曲线数据记录

λ(nm)									
标液 A									
未知液 A									
λ(nm)									
标液 A									
未知液 A									

选取的测量波长：λ = ______ nm。

4. 测绘工作曲线

在选定的波长下，用 1cm 石英比色皿分别取上述配制的测定用标准系列溶液和测定用苯甲酸未知试液，以蒸馏水为参比，测定各溶液的吸光度。

以 10mL 容量瓶中苯甲酸的质量浓度为横坐标，相应的吸光度为纵坐标，绘制吸光度对苯甲酸含量的标准曲线。记录参考格式如下。

紫外分光光度法测定苯甲酸含量工作曲线数据记录

溶液编号	0	1	2	3	4	5	6
吸取标液体积(mL)	0.00	1.00	2.00	4.00	6.00	8.00	10.00
ρ(μg/mL)	0.00	1.00	2.00	4.00	6.00	8.00	10.00
A	0.000						

根据苯甲酸未知试液的吸光度，在标准曲线上查出相应浓度，换算为苯甲酸原始试液的浓度。记录参考格式如下。

紫外分光光度法测定苯甲酸含量数据记录

平行测定次数	1	2	3
测得吸光度 $A_{测}$			
在曲线上查得的浓度 ρ(μg/mL)			
原始试液浓度 ρ(μg/mL)			
原始试液平均浓度 ρ(μg/mL)			
相对平均偏差(%)			

5. 结束工作

测量完毕，关闭电源，拔下电源插头，取出比色皿，清洗、晾干后放盒内保存。清理实验台，罩好仪器防尘罩，填写仪器使用记录。清洗所用玻璃仪器并放回原处。

五、数据记录与处理

按各步骤记录的原始数据完成以下各项。

1. 在同一坐标纸上绘制标准溶液和未知试液的吸收光谱曲线，标注曲线名称，横、纵坐标含义及单位，坐标分度和测量波长，比较两曲线的形状和 λ_{max}，给出定性结论。

2. 在坐标纸上绘制工作曲线，标注曲线名称，横、纵坐标含义及单位，坐标分度，所用标准溶液名称和浓度，测量条件（仪器型号、入射光波长、比色皿厚度、参比液名称），制作日期和制作者姓名。

3. 在曲线上查出苯甲酸含量（以 $\mu g/mL$ 表示），计算原始试样中苯甲酸含量和相对平均偏差。

原始试样中苯甲酸含量为：

$$\rho = \rho_{查} \times \frac{100}{V}$$

式中：$\rho_{查}$ 为根据试样溶液吸光度在标准曲线上查得的苯甲酸含量，$\mu g/mL$；V 为吸取苯甲酸未知试液的体积，mL。

实验五　紫外-可见分光光度法测定未知物(技能大赛项目)

一、实验仪器

1. 紫外-可见分光光度计（UV-1800PC-DS2）；配 1cm 石英比色皿 2 个（比色皿可以自带）。

2. 容量瓶：100mL 15 个。

3. 吸量管：10mL 5 支。

4. 烧杯：100mL 5 个。

二、试剂

1. 标准溶液：任选四种标准试剂溶液（水杨酸、1，10-菲啰啉、磺基水杨酸、苯甲酸、维生素 C、山梨酸、硝酸盐氮、糖精钠）。

2. 未知液：四种标准溶液中的任何一种。

三、实验操作

1. 吸收池配套性检查

石英吸收池在 220nm 装蒸馏水，以一个吸收池为参比，调节 τ 为 100%，测定其余吸收池的透射比，其偏差应小于 0.5%，可配成一套使用，记录其余比色皿的吸光度值作为校正值。

2. 未知物的定性分析

将四种标准试剂溶液和未知液配制成约为一定浓度的溶液。以蒸馏水为参比，于波长 200～350nm 范围内测定溶液吸光度，并作吸收曲线。根据吸收曲线的形状确定未知物，并从曲线上确定最大吸收波长作为定量测定时的测量波长。190～210nm 处的波长不能选择为最大吸收波长。

3. 标准工作曲线绘制

分别准确移取一定体积的标准溶液于所选用的 100mL 容量瓶中，以蒸馏水稀释至刻线，摇匀。(绘制标准曲线必须是七个点，七个点分布要合理。)根据未知液吸收曲线上的最大吸收波长，以蒸馏水为参比，测定吸光度。然后以浓度为横坐标，以相应的吸光度为纵坐标绘制标准工作曲线。

4. 未知物的定量分析

确定未知液的稀释倍数，并配制待测溶液于所选用的 100mL 容量瓶中，以蒸馏水稀释至刻线，摇匀。根据未知液吸收曲线上的最大吸收波长，以蒸馏水为参比，测定吸光度。根据待测溶液的吸光度，确定未知样品的浓度。未知样平行测定 3 次。

四、结果处理

根据未知溶液的稀释倍数，求出未知物的含量。

计算公式：

$$c_0 = c_x \times n$$

式中，c_0 为原始未知溶液浓度，μg/mL；c_x 为查出的未知溶液浓度，μg/mL；n 为未知溶液的稀释倍数。

练一练

一、填空题

1. 已知某有色络合物在一定波长下用 2cm 吸收池测定时其透光度 T＝0.60。若在相同条件下改用 1cm 吸收池测定，吸光度为________；用 3cm 吸收池测定，T 为________。

2. 测量某有色络合物的透光度时，若吸收池厚度不变，有色络合物浓度为 c 时的透光度为 T，其浓度为 $\frac{1}{3}c$ 时的透光度为________。

3. 影响有色络合物的摩尔吸收系数的因素是________。

4. 称取苦味酸胺 0.0250g，处理成 1L 有色溶液，在 380nm 处以 1cm 吸收池测得吸光度 A＝0.760。已知其摩尔吸收系数 ε 为 $10^{4.13}$ L/(mol·cm)，则其摩尔质量为________。

5. 分子的运动包括三种，它们是________、________和________。其中能量最大的是________，能量最小的是________。

6. 在紫外-可见分光光度计中，在可见光区使用的光源是________灯，用的棱镜和比色皿的材质可以是________；而在紫外光区使用的光源一定是________灯，用的棱镜和比色皿的材质一定是________。

7. 紫外-可见吸收光谱研究的是分子的________跃迁，它还包括了________和________跃迁。

8. 在紫外吸收光谱中，有机化合物的跃迁类型有________、________、________和________。其中________的跃迁所需能量最大，故出现在小于________nm 处。

9. Lambert 定律说明光的吸收与________成正比，Beer 定律说明光的吸收与________成正比，二者合为一体称为 Lambert-Beer 定律，其定义为________。

10. 摩尔吸光系数的单位是________，它表示物质的浓度为________、液层厚度为________时溶液的吸光度，常用符号________表示。故光的吸收定律的表达式可写为________。

二、选择题

1. 在符合 Lambert-Beer 定律的范围内，有色物的浓度、最大吸收波长、吸光度三者的关系是(　　)。

A. 增加，增加，增加　　B. 减小，不变，减小

C. 减小，增加，增加　　D. 增加，不变，减小

2. 下列说法正确的是(　　)。

A. 透光率与浓度成直线关系

B. 摩尔吸收系数随波长而改变

C. 比色法测定 $FeSCN^{2+}$ 时，选用红色滤光片

D. 玻璃棱镜适用于紫外光区

3. 光度分析中，在某浓度下以 1.0cm 吸收池测得透光度为 T。若浓度增大 1 倍，透光度为(　　)。

A. T^2　　B. $T/2$　　C. $2T$　　D. $T^{1/2}$

4. 用普通分光光度法测得标液 c_1 的透光度为 20%，试液的透光度为 12%；若以示差分光光度法测定，以 c_1 为参比，则试液的透光度为(　　)。

A. 40%　　B. 50%　　C. 60%　　D. 70%

5. 若分光光度计的仪器测量误差 $\Delta T=0.01$，当测得透光度 $T=70\%$ 时，则其测量引起的浓度相对误差为(　　)。

A. 2%　　B. 8%　　C. 6%　　D. 4%

6. 下列化合物中，有 $n\text{-}\pi^*$、$\sigma\text{-}\sigma^*$、$\pi\text{-}\pi^*$ 跃迁的是(　　)。

A. 一氯甲烷　B. 丙酮　　C. 丁二烯　　D. 二甲苯

7. (　　)在可见光区。

A. 1cm　　B. 0.7μm　　C. 10μm　　D. 100nm

8. 下列化合物中，(　　)能吸收波长较长的辐射。

A. $CH_3(CH_2)_5CH_3$　　B. $(CH_3)_2C{=}CHCH_2CH{=}C(CH_3)_2$

C. $CH_2{=}CHCH{=}CHCH_3$　　D. $CH_2{=}CHCH{=}CHCH{=}CHCH_3$

9. 在紫外-可见分光光度计中，用于紫外波段的光源是(　　)。

A. 钨灯　　B. 卤钨灯　　C. 氘灯　　D. 能斯特光源

10. 物质与电磁辐射相互作用后，产生紫外-可见吸收光谱，这是由于(　　)。

A. 分子的振动　　B. 分子的转动

C. 原子核外层电子的跃迁　　D. 原子核内层电子的跃迁

三、问答题

1. 下列化合物各具有几种类型的价电子？在紫外光照射下发生哪几种类型的跃迁？

乙烷　碘乙烷　丙酮　丁二烯　苯乙烯　苯乙酮

2. 何谓生色团及助色团？举例说明。

3. 吸收带有哪几种类型？它产生的原因是什么？有什么特点？

四、判断题

(　　)1. 紫外-可见吸收光谱的产生，是由于分子中原子的振动和分子的转动。

(　　)2. 比色分析中显色时间越长越好。

(　　)3. 摩尔吸光系数与溶液的浓度、液层厚度没有关系。

(　　)4. 摩尔吸光系数越大，表示某物质对某波长的光吸收能力越强。

(　　)5. 722 型分光光度计和 752 型分光光度计都是以钨灯作为光源的。

(　　)6. 拿比色皿时只能拿毛玻璃面，不能拿透光面，擦拭时必须用擦镜纸擦透光面，不能用滤纸擦。

(　　)7. 饱和碳氢化合物在紫外光区不产生光谱吸收，所以常以饱和碳氢化合物作为紫外吸收光谱分析的溶剂。

模块 4 原子吸收光谱法

知识目标

1. 理解主要的名词和术语：共振线、吸收轮廓、峰值吸收系数、自然变宽、多普勒变宽、压力变宽、积分吸收、峰值吸收、燃助比、富燃火焰、贫燃火焰、中性火焰。
2. 掌握原子吸收光谱仪的基本原理、原子吸收值与待测元素的定量关系。
3. 掌握原子吸收光谱仪的基本组成及各部件的作用、仪器的使用方法及最佳条件的选择。

技能目标

1. 熟悉原子吸收光谱仪的主要部件及主要性能。
2. 能熟练使用原子吸收光谱仪，并能对其进行日常维护。
3. 掌握原子吸收光谱仪的相关分析技术。

项目 1 重金属的基本知识

知识一 重金属的定义

重金属指相对密度大于 5 的金属（密度大于 $5g/cm^3$ 的金属），约有 45 种，如铜、铅、锌、铁、钴、镍、锰、镉、汞、钨等。尽管锰、铜、锌等重金属是生命活动所需要的微量元素，但是大部分重金属如汞、铅、镉等并非生命活动所必需，而且所有重金属超过一定浓度都对人体有害。

知识二 重金属的污染来源

重金属污染的途径主要有以下几种：

(1)某些地区自然地址条件特殊，环境中有高本底重金属含量。在一些特殊地区，如矿区、海底火山活动的地区，因为地层有毒金属的高含量而使动植物的有毒金属含量显著高于一般地区动植物的有毒金属含量。

(2)人为的环境污染造成有毒有害金属元素对食品、饲料及药品的污染。工业生产中排放的含重金属的废气、废水和废渣，农用化学品（如含重金属的农药和化肥）的使用，可造成水体及土壤的环境污染。值得提出的是，重金属污染和一般的农药、化肥造成的污染不同，即使它们在环境中的浓度很低，但由于环境不容易净化，生物从环境中摄取重金属后通过食物链的生物富集作用，可以在较高级生物体内成千上万倍地富集起来，然后通过食物链进入人体导致潜在的危害。

(3)在食品、饲料及药品加工、贮存、运输和销售过程中使用和接触的机械、管道、容器以及因工艺需要加入的添加剂中含有的有毒金属元素导致的污染,以及中药材仓储过程中为防止霉变、虫害和鼠害所使用的重金属熏蒸剂的污染。

知识三　国内外对重金属污染的限量

金属污染问题日趋严峻,使世界各国政府、有关团体和组织及众多企业的认识和关注也不断提高,许多相应的政策法规应运而生。我国在近几年内修订和发布了有关的规定,以适应国际经济形式的发展。美国等其他西方国家也修订和发布了许多相应的法规文件。表4-1列出了部分我国已于2005年10月1日起强制实施的对食品中汞、铅、镉、砷等重金属及有害元素污染限量的国家标准(GB 2762—2005),联合国粮食农业组织、世界卫生组织和食品法典委员会(CAC)制定的有关标准也列于该表中以便比较。

表4-1　不同食品中重金属及有害元素含量限值

食品名	GB 2762—2005				CAC 标准	
	铅	镉	总汞[b]	砷[e]	铅	镉
谷类	0.2	0.1～0.2	0.02[c]	0.1～0.2	0.2	0.1～0.2
豆类	0.2	0.2	—	0.1	0.2	0.2
薯类	0.2	0.1[a]	0.01	—	—	0.1
畜禽肉类	0.2	0.1	0.05	0.05	0.1	0.05
鱼类	0.5	0.1	0.5[d]	0.1	0.2	—
蔬菜	0.1	0.05～0.2	0.01	0.05	0.1	0.05～0.2
水果	0.1	0.05	0.01	0.05	0.1	0.05
鲜蛋	0.2	0.05	0.05	0.05	—	—

a 根茎蔬菜;b 以 Hg 计;c 类成品粮;d 以甲基汞计,不包括食肉鱼类;e 无机砷。

在药物分析中,《中国药典》(2005年版)首次采用原子吸收分光光度法检查西洋参、白芍、甘草、丹参、金银花等药材中的重金属含量,规定每千克药材中重金属的限量为:铅≤5.0mg、镉≤0.3mg、汞≤0.2mg、砷≤2.0mg、铜≤20.0mg。

需要说明的是,随着国内外经济形势的变化和发展,各种污染物的限量指标也会随着变化以适应形势的要求,但总的来说限量指标有更加严格的趋势。如我国在1994年制定的国家标准对谷类、豆类、薯类和畜禽肉类中铅的限量分别为0.4mg/kg、0.8mg/kg、0.4mg/kg和0.5mg/kg,而2005年的标准则已将限量指标都降低了。另外,不同国家往往有不同的限量标准。

知识四　重金属的检测技术及其进展

食品、饲料以及药品中重金属的检测技术进展主要表现在三个方面:一是检测仪器本身的技术进步,其硬件和软件功能不断提升;二是样品的处理,包括样品的消解和必要的富集方法的进步;三是测定方法的改进和优化。

对重金属的检验,目前国内外主要的检验手段有光度法、比浊法、斑点比较法、色谱法、光谱法、电化学分析法、中子活化分析法等。现在就光谱法做一介绍。

1.原子吸收光谱法

原子吸收光谱法是重金属的主要检测技术之一，它可以采用电热原子化(石墨炉)、火焰原子化或氢化物发生等方式。这些方法均具有较低的检测限。目前原子吸收光谱仪多采用CCD固态检测器代替光电倍增管，其自动化程度大大提高，可以实现火焰和石墨炉一体机并自动切换。仪器的软件功能已有很大提高，操作更加灵活、方便。

2.电感耦合等离子体质谱法(ICP-MS)

电感耦合等离子体质谱法不仅可以测定金属元素的浓度，而且可以同时给出有关同位素的信息，因此可以进行同位素的示踪研究。目前ICP-MS最引人注目的进展是动态反应池技术。该技术大大延长了ICP-MS质量分析器的寿命，提高了ICP-MS的分析灵敏度。

3.电感耦合等离子体原子发射光谱法

经过消解的样品可直接进入温度为5000～7000K的高温等离子体，并通过多色仪观测发射线同时进行分析。这种方法的优点是能进行70多种元素的分析，每种元素都有很高的灵敏度，其检出限可以达到10^{-9}级。而采用双单色仪光学系统和具有双检测器的全谱直读ICP-OES仪则可以避免传统全谱直读ICP光谱仪预热时间较长、入射光狭缝小、检测器寿命短等不足，应该是今后全谱直读ICP光谱仪发展的方向。

在实际工作中，往往要求能够较快地得到检测结果，因此研究发展快速检测技术将是今后的重要发展方向之一。对于检测仪器本身来说，其发展的趋势将是具有越来越好的稳定性和越来越低的检出限，越来越容易使用，分析的速度也越来越快，且能同时获得越来越丰富的信息。而重金属污染快速检测技术的发展，不仅有赖于先进仪器的使用，在很大程度上也有赖于样品的前处理和制备技术。随着各种既高效又灵敏的金属污染物分析仪器及分析方法的不断出现，传统的样品前处理和制备技术已不能满足实际工作的需要。微波消解溶样技术的出现和快速发展，为重金属污染物快速检测技术的发展提供了有利条件。微波消解方法具有简便快捷、高效安全、重现性好、适用范围广泛的优点，和相应的仪器配合使用，完全可以满足重金属污染物的快速检测要求。

原子吸收光谱法是当前主要的检验重金属的手段，因此，本模块主要介绍原子吸收光谱法。

项目2 原子吸收光谱法概述

原子吸收光谱法(Atomic Absorption Spectrometry，AAS)是20世纪50年代中期出现并在以后逐渐发展起来的一种新型仪器分析方法，是基于被测元素的基态原子蒸气对其原子共振辐射的吸收强度来测定试样中被测元素含量的一种方法。

原子吸收光谱法已被广泛地应用于地质、冶金、机械、化工、农业、食品、轻工、生物医药、环境保护、材料科学等各个领域，是很有发展前途的近代仪器分析方法之一。直接原子吸收法可用来测定元素周期表中70多个元素；间接原子吸收法可用来测定阴离子和有机化合物，大大地扩大了原子吸收法的应用范围。

原子吸收法的特点：

(1)检出限低，10^{-14}～10^{-10} g；

(2)准确度高,1%～5%;

(3)选择性高,一般情况下共存元素不干扰;

(4)应用广,可测定 70 多个元素(各种样品中)。

局限性:难熔元素、非金属元素测定困难,不能同时测定多个元素。

知识一　原子吸收光谱的产生

当有辐射通过自由原子蒸气,且入射辐射的能量等于原子中的电子由基态跃迁到较高能态(一般情况下都是第一激发态)所需要的能量时,原子就要从辐射场中吸收能量,产生共振吸收,电子由基态跃迁到激发态,同时伴随着原子吸收光谱的产生。由于原子能级是量子化的,因此,在所有的情况下,原子对辐射的吸收都是有选择性的。由于各元素的原子结构和外层电子的排布不同,元素从基态跃迁至第一激发态时吸收的能量不同,因而各元素的共振吸收线具有不同的特征。原子吸收光谱位于光谱的紫外区和可见区。

1. 原子吸收光谱的谱线轮廓

原子吸收光谱的谱线轮廓以原子吸收谱线的中心波长和半宽度来表征。中心波长由原子能级决定。半宽度是指在中心波长的地方,极大吸收系数一半处,吸收光谱线轮廓上两点之间的频率差或波长差。半宽度受到很多实验因素的影响。原子吸收光谱的谱线轮廓如图 4-1 所示。

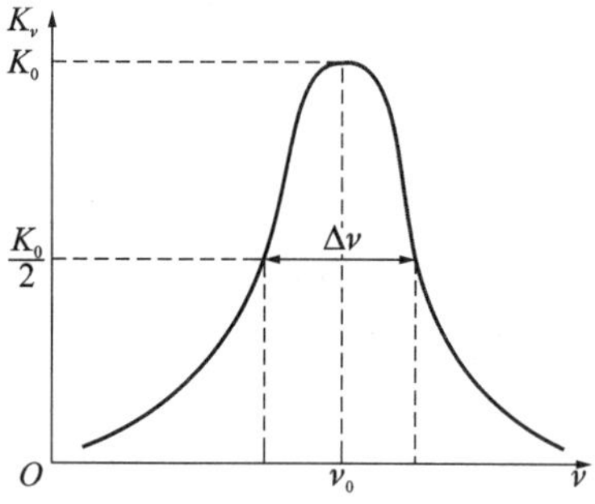

图 4-1　原子吸收光谱谱线

在通常原子吸收光谱测定的条件下,多普勒变宽是制约原子吸收光谱线宽度的主要因素。多普勒宽度是由于原子热运动引起的。从物理学中已知,从一个运动着的原子发出的光,如果原子的运动方向离开观测者,则在观测者看来,其频率较静止原子所发的光的频率低;反之,如果原子向着观测者运动,则其频率较静止原子发出的光的频率为高,这就是多普勒效应。原子吸收分析中,对于火焰和石墨炉原子吸收池,气态原子处于无序热运动中,相对于检测器而言,各发光原子有着不同的运动分量,即使每个原子发出的光是频率相同的单色光,但检测器所接收的光是频率略有不同的光,于是引起谱线的变宽。

当原子吸收区的原子浓度足够高时,碰撞变宽是不可忽略的。因为基态原子是稳定的,其寿命可视为无限长,所以对原子吸收测定所常用的共振吸收线而言,谱线宽度仅与激发态原子的平均寿命有关,平均寿命越长,则谱线宽度越窄。原子之间相互碰撞导致激发态原子的平均寿命缩短,引起谱线变宽。被测元素激发态原子与基态原子相互碰撞引起的变宽,称为共振变宽,又称赫鲁兹马克变宽或压力变宽。在通常的原子吸收测定条件下,被测元素的原子蒸气压力很少超过 0.1Pa,共振变宽效应可以不予考虑,而当蒸气压力达到 10Pa 时,共振变宽效应则明显地表现出来。被测元素原子与其他元素的原子相互碰撞引起的变宽,称为洛伦茨变宽。洛伦茨变宽随原子区内原子蒸气压力的增大和温度的升高而增大。

2. Lambert-Beer 定律

原子吸收分光光度法定量分析的依据是 Lambert-Beer 定律(图 4-2),即物质产生的原子蒸气中,待测元素的基态原子对光源特征辐射谱线的吸收符合 Lambert-Beer 定律:

$$A = \lg \frac{I_0}{I_\nu} = KlN = K'c$$

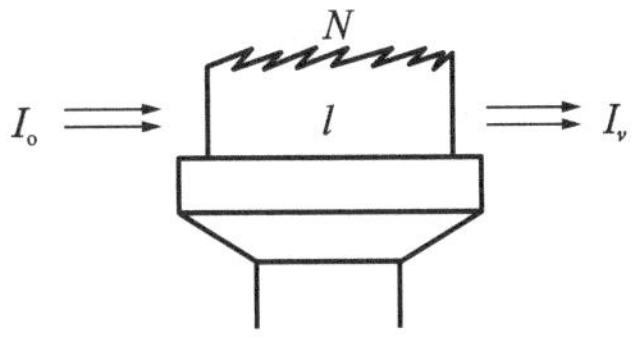

图 4-2 基态原子对光的吸收

原子吸收分光光度法的定量分析方法有标准曲线法、标准加入法、内插法等,其中标准曲线法是使用最多、最简单的一种方法。当样品基体组成简单、干扰少时可用标准曲线法。标准曲线法可分为两步:

(1)配制与试样溶液相同或相近基体的含有不同浓度的待测元素的标准溶液,分别测定吸光度值,作吸光度-浓度曲线。

(2)测定试样溶液的吸光度,从标准曲线上查得其浓度值。

知识二 原子吸收分光光度计的基本结构

原子吸收分光光度计主要由光源(空心阴极灯)、原子化器、分光器与检测系统组成。其基本流程如图 4-3 所示。

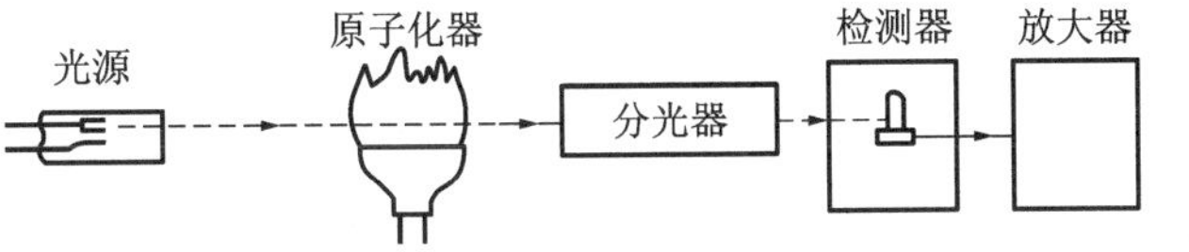

图 4-3 原子吸收分光光度计的流程

(一)空心阴极灯

空心阴极灯的作用:提供待测元素的特征谱线。其阴极由待测元素的纯金属或合金组成(图 4-4)。

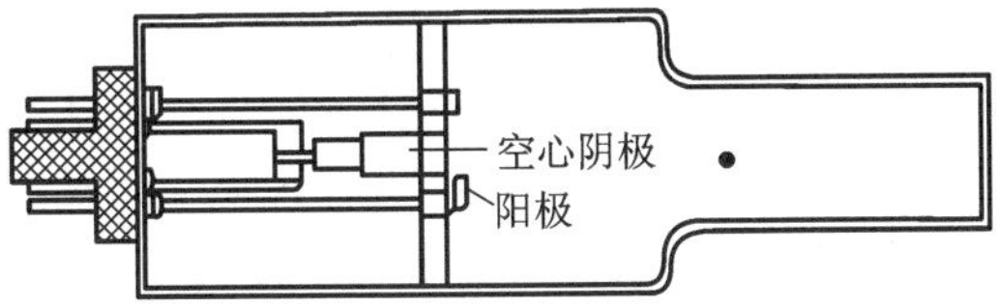

图 4-4 空心阴极灯

光源应满足如下要求:

(1)能发射待测元素的共振线;

(2)能发射锐线光源;

(3)辐射光强度大;

(4)稳定性好。

空心阴极灯的工作原理:当灯的正、负极加以 400V 电压时,便开始辉光放电。这时电子离开阴极,在飞向阳极的过程中,受到阳极加速,与惰性气体原子碰撞,并使之电离。带正电荷的惰性气体从电场获得动能,向阴极表面撞击,只要能克服金属表面的晶格能,就能将原子由晶格中溅射出来,从而产生阴极物质的共振线。由于灯内压力很低,压力变宽小,因而产生的共振线是锐线光源。

使用时应注意的问题:空心阴极灯强度与工作电流有关,过大的电流会使发射线半宽度增大,并缩短灯的使用寿命。使用时还必须注意供电电流稳定并经过预热(20～30min),使发射强度达到稳定。

（二）原子化器

原子化器是将样品中的待测组分转化为基态原子的装置，常用的有火焰原子化系统和无火焰原子化系统（石墨炉原子化系统和氢化物原子化系统）。

1. 火焰原子化系统

火焰原子化系统是利用火焰的温度和气氛使试样原子化的装置，如图 4-5 所示，主要部分有喷雾器、雾化室和燃烧器，如图 4-5 所示。

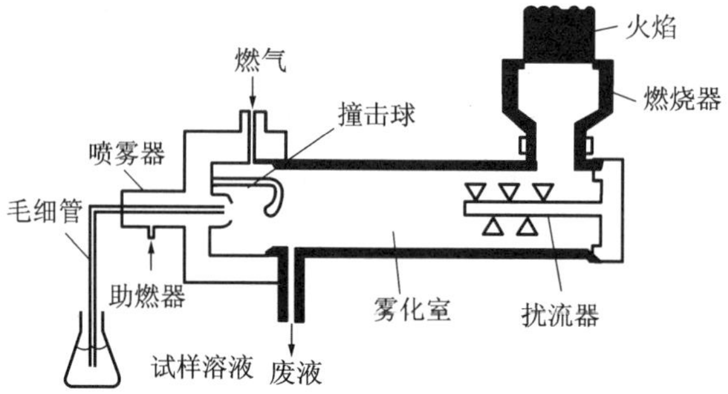

图 4-5　火焰原子化系统示意图

（1）喷雾器：图 4-5 中的喷雾器是一种气动同心型喷雾器，它的作用是使试液雾化成细小的雾滴，生成雾滴随气流运动并被加速，形成粒子直径为微米级的气溶胶。气溶胶粒子的直径越小，在火焰中生成的基态原子就越多。

（2）雾化室：它的作用是使气溶胶粒度更小，更均匀，使燃气、助燃气充分混匀，因此在雾化室中装有撞击球和扰流器。

雾化器的记忆效应要小。记忆效应也称残留效应，它是指将试样液喷雾后，立即用蒸馏水喷雾，仪器读数返回到零点或基线的时间。记忆效应小，仪器返回基线的时间就短。

为了降低记忆效应，雾化室内壁的浸水性要好；雾化器本身要稍有倾斜，便于让未雾化的废液排出。废液排除管需用水封，否则会引起火焰不稳定，甚至回火。

（3）燃烧器：它由不锈钢制成，有单缝燃烧器和三缝燃烧器，常用的是单缝燃烧器。气溶胶进入燃烧器，在火焰中干燥、蒸发和原子化。对燃烧器的要求是：火焰稳定，原子化效率高，吸收光程长和噪声小。燃烧器应能旋转一定角度，其高度能调节，便于选择适合的位置。

燃烧器有全消耗型和预混合型两种。全消耗型燃烧器是将试液直接喷入火焰，也称紊流燃烧器。预混合型燃烧器也称层流燃烧器，它用喷雾器将试液雾化，在雾化器中除去较大雾滴后，再喷入火焰。原子吸收分光光度计中一般采用预混合型燃烧器。

火焰由燃气（燃料气体）和助燃气燃烧而成。火焰按燃气和助燃气的比例（燃助比）不同，可分为化学计量火焰、富燃火焰和贫燃火焰三类。

（1）化学计量火焰：也称中性火焰，燃助比与化学计量关系接近。这类火焰层次清晰、温度高、稳定、干扰少。许多元素可采用这类火焰。以乙炔-空气为例，燃助比为 1∶4。

（2）富燃火焰：燃助比超过化学计量的火焰。以乙炔-空气为例，燃助比约为 3∶1。这类火焰中有大量燃气未完全燃烧，含有较多的碳、—CH 等，故温度略低于化学计量火焰，具有还原性，适用于易形成难离解氧化物的元素的测定。

(3)贫燃火焰:燃助比小于化学计量的火焰。以乙炔-空气为例,燃助比为1∶6。贫燃火焰燃烧完全,氧化性强。由于助燃气充分,冷的助燃气带走火焰中的热量,火焰温度降低,适宜于易离解、易电离的元素,如碱金属元素的测定。

火焰原子化系统的优点:火焰原子吸收法的装置不太复杂,操作方便、快速,测定精度高,已经成为完善和定型的方法,被广泛用于常规分析;缺点:雾化效率低,需要试样量多。

几种常用火焰的特性如表4-2所示。

表4-2 几种常用火焰的特性

燃气	助燃气	燃烧速度(cm/s)	温度(℃)
乙炔	空气	160～266(160)	2400
乙炔	氧化亚氮	260	2800
乙炔	氧气	800～2480(1100)	3140
氢气	空气	320～440	2045
氢气	氧化亚氮	390	2690
氢气	氧气	900～3680(2000)	2660
丙烷	空气	430	1925

2.石墨炉原子化系统

(1)整个程序步骤(图4-6)

①干燥:目的是蒸发除去溶剂或样品中挥发性较大的组分。

②灰化:目的是在不损失被测元素的前提下,将沸点较高的基体蒸发除去,或是对脂肪和油等基体物质进行热解。

③原子化:施加大功率于石墨炉上,使待测残渣原子化。

④净化:用较高温度除去残留在管内的残渣。

管式石墨炉原子化器由加热电源、惰性气体保护系统和石墨管组成,装置如图4-7所示。

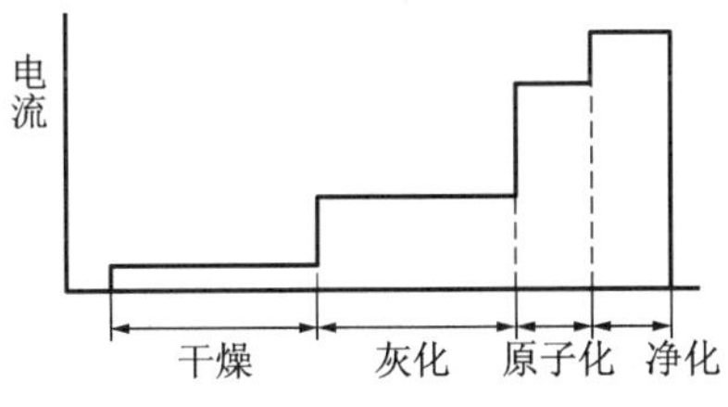

图4-6 石墨炉原子化法升温流程

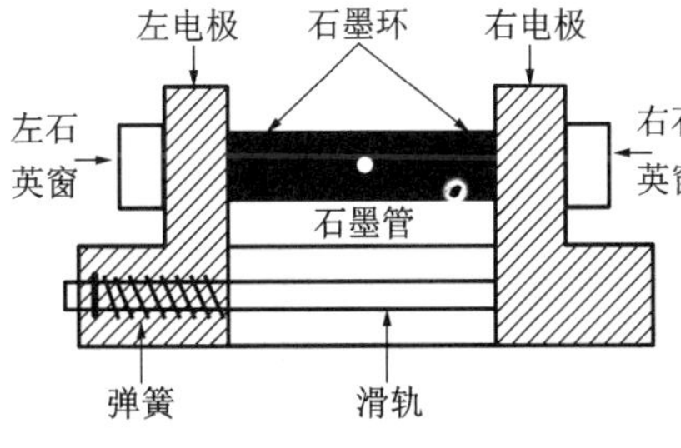

图4-7 石墨炉结构

石墨管长约50mm,内径为5mm。试样以溶液(5～100μL)或固体(几毫克)形态放入石墨管中,在Ar或N_2惰性气体的保护下分步升温加热,使试样干燥、灰化(或分解)和原子化。

在干燥过程中,于105～120℃下加热以蒸发溶剂,溶剂的蒸发必须慢而平稳,以避免飞溅而损失。灰化过程主要是除去易挥发的基体和有机物等干扰物质。干燥和灰化时间为20～45s。原子化时,升高温度至最佳温度,原子化时间为3～10s,使试样成为基态自由原子,并观察相应的原子吸收信号。在原子化过程中,停止通气可延长原子在石墨管中的停留时间。对于加热过程,必须仔细通过实验来选择合适的温度和时间参数。

采用石墨炉原子化系统，样品用量少，灵敏度较火焰原子化系统高，其绝对灵敏度可达$10^{-11}\sim10^{-6}$g，但是分析结果的精密度比火焰原子化系统低。

(2)石墨炉原子化过程

在石墨炉内发生的主要反应有：

①分子蒸发：主要发生于有较高蒸气压的卤化物和某些氧化物。如果蒸发热小于卤化物和氧化物的解离能，则在发生分解反应前，先发生金属卤化物和氧化物的蒸发，导致这些化合物的明显损失。

②热解反应：某些金属的氯化物解离能较高，加热时并不转化为氧化物，而是直接加热分解产生原子蒸气，实现原子化，如 Cd、Zn、Fe 等。

某些金属的硝酸盐或氯化物在加热时先转化为氧化物。在原子化温度时，氧化物被碳还原的反应在热力学上是不可行的，而是通过氧化物分解热分解生成原子蒸气实现原子化，如 Be、Mg、Ca、Sr、Ba、Zn、Cd、Hg、Mn 等的硝酸盐的原子化过程就属于这一种类型。

金属硫酸盐热分解，可以生成氧化物，亦可以生成硫化物。硫酸锑热分解为 Sb_2S_3，Sb_2S_3 再分解产生原子锑；硫酸铍分解为氧化铍，氧化铍再被碳还原生成原子蒸气，实现原子化。磷酸盐的分解形式更加复杂。

③金属氧化物的还原反应：某些金属盐热分解为氧化物，后者再被碳还原为金属，如 Co、Ni、Pb、Cu 等就是这样，原子化起源于金属的蒸发。金和其他贵金属的硝酸盐和氯化物的原子化曲线是相同的，说明在热解过程中先还原为金属，而后蒸发原子化。

④碳化物的生成：Be、B、Al、Ti、Zr、V、W、Si、U 等元素生成难挥发性碳化物，原子化需要更高的温度，测定灵敏度受到限制。

元素原子化的难易程度与其他氧化物的解离能、原子化热以及载气种类和压力等因素有关。

石墨炉原子化系统的优点：检出限很低，试样用量少；缺点：设备比火焰法复杂、昂贵，测定的精密度较差，分析所需的时间比火焰法要长等。

(三)分光器

作用：将待测元素的共振线与邻近线分开，将所需要的共振吸收线分离出来。

组件：色散元件(棱镜、光栅)、凹凸镜、狭缝等。

分光器的关键部件是色散元件，现在商品仪器都使用光栅。光栅放置在原子化器之后，以阻止来自原子化器内的所有不需要的辐射进入检测器。

(四)检测系统

检测系统主要由检测器(如光电倍增管)、放大器、对数变换器(光强度与吸光度之间的转换)、显示记录装置组成。

知识三　干扰效应及其消除方法

原子吸收光谱分析中，干扰效应按其性质和产生的原因可以分为 4 类：物理干扰、化学干扰、电离干扰和光谱干扰。

1. 物理干扰

物理干扰是指试样在转移、蒸发和原子化过程中，由于试样物理特性(如黏度、表面张力、密度等)的变化而引起的原子吸收强度下降的效应。物理干扰是非选择性干扰，对试样各元素的影响基本是相似的。

配制与被测试样相似组成的标准样品，是消除物理干扰最常用的方法。在不知道试样组成或无法匹配试样时，可采用标准加入法或稀释法来减小和消除物理干扰。

2.化学干扰

化学干扰是指由于液相或气相中被测元素的原子与干扰物质组分之间形成热力学更稳定的化合物，从而影响被测元素化合物的解离及其原子化。磷酸根对钙的干扰，硅、钛形成难解离的氧化物，钨、硼、稀土元素等生成难解离的碳化物，从而使有关元素不能有效原子化，都是化学干扰的例子。化学干扰是一种选择性干扰。

消除化学干扰的方法有：化学分离；使用高温火焰；加入释放剂和保护剂；使用基体改进剂等。例如磷酸根在高温火焰中就不干扰钙的测定，加入锶、镧或 EDTA 等都可消除磷酸根对测定钙的干扰。在石墨炉原子吸收法中，加入基体改进剂，提高被测物质的稳定性或降低被测元素的原子化温度以消除干扰。例如：汞极易挥发，加入硫化物生成稳定性较高的硫化汞，灰化温度可提高到 300℃；测定海水中的 Cu、Fe、Mn、As 时，加入 NH_4NO_3，使 NaCl 转化为 NH_4Cl，在原子化之前低于 500℃ 的灰化阶段除去。

3.电离干扰

在高温下原子电离，使基态原子的浓度减少，引起原子吸收信号降低，此种干扰称为电离干扰。电离效应随温度的升高、电离平衡常数的增大而增大，随被测元素浓度的增高而减小。

加入更易电离的碱金属元素，可以有效地消除电离干扰。

4.光谱干扰

光谱干扰包括谱线重叠、光谱通带内存在非吸收线、原子化池内的直流发射、分子吸收、光散射等。当采用锐线光源和交流调制技术时，前 3 种因素一般可以不予考虑，主要考虑分子吸收和光散射的影响，它们是形成光谱背景的主要因素。

分子吸收干扰是指在原子化过程中生成的气体分子、氧化物及盐类分子对辐射吸收而引起的干扰。光散射干扰是指在原子化过程中产生的固体微粒对光产生散射，使被散射的光偏离光路而不为检测器所检测，导致吸光度值偏高。

光谱背景除了波长特征之外，还有时间、空间分布特征。分子吸收信号通常先于原子吸收信号产生，当有快速响应电路和记录装置时，可以从时间上分辨分子吸收信号和原子吸收信号。

样品蒸气在石墨炉内分布的不均匀性导致了背景吸收空间分布的不均匀性。提高温度使单位时间内蒸发出的背景物的浓度增加，同时也使分子解离增加，这两个因素共同制约着背景吸收。

在恒温炉中，提高温度和升温速率，使分子吸收明显下降。在石墨炉原子吸收法中，背景吸收的影响比火焰原子吸收法严重，若不扣除背景，有时根本无法进行测定。

项目 3　测定条件的选择和分析方法

知识一　测定条件的选择

1.分析线

通常选用共振吸收线为分析线。测定高含量元素时，可以选用灵敏度较低的非共振吸收线为分析线。As、Se 等共振吸收线位于 200nm 以下的远紫外区，火焰组分对其有明显吸收，故用火焰原子吸收法测定这些元素时，不宜选用共振吸收线为分析线。

2. 狭缝宽度

狭缝宽度影响光谱通带宽度与检测器接收的能量。原子吸收光谱分析中，光谱重叠干扰的概率小，可以允许使用较宽的狭缝。调节不同的狭缝宽度，测定吸光度随狭缝宽度的变化，当有其他的谱线或非吸收光进入光谱通带内，吸光度将立即减小。不引起吸光度减小的最大狭缝宽度，即为应选取的合适的狭缝宽度。

3. 空心阴极灯的工作电流

空心阴极灯一般需要预热 20～30min 才能达到稳定输出。灯电流过小，放电不稳定，故光谱输出不稳定，且光谱输出强度小；灯电流过大，发射谱线变宽，导致灵敏度下降，校正曲线弯曲，灯寿命缩短。选用灯电流的一般原则是：在保证有足够强且稳定的光强输出条件下，尽量使用较低的工作电流。通常以空心阴极灯上标明的最大电流的 1/2～2/3 作为工作电流。在具体的分析场合，最适宜的工作电流由实验确定。

4. 原子化条件的选择

在火焰原子化法中，火焰类型和特性是影响原子化效率的主要因素。对低、中温元素，使用空气-乙炔火焰；对高温元素，采用氧化亚氮-乙炔高温火焰；对分析线位于短波区 200nm 以下的元素，使用空气-氢火焰是合适的。对于确定类型的火焰，一般来说，稍富燃的火焰是有利的。对氧化物不十分稳定的元素，如 Cu、Mg、Fe、Co、Ni 等，用化学计量火焰或贫燃火焰也是可以的。为了获得所需特性的火焰，需要调节燃气与助燃气的比例。

在火焰区内，自由原子的空间分布不均匀，且随火焰条件而改变，因此，应调节燃烧器的高度，以使来自空心阴极灯的光束从自由原子浓度最大的火焰区域通过，以期获得高的灵敏度。

在石墨炉原子化法中，合理选择干燥、灰化、原子化及除残温度与时间是十分重要的。干燥应在稍低于溶剂沸点的温度下进行，以防止试液飞溅。灰化的目的是除去基体和局外组分，在保证被测元素没有损失的前提下应尽可能使用较高的灰化温度。原子化温度的选择原则是：选用达到最大吸收信号的最低温度作为原子化温度。原子化时间的选择，应以保证完全原子化为准。在原子化阶段停止通保护气，以延长自由原子在石墨炉内的平均停留时间。除残的目的是消除残留物产生的记忆效应，除残温度应高于原子化温度。

5. 进样量

进样量过小，吸收信号弱，不便于测量；进样量过大，在火焰原子化法中对火焰产生冷却效应，在石墨炉原子化法中会增加除残的困难。在实际工作中，应测定吸光度随进样量的变化，达到最满意的吸光度的进样量即为应选择的进样量。

知识二　分析方法

1. 标准曲线法

这是最常用的基本分析方法。配制一组合适的标准样品，在最佳测定条件下，由低浓度到高浓度依次测定它们的吸光度 A，以吸光度 A 对浓度 c 作图。在相同的测定条件下，测定未知样品的吸光度，从标准曲线上用内插法求出未知样品中被测元素的浓度。

2.标准加入法

当无法配制组成匹配的标准样品时，使用标准加入法是合适的。分取几份等量的被测试样，其中一份不加入被测元素，其余各份试样中分别加入不同已知量 $c_1,c_2,c_3,\cdots,c_n$ 的被测元素，然后在标准测定条件下分别测定它们的吸光度 A，绘制吸光度 A 对被测元素加入量 c 的曲线。

如果被测试样中不含被测元素，在正确校正背景之后，曲线应通过原点；如果曲线不通过原点，说明含有被测元素，截距所对应的吸光度就是被测元素所引起的效应。外延曲线与横坐标轴相交，交点至原点的距离所相应的浓度 c 即为所求的被测元素的含量。应用标准加入法时一定要彻底校正背景。

【读一读】

古罗马人对他们的优良供水系统引以为傲。古罗马帝国境内由于铅矿较多，人们就大量使用金属铅制作器具：通常都以铅管输送饮用水，用铅杯喝水，用铅锅煮食，甚至用氧化铅代替糖调酒。同时，古罗马人发现，铅粉可以制成化妆品，能使女性的皮肤变得白皙、细嫩，更为漂亮。摄入如此多的铅，一定会全身无力。吃下大量的铅还有另一个恶果，就是丧失生育能力。古罗马特洛伊贵族35名结婚的王公有半数不育，其余人虽能生育，但所生的孩子几乎个个都是低能儿和痴呆儿。几代以后古罗马皇室就再也找不到嫡亲的可以传位的子女了，帝国也很快灭亡。

做一做

实验一 原子吸收标准加入法测定水样中铜的含量

一、实验目的

1.了解原子吸收分光光度计的基本结构和原理。

2.学习原子吸收分光光度计的使用方法。

3.掌握应用标准曲线法进行定量分析的方法。

二、实验原理

原子吸收分光光度法是基于物质所产生的原子蒸气对其特征谱线(即待测元素的特征谱线)的吸收作用来进行定量分析的一种方法。

测定时，待测元素在原子化器中转化为基态原子蒸气，吸收待测元素空心阴极灯发射出的特征辐射，其中部分特征谱线的光被吸收，而未被吸收的光经分光器，照射到光电检测器上被检测，根据该特征谱线光强被吸收的程度，即可测得试样中待测元素的含量。

三、仪器和试剂

1. 仪器

TAS-990 型原子吸收分光光度计、空压机、乙炔钢瓶、容量瓶(100mL,4 个)、刻度移液管(2mL,1 支)、洗瓶(1 个)、烧杯(100mL,1 个)。

2. 试剂

HNO_3(0.2%)、蒸馏水、铜标准溶液(100μg/mL)、待测液。

四、实验步骤

1. 配制铜标准系列

用刻度移液管准确移取 100μg/mL 铜标准溶液 0mL、0.5mL、1.0mL、1.5mL 分别置于 100mL 容量瓶中,用 0.2%硝酸定容至标线,摇匀,则铜溶液浓度分别为 0μg/mL、0.5μg/mL、1.0μg/mL、1.5μg/mL。

2. 准备待测溶液(略)

3. 上机测定

打开电脑主机电源→打开仪器主机电源→打开操作软件 AAWin→仪器自检→选择工作灯、设置仪器参数→设置样品分析方法→依次打开空压机、乙炔钢瓶→点火→分别吸入空白样和标样,按由低到高的顺序依次测定标准系列吸光度→测定样品吸光度→读出试样中的铜的浓度值→保存数据→依次关闭燃气、助燃气→关机。

五、注意事项

1. 实验时,要打开通风设备,使金属蒸气及时排出室外。

2. 点火前,必须检查排液管水封是否有水,以防止回火。

3. 检查乙炔管路是否漏气。

4. 点火时,先打开空气阀门,后打开乙炔阀门;熄火时,先关乙炔阀门,后关空气阀门。室内若有乙炔气味,应立即关闭乙炔阀门,通风,排除问题后再继续实验。

5. 钢瓶附近严禁烟火。

议一议:

从实验安全上考虑,在操作时应注意什么问题?为什么?

实验二　石墨炉原子吸收光谱法测定食品中的铅含量

一、实验目的

1. 了解石墨炉原子吸收分光光度计的基本结构和原理。

2. 学习石墨炉原子吸收分光光度计的使用方法。

3. 熟练掌握应用标准曲线法进行定量分析的方法。

二、实验原理

试样经灰化或酸消解后,注入石墨炉原子吸收分光光度计中,电热原子化后吸收 283.3nm

共振线，在一定浓度范围，其吸收值与铅含量成正比，与标准系列比较、定量。

三、仪器和试剂

1. 仪器

(1)原子吸收光谱仪，附石墨炉及铅空心阴极灯。

(2)天平：感量为 1mg。

(3)压力消解器、消解罐。

(4)可调式电热板、可调式电炉。

2. 试剂

除非另有规定，本方法所使用试剂均为分析纯，水为 GB/T 6682 规定的一级水。所用玻璃仪器均需以硝酸溶液(1+4)浸泡 24h 以上，用水反复冲洗，最后用去离子水冲洗干净。

(1)硝酸：优级纯。

(2)高氯酸：优级纯。

(3)硝酸(0.5mol/L)：取 3.2mL 硝酸加入 50mL 水中，稀释至 100mL。

(4)硝酸(1.0mol/L)：取 6.4mL 硝酸加入 50mL 水中，稀释至 100mL。

(5)磷酸二氢铵溶液(5g/L)：称取 0.5g 磷酸二氢铵，以水溶解稀释至 100mL。

(6)铅标准储备液：0.1g/L(经国家认证并授予标准物质证书的标准物质)。

(7)铅标准使用液：每次吸取铅标准储备液 1.0mL 于 100mL 容量瓶中，加硝酸(3)至刻度。如此经多次稀释成每毫升含 5.0ng、10.0ng、15.0ng、20.0ng、25.0ng 铅的标准使用液。或采用石墨炉自动进样器自动配制。

四、实验步骤

1. 样品预处理

称取试样 0.5～1g(精确到 0.001g)于消化管中，加入 10mL 硝酸，在可调式电热炉上消解(参考条件：120℃保持 1～2h、升温至 140℃保持 2～4h，必要时加入 2.0mL 高氯酸升温至 180～200℃)。若消化液呈棕褐色，再加硝酸，消解至冒白烟，消化液呈无色透明或略带黄色，加热至近干，取出消化管，冷却后用水定容至 10～25mL 容量瓶中，混匀备用；同时作试剂空白。

2. 样品测定

(1)仪器条件：根据各自仪器性能调至最佳状态。参考条件为：波长 283.3nm，狭缝 0.2～1.0nm，灯电流 5～7mA，干燥温度 120℃(20s)，灰化温度 450℃(持续 15～20s)，原子化温度 1700～2300℃(持续 4～5s)，背景校正为氘灯或塞曼效应。

(2)标准曲线绘制：吸取上面配制的铅标准使用液各 20μL，注入石墨炉，测得其吸光值并求得吸光值与浓度关系的一元线性回归方程。

(3)试样测定：分别吸取样液和试剂空白液各 20μL，注入石墨炉，测得其吸光值，代入标准系列的一元线性回归方程中求得样液中的铅含量。

(4)基体改进剂的使用：对有干扰试样，则注入适量的基体改进剂——磷酸二氢铵溶液(一般为 5μL 或与试样同量)消除干扰。绘制铅标准曲线时也要加入与试样测定时等量的基体改进剂。

3.数据计算

试样中的铅含量按下式进行计算。

$$X=\frac{c_1-c_0}{m}\times V$$

式中 X——试样中的铅含量,mg/kg 或 mg/L;

c_1——测定样液中的铅含量,ng/mL;

c_0——空白液中的铅含量,ng/mL;

V——试样消化液定量总体积,mL;

m——试样质量或体积,g 或 mL。

铅含量以重复性条件下获得的两次独立测定结果的算术平均值表示,结果保留两位有效数字。

五、精密度验证

在重复性条件下获得的两次独立测定结果的绝对差值不得超过算术平均值的 20%。

议一议:

火焰原子化器和石墨炉原子化器各有何特点?如何进行选择?

实验三　原子吸收法测定奶粉中的营养元素

一、实验目的

1.进一步学习火焰原子吸收分光光度计的使用方法。

2.熟练掌握应用标准曲线法进行准确定量分析的方法。

二、实验原理

样品经消化处理后,各种金属元素以离子状态存在,将试样溶液导入火焰原子化器中,金属元素被原子化后,其基态原子吸收来自同种元素空心阴极灯发出的共振线,吸光度与样品中该元素的含量成正比,与标准系列比较、定量。

三、仪器与试剂

1.4530 型原子吸收分光光度计。

2.锌空心阴极灯。

3.乙炔钢瓶。

4.通风设备。

5.金属锌(优级纯)。

6.硝酸(分析纯)。

7.高氯酸(分析纯)。

8.盐酸(分析纯):体积分数为 2%。

9.混合酸:硝酸∶高氯酸=4∶1。

10. 去离子水。

11. 1mg/mL 锌标准溶液：准确称取金属锌(99.99%)1.0000g，用 40mL 硝酸(1∶1)溶解，定容至 1000mL，混匀，储存于聚乙烯瓶中备用。

四、实验步骤

(一)配制标准系列

准确量取 25.00mL 锌标准溶液于 250mL 容量瓶中，用 2%的盐酸溶液定容，即得 100μg/mL 的锌中间液。量取此中间液 0.00mL、0.50mL、1.00mL、1.50mL、2.00mL、2.50mL于 100mL 容量瓶中，用 2%的盐酸溶液定容。

按照仪器说明调整好锌元素的最佳实验条件，待灯预热后进行测定。以标准系列溶液的吸光度为纵坐标，锌溶液浓度为横坐标绘制标准曲线。其数据列表。

(二)试样的前处理及测定

1. 湿法消化法

准确称取均匀样品 2.0000g 于 250mL 锥形瓶中，加入 20mL 混合酸，上盖小漏斗，置于电热板上加热消化至澄清透明为止，加热除去多余的硝酸(冒白烟)，冷却后直接过滤于 50mL 容量瓶中(漏斗中放少许脱脂棉)，用 2%的盐酸定容至刻度，摇匀待测。测定结果列表。

2. 干法灰化法

准确称取 2.0000g 样品于坩埚中，在电炉或电热套上加热炭化至不再冒烟，再移入马弗炉中升温至 490℃ 灰化至白色(约 2h)，冷却至室温，加入 1∶4 的盐酸 5mL，充分溶解后定容至 50mL 容量瓶中待测。(如有少许碳粒，加 1∶1 的硝酸，加热后再放于马弗炉中加热。)

(三)加标回收率的测定

同样称取 1.9764g 样品于 250mL 锥形瓶中，加入 100μg/mL 的锌标准使用液 0.5mL，加入 20mL 混合酸；另取一锥形瓶，加入 0.5mL 锌标准使用液，加入 20mL 混合酸，其他同样品前处理及测定(其中加标回收溶液转移至 100mL 容量瓶中，其他同样品)。测定结果列表。

(四)数据记录与处理

1. 实验条件

仪器参数

仪器型号	
分析线波长(nm)	
空心阴极灯电流(mA)	
燃烧器高度(mm)	
狭缝宽度(nm)	
电压(V)	
乙炔流量(L/min)	
空气流量(L/min)	
分析方法	火焰法

2. 标准曲线的绘制

标准曲线记录表

锌标准溶液的浓度 c(μg/mL)	吸光度 A
0.00000	
0.50000	
1.00000	
1.50000	
2.00000	
2.50000	

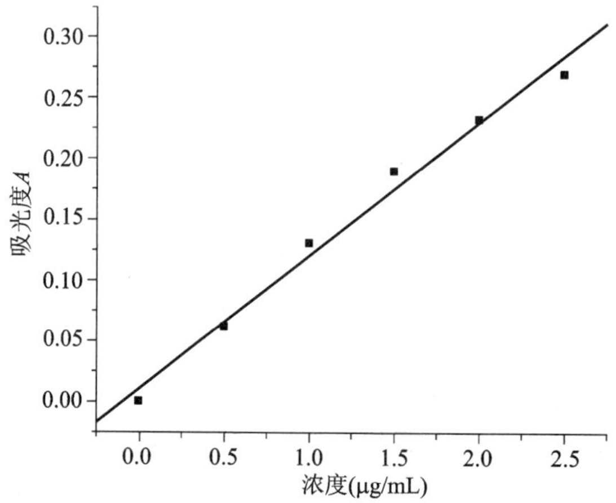

标准曲线

$Y = kX + b$

$R =$

3. 样品的测定

奶粉样品的测定

样重(g)	吸光度 A_1	浓度 c_1(μg/mL)	含量(mg/100mL)

与奶粉的包装所给的锌含量相比较。

4. 加标回收率的测定

回收率的计算：

$$回收率=(2c_3-c_1)/c_2\times 100\%$$

加标回收率

样品质量	标准液		样品＋标准液		回收率(%)
	A_2	c_2	A_3	c_3	

议一议：

回收率的高低对测试结果有什么影响？

实验四 茶叶中铅含量的定量检测(技能大赛项目)

一、实验目的

应用火焰原子吸收光谱仪对指定样品进行精确检测。

二、实验原理

试样经处理后，铅离子在一定的 pH 值条件下与二乙基二硫代氨基甲酸钠(DDTC)形成络合物，经 4-甲基-2-戊酮萃取分离，导入原子吸收光谱仪中，火焰原子化后，吸收 283.3nm 共振线，其吸收量与铅含量成正比，与标准系列比较、定量。

三、仪器与试剂

1. 混合酸：硝酸-高氯酸(9+1)。
2. 硫酸铵溶液(300g/L)：称取 30g 硫酸铵[$(NH_4)_2SO_4$]，用水溶解并稀释至 100mL。
3. 柠檬酸铵溶液(250g/L)：称取 25g 柠檬酸铵，用水溶解并稀释至 100mL。
4. 溴百里酚蓝水溶液(1g/L)。
5. 二乙基二硫代氨基甲酸钠(DDTC)溶液(50g/L)：称取 5g 二乙基二硫代氨基甲酸钠，用水溶解并加水至 100mL。
6. 氨水(1+1)。
7. 4-甲基-2-戊酮(MIBK)。
8. 铅标准溶液：配制铅标准储备液(100μg/mL)。
9. 盐酸(1+11)：取 10mL 盐酸，加入 110mL 水中，混匀。
10. 磷酸溶液(1+10)：取 10mL 磷酸，加入 100mL 水中，混匀。
11. TAS990SF 原子吸收光谱仪。
12. 分析天平。

四、实验步骤

1. 样品称量

本项目拟采用湿法消化。采用合适的称量方法和相应的称量器皿称取 1～3g 样品。

2. 试样准备

消解液和试剂空白由组委会提前制备提供，每个选手 2 份消解液和 1 份试剂空白液，1 号样品消解液和 2 号样品消解液作为考核样。消解液浓度在 1～3μg/mL 之间。

3. 萃取分离

(1)分别吸取 1 号样品消解液和 2 号样品消解液 25.0mL 及试剂空白液 25.0mL，分别置于 125mL 分液漏斗中，补加水至 60mL。

(2)加 2mL 柠檬酸铵溶液、溴百里酚蓝水溶液 3～5 滴，用氨水调 pH 值至溶液由黄变蓝，加硫酸铵溶液 10.0mL、DDTC 溶液 10.0mL，摇匀。

(3)放置 5min 左右，加入 10.0mL MIBK，剧烈振摇提取 1min，静置分层后，弃去水层，将 MIBK 层放入 10mL 带塞刻度管中，备用。

(4)将铅标准储备液(100μg/mL)稀释到 10μg/mL(使用液)。

(5)根据待测样品的浓度，选择合适的工作曲线，分别吸取铅标准使用液(10μg/mL)相应体积于 125mL 分液漏斗中。与试样相同方法萃取。

(6)仪器参考条件：空心阴极灯电流 8mA；共振线 283.3nm；狭缝 0.4nm；空气流量 8L/min；燃烧器高度 6mm。

按照北京普析 TAS-990F 仪器操作规程对待测样液进行检测，其中燃烧器参数已经由组委会调试设置好。

4.结果计算

将数据代入公式进行计算。

在重复性条件下获得的两次独立测定结果的绝对差值不得超过算术平均值的 20%。结果保留两位有效数字。

练一练

一、填空题

1.原子吸收光谱分析是利用基态的待测原子蒸气对光源辐射________的吸收进行分析的。

2.原子吸收光谱分析主要分为________类：一类由________将试样分解成自由原子，称为________分析；另一类依靠________将试样气化及分解，称为________分析。

3.一般原子吸收光谱仪分为________、________、________、________四个主要部分。

4.空心阴极灯是原子吸收光谱仪的________，其主要部分是________，它是由________制成的。整个灯熔封后充以________或________，成为一个特殊形式的________。

5.原子吸收光谱仪中的火焰原子化器由________、________及________三部分组成。

6.原子吸收光谱仪中的分光系统也称________，其作用是将光源发射的________与________分开。

7.早期的原子吸收光谱仪使用棱镜为单色器，现在都使用________单色器。前者的色散原理是________，后者为________。

8.在原子吸收光谱仪中广泛使用________做检测器，它的功能是将微弱的________信号转换成________信号，并有不同程度的________。

9.原子吸收光谱分析时工作条件的选择主要有________的选择、________的选择、________的选择、________的选择及________的选择。

10. 原子吸收法测定固体或液体试样前，应对样品进行适当处理。处理方法有__________、__________、__________、__________等。

11. 原子吸收光谱分析时产生的干扰主要有__________干扰、__________干扰、__________干扰三种。

二、判断题

(　　)1. 原子吸收光谱分析定量测定的理论基础是 Lambert-Beer 定律。

(　　)2. 在原子吸收光谱分析中，对光源的要求是：辐射线的半宽度比吸收线的半宽度要宽得多。

(　　)3. 原子吸收光谱仪和 752 型分光光度计一样，都是以氢弧灯作为光源的。

(　　)4. 用原子吸收法进行测定，当试样中有基体干扰时，要选用工作曲线法。

(　　)5. 在使用原子吸收光谱法测定样品时，有时加入镧盐是为了消除化学干扰，加入铝盐是为了消除电离干扰。

(　　)6. 原子在激发或吸收过程中，由于受外界条件的影响可使原子谱线的宽度变宽。由温度引起的变宽叫多普勒变宽，由磁场引起的变宽叫塞曼变宽。

(　　)7. 原子吸收光谱仪的光栅上有污物影响正常使用时，可用柔软的擦镜纸擦拭干净。

三、选择题

1. 原子吸收光谱是由(　　)产生的。

A. 固体物质中原子的外层电子　　B. 气态物质中基态原子的外层电子

C. 气态物质中激发态原子的外层电子　　D. 气态物质中基态原子的内层电子

2. 原子吸收光谱法是基于从光源辐射出待测元素的特征谱线的光，通过样品蒸气时，被待测元素的(　　)所吸收，由辐射特征谱线的光被减弱的程度，求出待测样品中该元素的含量的方法。

A. 原子　　B. 激发态原子　　C. 基态自由原子　　D. 离子

3. 现代原子吸收光谱仪的分光系统由(　　)组成。

A. 棱镜＋凹面镜＋狭缝　　B. 光栅＋凹面镜＋狭缝

C. 光栅＋透镜＋狭缝　　D. 光栅＋平面反射镜＋狭缝

4. 原子吸收光谱分析中，光源的作用是(　　)。

A. 提供试样蒸发和激发所需要的能量

B. 在广泛的区域内发射连续光谱

C. 发射待测元素基态原子所吸收的共振辐射

D. 产生紫外线

5. 空心阴极灯的构造是(　　)。

A. 待测元素作阴极，铂丝作阳极，内充低压惰性气体

B. 待测元素作阳极，钨棒作阴极，内充氧气

C. 待测元素作阴极，钨棒作阳极，灯内抽真空

D. 待测元素作阳极，铂网作阴极，内充惰性气体

6.空心阴极灯中,对发射线半宽度影响最大的因素是(　　)。

A.阴极材料　　B.填充气体　　C.灯电流　　D.预热时间

7.原子吸收的定量方法——标准收入法,消除了(　　)干扰。

A.分子吸收　　B.背景吸收　　C.光散射　　D.基体效应

8.在原子吸收光谱中,当吸收1%时,其吸光度应为(　　)。

A.−2　　B.0.047　　C.0.01　　D.0.0044

四、问答题

1.原子吸收光谱法的基本原理是什么?

2.原子吸收光谱法和紫外-可见分光光度法有何相同和不同之处?

3.简述原子吸收光谱仪的四大系统中的主要部件名称及作用。

4.原子吸收定量分析常采用标准曲线法,其标准曲线能否像分光光度法的标准曲线一样,可较长时间使用?为什么?

5.利用原子吸收光谱测定痕量元素和高含量组分时,为提高测量准确度,可采取哪些措施?

6.进行原子吸收光谱分析会出现哪些干扰?如何消除各种干扰?

模块 5　红外吸收光谱法

知识目标

1. 掌握分析原理和流程。
2. 掌握傅里叶变换红外光谱仪的基本构造和操作方法。
3. 了解红外光谱产生的条件、分子中基团的基本振动形式、影响峰位变化的因素。
4. 掌握红外光谱与分子结构的关系、有机化合物不饱和度的计算、主要基团的特征吸收峰、红外光谱的一般解析方法。

技能目标

1. 能够熟练地操作傅里叶变换红外光谱仪。
2. 能够根据样品的状态、性质选择合适的样品处理方法。
3. 能够根据光谱图确定常见有机物的结构。
4. 能对仪器进行日常维护保养工作，学会排除简单的故障。

项目 1　红外吸收光谱法的基本原理

电磁波谱按波长从短到长的顺序大致可分为：宇宙射线、γ 射线、X 射线、紫外光、可见光、红外光、微波、无线电波等。其中，紫外-可见吸收光谱常用于研究不饱和有机物，特别是具有共轭体系的有机物；而红外光谱主要用于研究在振动中伴随有偶极矩变化的化合物。

通常将红外光谱分为三个区域：近红外区（0.75～2.5μm）、中红外区（2.5～50μm）和远红外区（50～1000μm）。红外吸收光谱（infrared absorption spectroscopy，IR）又称为分子振动-转动光谱。当样品受到频率连续变化的红外光照射时，分子会吸收某些频率的辐射，并由其振动或转动引起偶极矩变化，产生分子振动和转动能级，从基态跃迁到激发态，使相应吸收区域的透射光强度减弱。记录红外光的百分透射比与波数或波长关系的曲线，就是红外光谱。

一般来说，近红外光谱是由分子的倍频、合频产生的；中红外光谱属于分子的基频振动光谱；远红外光谱则属于分子的转动光谱和某些基团的振动光谱。由于绝大多数有机物和无机物的基频吸收带都出现在中红外区，因此中红外区是研究和应用最多的区域，积累的资料也最多，仪器技术最为成熟。通常所说的红外光谱即指中红外光谱。

除了单原子和同核分子，如 Ne、He、O_2、H_2 等之外，几乎所有的有机物在红外光谱区均有吸收。除光学异构体、某些高分子质量的高聚物以及在相对分子质量上只有微小差异的化合物外，凡是具有不同结构的两个化合物，一定不会有相同的红外光谱。通常红外吸收带的波长位置与吸收谱带的强度，反映了分子结构上的特点，可以用来鉴定未知物的结构组成或确定其化学基团；而吸收谱带的吸收强度与分子组成或化学基团的含量有关，可用以进行定量分析和纯度鉴定。由于红外光谱分析特征性强，气体、液体、固体样品都可测定，且其用量少，分析速度快，不破坏样品，因此，红外吸收光谱法不仅可用于定性和定量分析，而且该法是鉴定化合物和测定分子结构的最有效的方法之一。

知识一　双原子分子的振动

双原子分子是简单的分子，振动形式也很简单，它仅有一种振动形式：伸缩振动，即两原子之间距离（键长）的改变。这种振动可以近似地看作简谐振动（图 5-1）。把质量为 m_1 和 m_2 的原子视为两个刚性小球，连接两原子的化学键设想为无质量的弹簧，弹簧长度 r 就是分子化学键的长度。

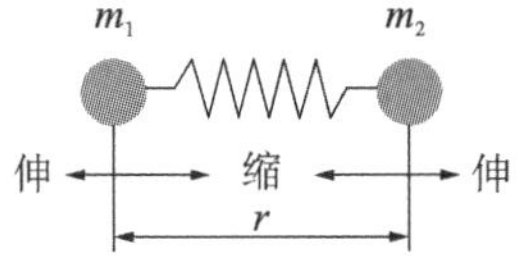

图 5-1　双原子分子简谐振动模型

根据量子力学能量公式和胡克定律，以及一般极性分子吸收红外光属于基态到第一激发态的能量跃迁，可得该体系基本振动频率的计算公式为：

$$\bar{\upsilon} = \frac{1}{2\pi c}\sqrt{\frac{k}{\mu}} \tag{5-1}$$

式中　υ——波数（在光的传播方向上每单位长度内的光波数，为波长的倒数），cm^{-1}；

c——光速；

k——化学键的力常数，N/cm；

μ——原子的折合质量，$\mu=\dfrac{m_1 m_2}{m_1+m_2}$。

若把原子的折合质量与原子的相对原子质量单位之间进行换算，折合为相对原子质量单位，即可得到

$$\bar{\upsilon} = 1304\sqrt{\frac{k}{\mu}}(cm^{-1}) \tag{5-2}$$

式(5-2)中，对于双原子分子及多原子分子中受其他因素影响小的化学键来说，计算值与实验值较接近，具有一定的实用意义。由式(5-2)可见，影响波数的直接因素是构成化学键原子的相对原子质量及化学键的力常数。力常数越大，折合相对原子质量越小，化学键的振动波数越高。例如 C—C、C═C、C≡C 三种键的折合原子质量相同，而化学键的力常数依次为单键＜双键＜叁键，所以波数也依次增大：C—C 约为 $1430cm^{-1}$，C═C 约为 $1670cm^{-1}$，C≡C约为 $2220cm^{-1}$。又如 C—C、C—N、C—O 三种键的力常数相近，而折合原子质量依次为 C—C＜C—N＜C—O，所以波数依次减小：C—C 约为 $1430cm^{-1}$，C—N 约为 $1330cm^{-1}$，C—O约为 $1280cm^{-1}$。表 5-1 为几种化学键的力常数。

表 5-1 化学键的力常数 k

键	C—C	C=C	C≡C	C—H	O—H	N—H	C=O
k(N/cm)	4.5	9.6	15.6	5.1	7.7	6.4	12.1

【例 5-1】 计算 C=O 键伸缩振动所产生的基频吸收峰的波数。

【解】 已知 k(C=O)=12.1N/cm。

$$\mu=\frac{m_1m_2}{m_1+m_2}=\frac{12\times16}{12+16}=6.8$$

$$\bar{\upsilon}=1304\sqrt{\frac{k}{\mu}}=1304\sqrt{\frac{12.1}{6.8}}=1739(\mathrm{cm}^{-1})$$

知识二 多原子分子的振动

多原子分子的振动不仅包括双原子分子沿其核—核方向的伸缩振动，而且有参加的各种可能的变形振动。因此，一般将振动形式分为两类：伸缩振动和变形振动。

(1)伸缩振动如图 5-2 所示。化学键两端的原子沿着键轴的方向做来回周期性伸缩振动，振动时键长发生变化，而键角不变，用符号 V 表示。伸缩振动又可以分为对称伸缩振动(用符号 V_s 表示)和非对称伸缩振动(用符号 V_{as} 表示)。

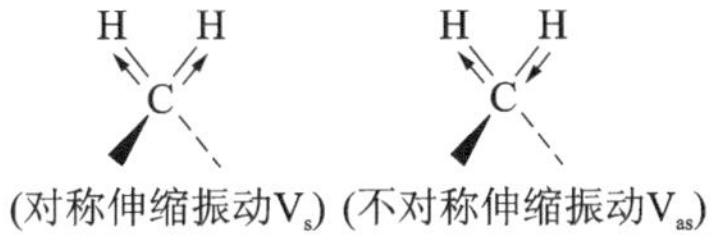

图 5-2 亚甲基的伸缩振动

(2)变形振动(又叫弯曲振动或变角振动)如图 5-3 所示，是基团的键角发生周期性变化而键长不发生变化的振动。变形振动又分为面内变形振动和面外变形振动两种。面内变形振动有剪式振动(用符号 δ 表示)和面内摇摆振动(用符号 ρ 表示)两种形式；面外变形振动有面外摇摆振动(用符号 ω 表示)和扭曲振动(用符号 τ 表示)两种形式。

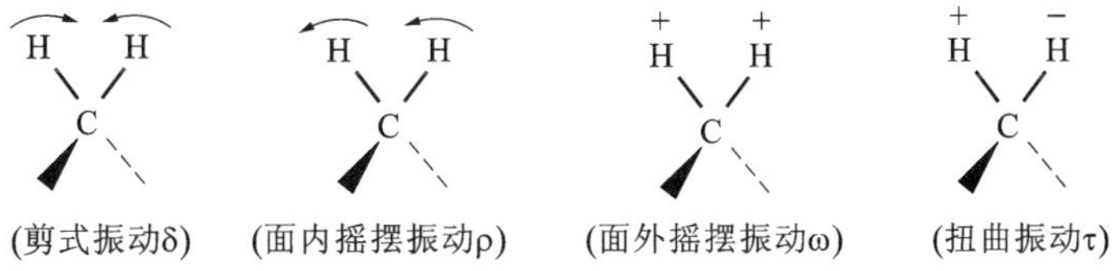

图 5-3 亚甲基的变形振动

知识三 红外光谱产生的条件

红外光谱是由于分子振动能级(同时伴随转动能级)跃迁而产生的。物质吸收红外辐射应满足两个条件：

(1)辐射光具有的能量与发生振动跃迁时所需的能量相等。当辐射光照射分子时，如辐射光的能量与分子振动的两能级差相等，该频率的辐射光就被该分子吸收，从而引起分子对应能级的跃迁，宏观表现为透射光强度变小。这是物质产生红外吸收光谱必须满足的条件之一，这决定了吸收峰出现的位置。

(2)辐射与物质之间有偶合作用。为满足这个条件,分子振动必须伴随偶极矩的变化。红外跃迁是偶极矩诱导的,即红外光的能量通过分子振动偶极矩的变化传递给分子。分子由于构成它的各原子的电负性不同,也显示不同的极性,称为偶极子。通常用分子的偶极矩(μ)来描述分子极性的大小。当偶极子处在电磁辐射的电场中时,该电场作周期性反转,偶极子将经受交替的作用力而使偶极矩增加或减少。由于偶极子具有一定的原有振动频率,显然,只有当辐射频率与偶极子频率相匹配时,分子才与辐射相互作用(振动偶合)而增加它的振动能,使振幅增大,即分子由原来的基态振动跃迁到较高振动能级。因此,并非所有的振动都会产生红外吸收,只有发生偶极矩变化($\Delta\mu\neq0$)的振动才能引起可观测的红外吸收光谱,该分子称为红外活性的;$\Delta\mu=0$ 的分子振动不产生红外振动吸收,该分子称为非红外活性的。

当一定频率的红外光照射分子时,如果分子中某个基团的振动频率和它一致,二者会产生共振,此时光的能量通过分子偶极矩的变化而传递给分子,这个基团就吸收一定频率的红外光,产生振动跃迁。如果用连续改变频率的红外光照射某样品,由于试样对不同频率的红外光的吸收程度不同,使通过试样后的红外光在一些波数范围内减弱,在另一些波数范围内仍然较强,用仪器记录该试样的红外吸收光谱,就可以进行样品的定性和定量分析。

知识四　红外光谱的表示方法

红外光谱多用 τ-$\bar{\upsilon}$曲线描述。坐标轴的横坐标为 $\bar{\upsilon}$(cm^{-1}),纵坐标为透射比 τ(%)。图 5-4 是某有机化合物的红外吸收光谱图。τ-$\bar{\upsilon}$曲线上的"谷"是光谱吸收峰。

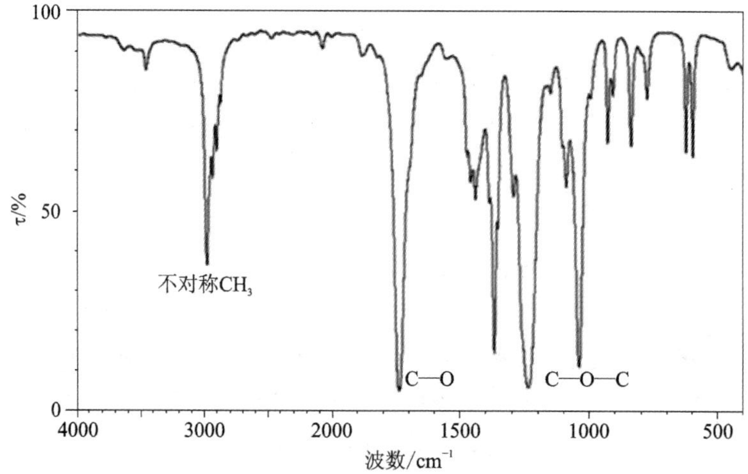

图 5-4　某有机化合物的红外吸收光谱图

项目 2　基团频率和特征吸收峰

知识一　红外光谱区域的划分

1. 基团频率区

红外光谱区可分成 1300～4000cm^{-1} 和 400～1300cm^{-1} 两个区域。前者称为基团频率区、官能团区或特征频率区。区内的峰是由伸缩振动产生的吸收带，常用于鉴定官能团。

基团频率区又可分为三个区域：

(1)2500～4000cm^{-1}为S—H、O—H、N—H、C—H的伸缩振动区。

O—H的伸缩振动出现在3650～3580cm^{-1}范围内，它可以作为判断有无醇类、酚类和有机酸类的重要依据。当醇和酚溶于非极性溶剂(如CCl_4)，浓度为0.01mol/L时，在3650～3580cm^{-1}处出现游离O—H基的伸缩振动吸收，峰形尖锐，且没有其他吸收峰干扰，易于识别。当试样浓度增加时，羟基化合物产生缔合现象，O—H的伸缩振动吸收峰向低波数方向位移，在3200～3400cm^{-1}出现一个宽而强的吸收峰。

胺和酰胺的N—H伸缩振动也出现在3100～3500cm^{-1}，因此，可能会对O—H伸缩振动有干扰。

C—H的伸缩振动可分为饱和与不饱和两种：饱和的C—H伸缩振动出现在3000cm^{-1}以下，为2800～3000cm^{-1}，取代基对它们的影响很小。如—CH_3的伸缩吸收出现在2960cm^{-1}和2876cm^{-1}附近；—CH_2的伸缩吸收出现在2930cm^{-1}和2850cm^{-1}附近。不饱和的C—H伸缩振动出现在3000cm^{-1}以上，以此来判别化合物中是否含有不饱和的C—H键。

苯环的C—H键的伸缩振动出现在3030cm^{-1}附近，它的特征是强度比饱和的C—H稍弱，但谱带比较尖锐。

饱和的双键═C—H的伸缩吸收出现在3010～3040cm^{-1}范围内，末端═CH_2的吸收出现在3085cm^{-1}附近。

叁键≡C—H上的C—H的伸缩振动出现在更高的区域(3300cm^{-1})附近。

(2)1900～2500cm^{-1}为叁键和累积双键区。主要包括—C≡C、—G≡N等叁键的伸缩振动，以及—C═C═C、—C═C═O等累积双键的不对称伸缩振动。对于炔烃类化合物，可以分成R—C≡CH和R′—C≡C—R两种类型，R—C≡CH的伸缩振动出现在2100～2140cm^{-1}附近，R′—C≡C—R的伸缩振动出现在2190～2260cm^{-1}附近。如果是R—C≡C—R，因为分子是对称的，则为非红外活性。—C≡N的伸缩振动在非共轭的情况下出现在2240～2260cm^{-1}附近。当与不饱和键或芳香核共轭时，该峰位移到2220～2230cm^{-1}附近。若分子中含有C、H、N原子，—C≡N的吸收峰比较强而尖锐。若分子中含有O原子，且O原子离—C≡N越近，—C≡N的吸收越弱，甚至观察不到。

(3)1300～1900cm^{-1}为双键伸缩振动区。该区域主要包括三种伸缩振动：

①C═O的伸缩振动出现在1650～1900cm^{-1}，是红外光谱中很有特征的且往往是最强的吸收，以此很容易判断酮类、醛类、酸类、酯类以及酸酐等有机化合物。酸酐的羰基吸收带由于振动偶合而呈现双峰。

②C═C伸缩振动。烯烃的C═C伸缩振动出现在1620～1680cm^{-1}，一般很弱。单核芳烃的C═C伸缩振动出现在1600cm^{-1}和1500cm^{-1}附近，有两个峰，这是芳环的骨架结构，用于确认有无芳核的存在。

③苯的衍生物的泛频谱带，出现在1650～2000cm^{-1}范围，是C—H面外和C═C面内变形振动的泛频吸收，虽然强度很弱，但它们的吸收面貌在表征芳核取代类型上是有用的。

2.指纹区

在400～1300cm^{-1}区域内，除单键的伸缩振动外，还有因变形振动产生的谱带。这种振动与整个分子的结构有关。当分子结构稍有不同时，该区的吸收就有细微的差异，并显示出分子特征。这种情况就像人的指纹一样，因此称为指纹区。指纹区对于指认结构类似的化合物很有帮助，而且可以作为化合物存在某种基团的旁证。

指纹区又可分为两个区域：

(1)900～1300cm^{-1}区域，是 C—O、C—N、C—F、C—P、C—S、P—O、Si—O 等单键和 C═S、S═O、P═O 等双键的伸缩振动吸收。

1375cm^{-1}左右的谱带为甲基的 δ_{C-H}对称弯曲振动，对识别甲基十分有用。C—O 的伸缩振动在 1000～1300cm^{-1}，是该区域最强的峰，也较易识别。

(2)400～900cm^{-1}区域的某些吸收峰可用来确认化合物的顺、反构型。例如，烯烃的═C—H 面外变形振动出现的位置，在很大程度上取决于双键的取代情况。对于RCH═CH_2结构，在 990cm^{-1}和 910cm^{-1}出现两个强峰；对于RC═CRH结构，其顺、反构型分别在690cm^{-1}和 970cm^{-1}出现吸收峰，可以共同配合确定苯环的取代类型。

知识二　常见官能团的特征吸收频率

官能团的吸收频率对判断有机化合物的类型和分析其他子结构有重要的参考价值。常见官能团的特征频率数据见表 5-2。

表 5-2　常见官能团的红外特征吸收

类　型		典型的结构式	吸收位置(cm^{-1})	强 度	归属和附注
醇	一级醇	RCH_2OH	约 3640 约 1050	可变 s	ν_{CH} ν_{C-O}
	二级醇	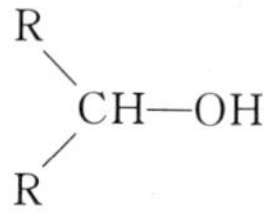	约 3630 约 1100	可变 s	ν_{CH}，“单体” ν_{C-O}
	三级醇	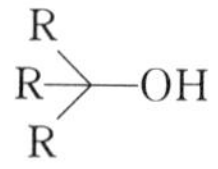	约 3620 约 1150	可变 s	ν_{OH}，“单体” ν_{C-O}
	分子间氢键	多聚体 二聚体	3200～3400 3500～3600	s s	宽而强的吸收谱带 尖谱带
	双氧水	H—O—O—H	3590	s	
	酚	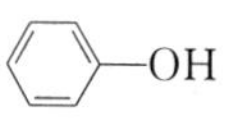	3610 1200	m→s s	ν_{OH}，形成氢键移向低频 ν_{C-O}
	分子内氢键		2500～3200	s	宽吸收谱带
	酸	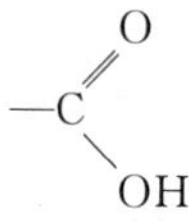 二聚体	2500～3000 1420 1200～1300 910～960	m m m m～w	宽吸收带 面内变形 ν_{C-O} δ_{OH}面外变形宽带 γ_{OH}宽带

续表 5-2

类型		典型的结构式	吸收位置(cm^{-1})	强度	归属和附注
醇	肟		3500～3650	m→s	ν_{OH}
	磷酸		2560～2700	m	ν_{OH}
	过氧化物	—O—O—H	约 3450	m	ν_{OH}
	过氧酸		约 3280 约 950	m m	ν_{OH} δ_{OH}(面外)
胺	一级胺		3300～3500 1590～1650 1020～1220 1250～1340 650～900	w→s m～s w→s s m	ν_{NH}，有两个谱带 δ_{NH}(面内) ν_{N-C}(脂肪) ν_{C-N}(芳香) ν_{NH}(面外)，宽带
	二级胺		3310～3350 约 3450 1550～1650 1020～1220 1280～1350	w m w w→m s	ν_{NH}，环胺很弱 ν_{NH}强度比脂胺大 δ_{NH}(面内) ν_{C-N} ν_{C-N}
	三级胺		1310～1360	s	ν_{C-N}
	亚胺		3300～3400	m	ν_{NH}，$\nu_{C=N}$在 1640～1690
	一级铵盐		约 3000 1570～1600 约 1500	s s	$\nu_{NH^{3+}}$，两个宽谱带 $\delta_{a(NH^{3+})}$ $\delta_{s(NH^{3+})}$
	二级铵盐	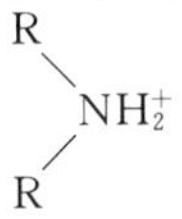	2250～2700 1575～1600	s m	$\nu_{NH_2^+}$
	三级铵盐		2250～2700		ν_{NH^+}
	四级铵盐	R_4N^+			没有特征吸收
	一级酰胺		3400～3500 1600～1640	m m	ν_{NH}，一般两个带 δ_{NH}
	二级酰胺	RCONHR	3440 1530～1550	m m	ν_{NH}，缔合在 3300 δ_{NH} 3070 为倍频
	内酰胺		3440	m	ν_{NH}
甲基	烷烃		2960±10 2870±10 1450±20 1375±15	m～s m m m～s	$\nu_{a(CH_3)}$ $\nu_{s(CH_3)}$ $\delta_{a(CH_3)}$ $\delta_{s(CH_3)}$很有特征
	异丙基		1365～1385 1140～1170	m m～s	$\delta_{s(CH_3)}$双谱带 骨架振动
	叔丁基		1385～1385 1210～1250	m m～s	$\delta_{s(CH_3)}$双谱带 骨架振动

续表 5-2

类型		典型的结构式	吸收位置(cm^{-1})	强度	归属和附注
甲基	甲基酮	$CH_3C(=O)—$	2900～3000 1350～1370 1400～1450	w s w～m	$\nu_{C—H}$ $\delta_{s(CH_3)}$，强度较大 $\delta_{s(CH_3)}$
	甲氧基	$CH_3O—R$	2815～2835 1430～1460	m s	$\nu_{s(CH_3)}$ $\delta_{s(CH_3)}$移至高频
	甲硫基	$CH_3—S$	1415～1440 1320～1325	 s	$\delta_{a(CH_3)}$ $\delta_{s(CH_3)}$移至低频
	甲胺基	$CH_3—N<$	2760～2820 1415～1430	 s	ν_{CH_3} $\nu_{s(CH_3)}$移至高频
	硅化物	$CH_3—Si—$	1290～1420 ～1230	m m	$\delta_{a(CH_3)}$ $\delta_{s(CH_3)}$
	磷化物	$CH_3—P$	1390～1420 1280～1210	m m	$\delta_{a(CH_3)}$ $\delta_{s(CH_3)}$
	卤化物	$CH_3—X$	1250～1470	m	$\delta_{a(CH_3)}$
亚甲基	烷烃	$—C—CH_2—C—$	2925±10 2850±10	s s	$\nu_{a(CH_2)}$ $\nu_{s(CH_2)}$
		$—C—(CH_2)_n—C—$	1465±20 750～720	m w～s	δ_{CH_2} $r_{(CH_2)n}$，$n\geqslant4$时出现此带
	环烷烃	$n=2$	2980±5 1030±15 866	m m m	$\nu_{a(CH_2)}$ $\nu_{s(CH_2)}$ 骨架振动
		$n=3$	3000 900～1000	m m	$\nu_{a(CH_2)}$ 骨架振动
		$n=4$	1445	m	δ_{CH_2}
		$n=5$	1450 1000～1055	m s	δ_{CH_2} 骨架振动
	环氧乙烷		3050 1500	m m	$\nu_{a(CH_2)}$ δ_{CH_2}
	酮	$—CH_2—CO—$	1415±10	s	δ_{CH_2}
	酸	$—CH_2—CO_2H$	1410	s	δ_{CH_2}
	烯炔	$—CH_2—CH=C<$ $—CH_2—C\equiv C—$	1430～1445 1430～1445	m m	δ_{CH_2}
	硫化物	$—CH_2—S$	1415～1440	m	δ_{CH_2}
	卤代烷	$—CH_2X$	1350～1410	m	δ_{CH_2}移向低频

续表 5-2

类 型		典型的结构式	吸收位置(cm^{-1})	强 度	归属和附注
叁键和累积双键	炔		2100～2140 3300～3310 630±15	s m～s s	
	腈	R—C≡N —S—C≡N	2210～2260 2140～2175	s→m s	
	重氮盐		2260±20	s	
	丙二烯	>C=C=C<	1950～2100 1070	m w	$\nu_{a(C=C=C)}$ $\nu_{s(C=C=C)}$
	烯酮	>C=C=O	2150 1120	s w	$\nu_{a(C=C=C)}$ $\nu_{s(C=C=C)}$
	叠氮	R—N—N⁺≡N	2120～2160 1180～1340	s w	$\nu_{a(N_3)}$常为双带 $\nu_{s(N_3)}$
	异氰酸酯	R—N=C=O	2250～2275 1350～1400	vs w	$\nu_{a(N=C=O)}$ $\nu_{s(N=C=O)}$
	异腈	R—N⁺≡C	2100～2200 1594	s w	
羰基	脂酮		1710～1715 1215～1325 约 1100	vs s m	$\nu_{(C=O)}$ 骨架振动 通常有几个谱带
	α,β-不饱和酮		1675±10	vs	$\nu_{(C=O)}$
	α-卤代酮		1735±10	vs	$\nu_{(C=O)}$
	α-二酮		1725±10	vs	$\nu_{C=O}$
	β-二酮		1700±10 1540～1640	vs vs	酮式 烯醇式
	芳酮		1690±10 1075～1225 1300	vs s m	$\nu_{C=O}$位置与苯环上取代基的性质有关
	双芳基酮		1665±5	vs	由于共轭移向低频
	邻羟基芳酮		1645±10	vs	分子内氢键
	环酮		1705～1780	vs	$\nu_{C=O}$

续表 5-2

类型		典型的结构式	吸收位置(cm^{-1})	强度	归属和附注
	脂肪醛		1730±10 1325~1440	vs s	$\nu_{C=O}$
	α,β-不饱和醛		1690±10	vs	
	芳香醛		1705±10	vs	
	醌	1,4 或 1,2	1675±10	vs	
	脂肪酸		1710±10 1395~1440 1210~1318	vs	$\nu_{C=O}$(二聚体) 单体出现在 1760 δ_{CH},ν_{C-O}
	α,β-不饱和酸		1710±10	vs	
	芳香酸		1690±10	vs	$\nu_{C=O}$(二聚体)
	邻取代芳酸		1660±5	vs	分子内氢键
	脂肪酯		1740±5 1050~1300	vs vs	$\nu_{C=O}$ ν_a,$\nu_{s(C-O-C)}$两个谱带
	α,β-不饱和脂		1735~1750 1100~1300	vs s	
羰	α-酮酯		1740~1755	vs s	
基	乙烯酸酯和苯酯		1780±20 1650~1690 1200±10	s vs vs	$\nu_{C=O}$ $\nu_{C=C}$有时可高达 1715 ν_{C-O-C}
	芳酸酯		1720±5 1250~1310 1100~1180	vs s	$\nu_{C=O}$ $\nu_{a(C-O-C)}$ $\nu_{s(C-O-C)}$
	芳香酸酯		1730~1740	vs	$\nu_{C=O}$
	邻取代芳酸酯		1670~1690	vs	
	内酯		1740~1830	vs	$\nu_{C=O}$
	酸酐		1820±5 1755±10	vs s	
	芳酸酐和α,β-不饱和酸酐	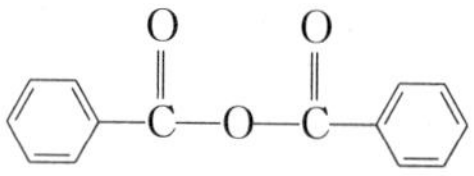	1785±5 1725±5	s vs	
	环酐	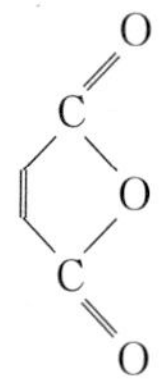	1850 1790	s vs	

续表 5-2

类型		典型的结构式	吸收位置(cm^{-1})	强度	归属和附注
羰基	酰卤	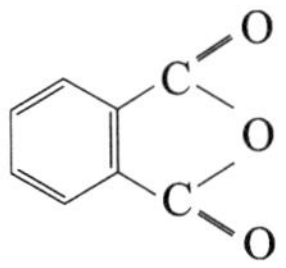	1850 1770 1800±15	s vs vs	
	过氧化酰		1780～1820 1755～1805	vs vs	$\nu_{C=O}$，R=脂基 $\nu_{C=O}$，R=芳基
	一级酰胺		约 1690 约 1650	s s	$\nu_{C=O}$稀溶液 $\nu_{C=O}$固态
	二级酰胺	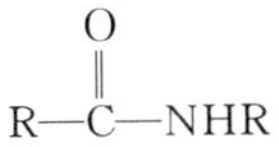	1670～1700 1630～1680	s s	$\nu_{C=O}$稀溶液 $\nu_{C=O}$固态
	三级酰胺	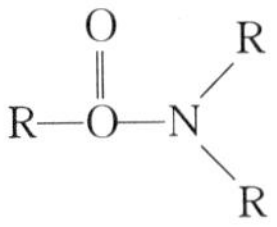	1630～1670	s	$\nu_{C=O}$游离和缔合
	内酰胺		1660～1700 ～1745	s s	$\nu_{C=O}$
	亚酰胺		1670 1730	s s	$\nu_{s\,C=O}$ $\nu_{s\,C=O}$
	尿素		1600±5	s	$\nu_{C=O}$
烯键和烯氢	乙烯		949		$\gamma_{=C-H}$
		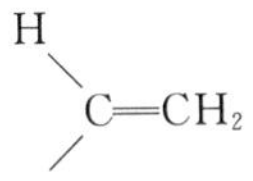	3020 1640～1660 983～1000	m m s	$\nu_{=C-H}$ $\nu_{C=C}$，总比 $\nu_{C=O}$ 强度低 $\nu_{=C-H}$
		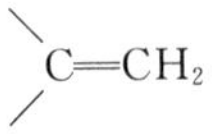	3085±5 1650～1655 885～905	m m s	$\nu_{=C-H}$ $\nu_{C=C}$ $\gamma_{=C-H}$，倍频在 1800～1860
	乙烯基	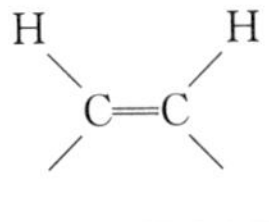	3010～3040 1655～1660 700±30	m m s	$\nu_{=C-H}$ $\nu_{C=C}$ γ_{C-H}
		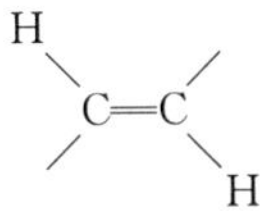	3010～3040 1670～1675 950～1000	m w s	ν_{C-H}分子对称，红外非活性 $\nu_{C=C}$ $\gamma_{=C-H}$
		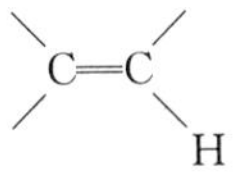	～1670 1375～1390 690～840	w～m w s	$\nu_{C=C}$ $\gamma_{=C-H}$ $\gamma_{=C-H}$

续表 5-2

类型		典型的结构式	吸收位置（cm^{-1}）	强度	归属和附注
烯键和烯氢	烯醚		1610～1650	m	$\nu_{C=C}$
	乙烯酯		1650～1690	s	$\nu_{C=C}$可高达 1715
	α,β-不饱和胺		1660～1700	m	
	氟代烯烃		1615～1650		$\nu_{C=C}$
	共轭多烯		1580～1650	m	$\nu_{C=C}$
	烯酮		1620～1645	m→s	$\nu_{C=C}$
	芳环共轭烯		1620～1625	m	$\nu_{C=C}$
	张力双键		1566～1651		$\nu_{C=C}$
	环外双键		1651～1678	m	$\nu_{C=C}$
芳香环	苯		3030～3040 1600～2000 950～1225 690～900	m w w s	ν_{C-H} 倍频与合频 指纹区
	芳香环		1600±5 1450～1580	m→s m	苯环骨架振动，吸收位置 骨架伸缩
	稠环体系		1450～1650		骨架振动
	单取代环		730～770 690～710	vs s	
	二取代	*o*-	735～770	vs	
		m-	860～900 860～900 680～725	m vs m→s	易与三取代混淆，但一般高频率带超过 770cm^{-1}
		p-	800～860		
	三取代	1,2,3-	660～800 690～725	s m	注意 δ_{CH}（面内）可与间二取代区别
		1,3,5-	830～910 810～891 673～730	m s s	
		1,2,4-	870～890 805～865	m s	
	四取代	1,2,3,4- 1,2,4,5- 1,2,3,5-	800～820 855～890 840～850	s m→s m→s	
	五取代		860～900	m	

知识三 基团频率的影响因素

基团频率主要由基团中原子的质量和原子间的化学键力常数决定。然而，分子内部结构和外部环境的改变对它都有影响，因而同样的基团在不同的分子和不同的外界环境中，其频率可能会有一个较大的范围。影响基团频率位移的因素大致可分为外部因素和内部因素。

1. 外部因素

(1)溶剂的极性：溶剂的极性越大，极性基团的伸缩振动频率越低。

(2)红外光谱仪色散元件性能的优劣影响相邻峰的分辨率。

(3)样品所处物态、制备样品的方法、结晶条件、吸收池厚度以及测试温度等。

2. 内部因素

(1)电子效应：电子效应包括诱导效应、共轭效应和中介效应，它们都是由于化学键的电子分布不均匀引起的。

①诱导效应(I 效应)：由于取代基具有不同的电负性，通过静电诱导作用引起分子中电子分布的变化，从而改变了键力常数，使基团的特征频率发生了位移。

例如，当电负性强的元素与 C═O 上的碳原子相连时，诱导效应将使 C═O 的振动频率升高，吸收峰向高波数移动。元素电负性越强，取代数目越多，这种诱导效应则越强，会导致吸收峰向高波数移动越明显。例如：

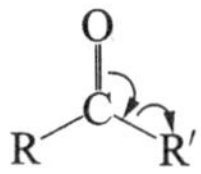

$1715cm^{-1}$

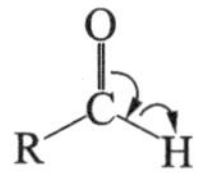

$1730cm^{-1}$

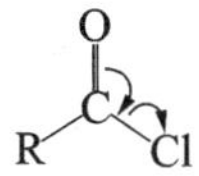

$1800cm^{-1}$

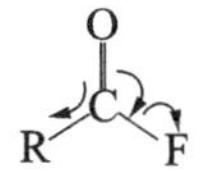

$1920cm^{-1}$

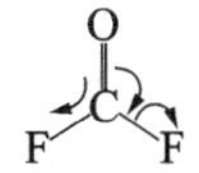

$1928cm^{-1}$

②共轭效应：当双键之间以一个单键相连时，双键电子之间发生共轭而离解，使原来基团中的双键性质减弱，降低了双键的键力常数，从而使双键的伸缩振动频率降低，但吸收强度提高。例如：

R—C(═O)—R′ $1715\ cm^{-1}$　　—C═C(R)—C═O $1665\sim1685\ cm^{-1}$

③中介效应(M 效应)：当含有孤对电子的原子(O、S、N 等)与具有多重键的原子相连时，也可起类似的共轭作用，称为中介效应。由于含有孤对电子的原子的共轭作用，使 C═O上的电子云更移向氧原子，C═O 双键的电子云密度平均化，造成 C═O 的键力常数下降，使吸收频率向低波数位移。

对于同一基团，若诱导效应和中介效应同时存在，则振动频率最后位移的方向和程度取决于这两种效应的结果。当诱导效应大于中介效应时，振动频率向高波数移动；反之，振动频率向低波数移动。

(2)氢键的影响：氢键的形成使电子云密度平均化，从而使伸缩振动频率降低。游离羧酸的 C ═O 键频率出现在 1760cm^{-1}左右，在固体或液体中，由于羧酸形成二聚体，C ═O 键频率出现在 1700cm^{-1}。分子内氢键不受浓度的影响，分子间氢键受浓度的影响较大。

(3)振动偶合：当两个振动频率相同或相近的基团相邻、具有一个公共原子时，由于一个键的振动通过公共原子使另一个键的长度发生改变，产生一个“微扰”，从而形成了强烈的相互作用。其结果是使振动频率发生变化，一个向高频移动，另一个向低频移动，谱带分裂。振动偶合常出现在一些二羰基化合物中，如羧酸酐。

(4)费米共振：当一振动的倍频与另一振动的基频接近时，由于发生相互作用而产生很强的吸收峰或发生分裂，这种现象称为费米共振。

项目 3　红外光谱仪

目前较普遍使用的红外光谱仪有色散型红外分光光度计和傅里叶变换红外光谱仪(Fourier transform infrared spectrometer，FTIR)。近年来，因傅里叶变换红外光谱仪体积小、操作稳定、易行，已在很大程度上取代了色散型红外光分光光度计。

知识一　色散型红外分光光度计

色散型红外分光光度计的组成部件与紫外-可见分光光度计相似，也是由光源、单色器、吸收池、检测器和记录仪等组成，但每一个部件的结构、所用材料及性能与紫外-可见分光光度计不同。它们的排列顺序也略有不同：红外分光光度计的试样放在光源和单色器之间，而紫外-可见分光光度计的试样放在单色器之后。试样被置于单色器之前，一来是因为红外辐射没有足够的能量引起试样的光化学分解，二来是可使抵达检测器的杂散辐射量(来自试样和吸收池)减至最小。

红外光谱非常复杂，大多数色散型红外分光光度计一般都采用双光束，这样可以消除 CO_2 和 H_2O 等大气气体引起的背景吸收。色散型双光束红外分光光度计的结构如图 5-5 所示。自光源发出的光对称分为两束：一束为试样光束，透过试样池；另一束为参比光束，透过参比池后与透过试样的光束汇合于斩光器，它使参比光束和样品光束交替进入单色器，经过棱镜或光栅色散后两光束交替投射到检测器。随着斩光器的转动，检测器交替接收试样光束和参比光束的信号，经放大器后进行记录，即得到一张红外吸收谱图。

1. 光源

红外分光光度计中常用的光源是硅碳棒或能斯特灯。硅碳棒由碳化硅烧结而成，工作温度为 1200～1500℃。硅碳棒的发光面积大、价格便宜、操作方便，使用波长范围较能斯特灯宽。

能斯特灯主要由混合的稀土金属(锆、钍、铈)氧化物制成，工作温度约为 1700℃，它的特点是发射强度高，使用寿命长，稳定性较好；缺点是价格较硅碳棒贵，机械强度差，操作不如硅碳棒方便。

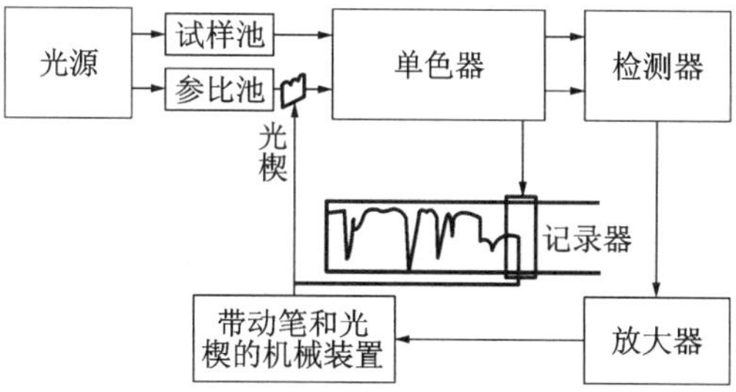

图 5-5 色散型双光束红外分光光度计结构示意图

2. 吸收池

因玻璃、石英等材料不能透过红外光，红外吸收池要用可透过红外光的 NaCl、KBr、CsI 等材料制成窗片。用 NaCl、KBr、CsI 等材料制成的窗片需注意防潮。固体试样常与纯 KBr 混匀压片，然后直接进行测定。

3. 单色器

单色器由色散元件、准直镜和狭缝构成。色散元件常用复制的闪耀光栅。由于闪耀光栅存在次级光谱的干扰，因此需将光栅和用来分离次光谱的滤光器或前置棱镜结合起来使用。

4. 检测器

常用的红外检测器有真空热电偶、辐射热测量计、热电检测器等。真空热电偶利用不同导体构成回路时的温差电现象，将温差转变为电位差。真空热电偶和辐射热测量计主要用于色散型分光光度计中。热电检测器是利用硫酸三苷肽的单晶片作为检测元件，其特点是响应速度快、噪声影响小、能实现高速扫描，主要用于傅里叶变换红外光谱仪中。

知识二 傅里叶变换红外光谱仪

傅里叶变换红外光谱仪于 20 世纪 70 年代问世，被称为第三代红外光谱仪。傅里叶变换红外光谱仪由红外光源、干涉仪（迈克尔逊干涉仪）、试样插入装置、检测器、计算机和记录仪等部分构成。核心部分为干涉仪，它将光源发出的信号以干涉图的形式送往计算机进行傅里叶变换的数学处理，最后将干涉图还原成光谱图。它与色散型红外分光光度计的主要区别在于干涉仪和电子计算机两部分。

傅里叶变换红外光谱仪的工作原理如图 5-6 所示：干涉仪将光源发出的光分成两光束后，再以不同的光程差重新组合，发生干涉现象。当两束光的光程差为 $\lambda/2$ 的偶数倍时，则落在检测器上的相干光相互叠加，产生明线，其相干光强度有极大值；相反，当两束光的光程差为 $\lambda/2$ 的奇数倍时，则落在检测器上的相干光相互抵消，产生暗线，相干光强度有极小值。由于多色光的干涉图等于所有各单色光干涉图的加和，故得到的是具有中心极大，并向两边迅速衰减的对称干涉图。

将样品放在干涉仪的光路中，样品吸收了其中某些频率的红外光，就会使干涉图的强度相应地产生一些变化，而这种变化了的干涉图包含了红外光谱的信息，再经计算机进行傅里叶变换，就可以得到吸光度或透光率随频率（或波数）变化的普通红外光谱图。

傅里叶变换红外光谱仪有如下优点：

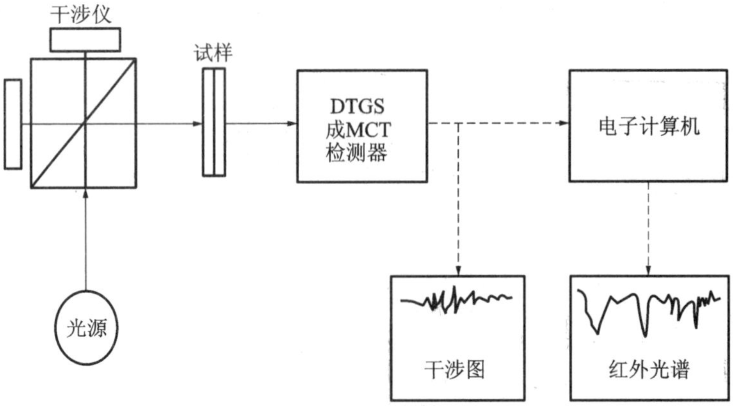

图 5-6 傅里叶变换红外光谱仪原理图

1. 扫描速度极快

傅里叶变换红外光谱仪是在整个扫描时间内同时测定所有频率的信息，一般只要 1s 左右即可。因此，它可用于测定不稳定物质的红外光谱。而色散型红外分光光度计在任何一瞬间只能观测一个很窄的频率范围，一次完整扫描通常需要 2min 以上。

2. 具有很高的分辨率

通常傅里叶变换红外光谱仪的分辨率达 0.005～0.1cm^{-1}，而一般棱镜型的仪器分辨率在 1000cm^{-1}处有 3cm^{-1}，光栅型红外光谱仪的分辨率也只有 0.2cm^{-1}。

3. 灵敏度高

因傅里叶变换红外光谱仪不用狭缝和单色器，反射镜面又大，故能量损失小，到达检测器的能量大，可检测 10^{-8}g 数量级的样品。

4. 杂散光低

在整个光谱范围内杂散光低于 0.3%。

除此之外，傅里叶变换红外光谱仪的光谱范围宽（10～10000cm^{-1}）、测量精度高，其波数精度最高可达0.01cm^{-1}，特别适合于与气相色谱仪联机或研究化学反应机理等。

Spectrum 100 傅里叶变换红外光谱仪的操作基本规程如下。

1. 开机

开机时，先后打开主机电源和计算机电源，待进入 Windows 界面后，再启动 Spectrum 程序进入 Spectrum。

2. 确认仪器状态

点击 Instrument 下的 Monitor，进入仪器监测界面。分别点击能量和单光束图，观察能量水平和单光束图是否正常。点 Exit 退出。

3. 采集样品光谱

加样后，点击 Instrument 下的 Scan 命令，出现样品扫描窗口，设定谱图文件名(Filename)，酌情填写描述(Description)及注解(Comments)，在 Scan 页面根据需要设定扫描范围(Range)和扫描次数，点击 Apply 执行，再点击 OK 进行扫描，出现询问是否覆盖(Overwrite)的提示窗口时根据情况选择。

4. 谱图的处理

根据需要，可以激活一个或多个谱图，然后点击相应的命令，对光谱进行功能处理，如坐标转换、光谱处理、光谱解析、平滑处理、导数光谱、基线校正等。

5. 打印光谱图

根据谱图情况决定是否进行处理。使用 Text 命令在谱图上标注样品名称、测试人员姓名、测试日期等，并放在适当位置，使用 View Format 命令将显示范围设定为 4000～400cm^{-1}和透过率 0～100%，或根据需要设定特定的范围，然后点击 Print 打印。也可以点击 File 菜单下的 Copy to Report，使用报告模板格式打印光谱图。

6. 关机

(1)先关闭 Spectrum 应用软件，再关闭仪器电源，盖上仪器防尘罩。

(2)在记录本上记录使用情况。

7. 清洗压片模具和玛瑙研钵

KBr 对钢制模具的平滑表面会产生极强的腐蚀性，因此模具用后应立即用水冲洗，再用去离子水冲洗三遍，用脱脂棉蘸取乙醇或丙酮擦洗各个部分，然后用电吹风吹干，保存在干燥箱内备用。玛瑙研钵的清洗与模具的清洗相同。

红外光谱仪的日常维护如下：

(1)仪器操作间内的温度最好控制在 20～ 25℃。如果温度太高或太低，仪器不能正常工作。

(2)仪器操作间的相对湿度最好维持在 50%左右。安装空调后，夏天能除去室内的一部分水汽，但很难将室内相对湿度降到 50%左右。夏天湿度太高时，有条件的应在仪器操作间安放一部除湿机。

(3)仪器操作间的窗户最好安装双层玻璃。平时仪器操作间的窗户应关严，若需要开窗通风，则通风后应尽快将窗户关上，注意防尘。

(4)如果长期不使用，仪器很容易损坏。即使不使用仪器，每个星期也至少应给仪器通电几个小时。

(5)红外光谱仪中的分束器和检测器最怕受潮，应保持仪器内部干燥。

(6)要经常观察干燥剂的颜色，及时再生或更换失效的干燥剂。

(7)红外光谱仪在使用期间每两三年应自检一次。不管仪器是否参与计量认证或计量认可，都应对仪器的性能进行检测，以保证出具的分析测试数据的可靠性。

(8)当测试的样品数达到一定数量时，应将光谱数据刻录在光盘上或将数据复制在移动盘上作为备份，以防计算机遭病毒攻击时，或计算机出现故障不能启动时丢失光谱数据。

(9)有关的红外软件如果刻录有效，应将红外软件刻录在新的光盘上，留有备份。

(10)如果使用红外附件测试样品，在调用红外附件测试参数之后，将上述有关数据记备案。这样做的目的是在以后使用相同的红外附件时或在相同的测试条件下，检查仪器的工作状态是否和以前记录的相同，是否达到最佳工作状态。

项目 4　红外光谱分析的实验技术

知识一　试样制备技术

要获得一张高质量的红外光谱图，除了仪器本身的因素外，还必须有合适的试样制备方法。

（一）红外光谱法对试样的要求

红外光谱法的试样可以是液体、固体或气体，一般应要求：

(1)试样应该是单一组分的纯物质，纯度应大于 98%或符合商业规格才便于与纯物质的标准光谱进行对照。对于多组分试样，应在测定前尽量预先用分馏、萃取、重结晶或色谱法进行分离提纯，否则各组分光谱相互重叠，难以判断。

(2)试样中不应含有游离水。水本身有红外吸收，会严重干扰样品谱图，而且会侵蚀吸收池的盐窗。

(3)试样的浓度和测试厚度应选择适当，以使光谱图中的大多数吸收峰的透射比处于 10%～80%范围内。

（二）制样的方法

1. 气体试样

气态试样可在气体吸收池中进行测定。先将气体吸收池抽真空，再将试样注入。

2. 液体试样

(1)液体池法：沸点较低、挥发性较大的试样，可注入封闭液体池中。液体池构造如图 5-7 所示，由后框架、窗片框架、垫片、后窗片、间隔片、前窗片和前框架 7 个部分组成。一般后框架和前框架由金属材料制成，前窗片和后窗片为氯化钠、溴化钾等晶体薄片，间隔片常由铝箔和聚四氟乙烯等材料制成，起着固定液体样品的作用，厚度为 0.01～2mm。

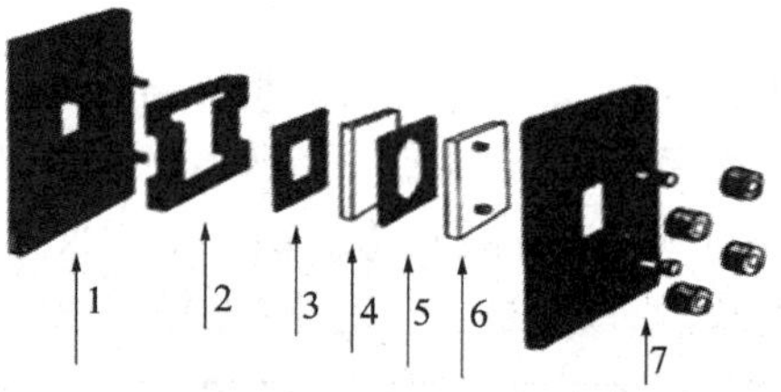

图 5-7　液体池构造示意图

1—后框架；2—窗片框架；3—垫片；4—后窗片；5—间隔片；6—前窗片；7—前框架

液体池的装样操作：将吸收池倾斜 30°，用注射器（不带针头）吸取待测试样，由下孔注入，直到上孔看到试样溢出为止，用聚四氟乙烯塞子塞住上、下注射孔，用高质量的纸巾擦去溢出的液体后，便可进行测试。

在液体池装样操作过程中应注意以下几点：①灌样时要防止气泡；②试样要充分溶解，不应有不溶物进入液体池内；③装试样时不要将试样外溢到窗片上。

液体池的清洗操作：测试完毕，取出塞子，用注射器吸出试样，由下孔注入溶剂，冲洗 2～3次。冲洗后，用吸耳球吸取红外灯附近的干燥空气吹入液体池内，以除去残留的溶剂，然后放在红外灯下烘烤至干，最后将液体池存放在干燥器中。注意：液体池在清洗过程中或清洗完毕时，不要因溶剂挥发而致使窗片受潮。

(2)液膜法：在可拆池两窗之间滴上1～2滴液体试样，使之形成薄的液膜。液膜厚度可借助于池架上的固紧螺丝做微小调节。该法操作简便，适用于对高沸点及不易清洗的试样进行定性分析。

对于一些吸收很强的液体，当用调整厚度的方法仍然得不到满意的谱图时，可用适当的溶剂配成稀溶液进行测定。对于一些固体，也可以溶液的形式进行测定。常用的红外光谱溶剂应在所测光谱区内本身没有强烈的吸收、不侵蚀盐窗、对试样没有强烈的溶剂化效应等。常用的溶剂为二硫化碳、四氯化碳、三氯甲烷、环己烷等。

(3)溶液法：将液体(或固体)试样溶在适当的红外光谱溶剂中，如二硫化碳、四氯化碳、三氯甲烷等，然后注入固定池中进行测定。该法特别适合于定量分析。

3.固体试样

固体试样的制备，除前面介绍的溶液法外，还有粉末法、糊状法、压片法、薄膜法等，其中尤以压片法最为常用。

(1)压片法：该法是固体试样红外光谱测定的标准方法，适用于可以研细的固体试样。溴化钾压片法的具体操作如下。

①研磨：取1mg左右固体试样和150mg光谱纯KBr，在玛瑙研钵中研磨。试样和KBr都应经干燥处理，研磨到粒度小于2μm，以免散射光影响。试样量多少视其自身性质而定，一般能保持其光谱的最强吸收峰的吸光度在0.5～1.4之间比较合适。溴化钾不需要称量，大约150mg即可。

②装模：压片机的构造如图5-8所示。压片机由压杆，上、下鸭舌，底座，套筒，套圈，弹簧和橡胶圈等组成。两个压舌的直径为13mm，压舌的表面光洁度很高，以保证压出的薄片表面光滑。因此，使用压片机时要注意样品的粒度、湿度和硬度，以免损伤压舌表面的光洁度。

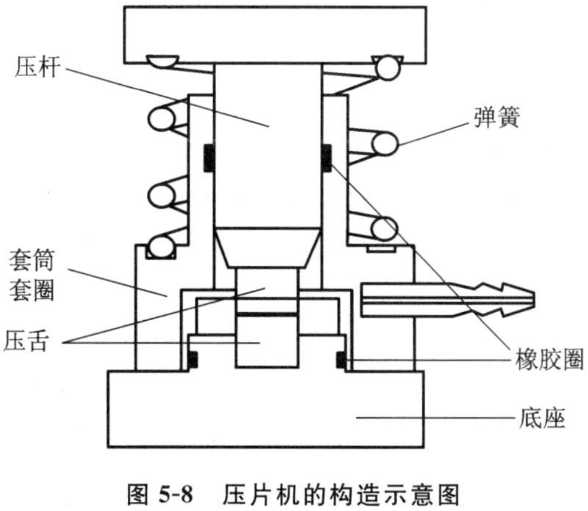

图5-8　压片机的构造示意图

组装压模时，将其中一个压舌光洁面朝上放在底座上，并装上压片套圈，加入研磨后的试样，再将另一压舌光洁面朝下压在试样下，轻轻转动以保证试样面平整，最后顺序放入压片套筒、弹簧和压杆。

③压片：将压片模具整体放到压片机上，施加8～10t的压力，制成厚约1mm、直径约10mm的透明或半透明薄片，然后进行测定。

(2)糊状法:该法是将固体试样研成细末,滴入几滴糊剂(液体石蜡油),继续研磨成糊状,然后夹在两窗片之间进行测定。用石蜡油做糊剂不能用来测定饱和碳氢键的吸收情况,此时可以采用六氯丁二烯代替石蜡油做糊剂。

(3)薄膜法:把固体试样制成薄膜来测定,主要用于高分子化合物的测定。薄膜的制备方法有两种:一种是直接将试样放在盐窗上加热,熔融试样涂成薄膜;另一种是先把试样溶于挥发性溶剂中制成溶液,然后滴在盐片上,待溶剂挥发后,试样遗留在盐片上而形成薄膜。制成的膜直接插入光路即可进行测定。

在国家药典委员会编印出版的《药品红外光谱集》第一卷、第二卷共收载的 893 种光谱图中有 8 个品种用糊状法,有 20 个品种用薄膜法,其余用压片法。

知识二　定性鉴定

1. 已知物的鉴定

将试样的谱图与标准物的谱图进行对照,或者与文献上的谱图进行对照。如果两张谱图各吸收峰的位置和形状完全相同,峰的相对强度一样,就可以认为试样是该种标准物。如果两张谱图不一样,或峰位不一致,则说明两者不为同一化合物,或样品有杂质。如用计算机谱图检索,则采用相似度来判别。使用文献上的谱图应当注意试样的物态、结晶状态、溶剂测定条件以及所用仪器类型均应与标准谱图相同。

2. 未知物结构的测定

测定未知物的结构是红外光谱法定性分析的一个重要用途。如果未知物不是新化合物,可以通过谱图解析或检索标准谱图库的方法确定其结构。对于新化合物,只能通过谱图解析,并结合其他分析方法来确定其结构。

知识三　定量分析

红外光谱定量分析是通过对特征吸收谱带强度的测量来求出组分含量。其理论依据是 Lambert-Beer 定律。由于红外光谱的谱带较多,选择的余地大,因此能方便地对单一组分和多组分进行定量分析。此外,该法不受样品状态的限制,能定量测定气体、液体和固体样品。因此,红外光谱定量分析应用广泛。但红外光谱定量分析的灵敏度较低,尚不适用于微量组分的测定。用傅里叶变换红外光谱仪进行定量测定可克服这些不足。红外光谱定量分析方法很多,视被测物质的情况和定量分析的要求可采用直接计算法、工作曲线法、吸光度比法和内标法等。

1. 直接计算法

这种方法适用于组分简单、特征吸收谱带不重叠,且浓度与吸收呈线性关系的样品。直接从谱图上读取吸光度 A 值,再按 Lambert-Beer 定律算出组分含量 c。这一方法的前提是先测出样品厚度 l 及摩尔吸光系数 ε。分析精度不高时,可用文献报道的 ε 值。

2. 工作曲线法

在固定液层厚度和入射光强度的条件下,测定一系列标准溶液(不同浓度)的吸光度,绘制出测定物质的吸光度-浓度关系曲线,即工作曲线。在相同条件下测得试液的吸光度,从工作曲线上查出试液的浓度。

这种方法适用于组分简单、样品厚度一定(一般在液体样品池中进行)、特征吸收谱带重叠较少，而浓度与吸光度呈线性关系的样品。

3.吸光度比法

该法适用于厚度难以控制或不能准确测定其厚度的样品，例如厚度不均匀的高分子膜、糊状法的样品等。这一方法要求各组分的特征吸收谱带相互不重叠，且服从于 Lambert-Beer 定律。如有二元组分 X 和 Y，根据 Lambert-Beer 定律，应存在以下关系：

$$A_X = \varepsilon_X c_X l_X$$

$$A_Y = \varepsilon_Y c_Y l_Y$$

由于是在同一被测样品池中，故厚度是相同的，$l_X = l_Y$。

其吸光度比 R 为：

$$R = \frac{A_X}{A_Y} = \frac{\varepsilon_X c_X l_X}{\varepsilon_Y c_Y l_Y} = K\frac{c_X}{c_Y}$$

式中的 K 称为吸收系数比。本方法适用的前提是不允许含其他杂质。吸光度比法也适合于多元体系。

4.内标法

此法适用于厚度难以控制的糊状法、压片法等的定量工作，可直接测定样品中某一组分的含量。具体做法为：选择一个合适的纯物质作为内标物，用待测组分标准品和内标物配制一系列不同比例的标样，测量它们的吸光度，绘出工作曲线。在相同条件下测得试样的吸光度，从工作曲线上查出对应的浓度。

【读一读】

2006 年，齐齐哈尔第二制药厂用二甘醇（一缩二乙二醇，$HOCH_2CH_2OCH_2CH_2OH$）代替了丙二醇生产的假药亮菌甲素注射液导致多名患者肾衰竭的事件发生。

调查了解到，齐齐哈尔第二制药厂在对药品的原料、成品等检验环节存在较大漏洞，检验人员没有按照国家对药品生产的规定，对药品从原料加工到成品的每个环节都进行检查，而且化验室 11 名职工中竟无一人会进行图谱的分析操作，最终导致假药流入市场。据了解，在药品成品前的诸多检查项目中，“鉴别”环节最为重要，它要求本品的红外吸收图谱应与对照的标准图谱一致。而通过对齐齐哈尔第二制药厂的化验员的询问，该公司根本无标准的药品红外光谱，因此无法进行对比。

做一做

实验一　阿司匹林的红外光谱测定

一、实验目的

1.掌握压片法的操作方法。

2.掌握红外光谱仪的操作方法。

3. 掌握谱图解析的方法。

二、实验原理

红外光谱是研究分子振动和转动信息的分子光谱，它反映了分子化学键的特征吸收频率，可用于化合物的结构分析和定量测定。

傅里叶变换红外光谱仪主要由红外光源、迈克尔逊干涉仪、检测器、计算机等系统组成。光源发射的红外光经干涉仪处理后照射到样品上，透射过样品的光信号被检测器检测到后以干涉信号的形式传送到计算机，由计算机进行傅里叶变换的数学处理后得到样品的红外光谱图。

三、仪器与试剂

1. 仪器：红外分光光度计、片剂成型器、真空泵、手压机、玛瑙研钵。
2. 试剂：供试阿司匹林、光谱纯 KBr。

四、操作步骤

1. 取光谱纯 KBr，用玛瑙研钵研磨细，过 200 目筛，于 120℃烘 4h，贮于干燥瓶内备用。

2. 取 1～2mg 阿司匹林放入玛瑙研钵中，研磨细，加干燥 KBr 200mg，研磨 1～2min，用干净的药匙将混合物收集在一张合适大小的硫酸称量纸中，包好，放入干燥器中备用。将干净的片剂成型器边框和上、下冲模取出，将下冲模放入底座，光面向上，小心倒入研磨好的待测混合物，轻轻撞击模具，使混合物均匀分散在冲模上。

插入冲头，旋转几次，使样品混合物铺平，取出冲头，将上冲模光面向下放入，加上边框与弹簧，将冲头插入模框，使密封圈贴紧。

抽真空 2min，加压至 0.8×10^6～1.0×10^6 kPa，继续抽真空保持 2min。撤去压力，放气，取出冲模，将片框放置于预置的圆形托圈上，放置在手压机上，轻轻加压，使下冲模落下，取出待测样品片。

3. 同法，制取不含样品的溴化钾空白片，备用。

4. 打开红外分光光度计开关，预热 30min，选择相应的程序（透光率、吸光度），设定好仪器参数，装好样品，测定阿司匹林的红外光谱。

五、注意事项

1. 测定时实验室的温度应在 15～30℃，相对湿度应在 65％以下（H_2O 的存在会使谱图在 3400cm^{-1}、1640cm^{-1}、650cm^{-1} 处有干扰吸收峰出现）。

2. 所用的溴化钾应检查质量，在 400～4000cm^{-1} 内应无明显的干扰吸收。

3. 溴化钾粘留在模框上会使金属生锈，因此压片后应用乙醇将冲模、片框及筛网洗净，并用擦镜纸擦干，放置在干燥器中保存。

4. 所有操作应迅速，宜在红外灯下进行，以免吸水影响压片质量（片子不透明）。

5. 红外分光光度计宜放在通风处，以免室内 CO_2 聚集过多，干扰测定。

议一议：

为什么本实验中的所有操作应在红外灯下进行？

实验二 奶粉中苯甲酸钠的含量测定

一、实验目的

1. 掌握标准曲线法定量分析的原理和操作过程。

2. 掌握红外光谱进行单组分定量分析的方法。

二、实验原理

红外光谱定量分析法的依据是 Lambert-Beer 定律。$A=\varepsilon cl$ 式中，c 表示样品的浓度(单位为 mol/L)；l 表示光程，通常为样品池的厚度(单位为 cm)；ε 为摩尔吸光系数，在数值上等于单位光程(1cm)、溶液浓度为 1mol/L 时的吸光度。

苯甲酸钠的特征吸收峰为 1555cm^{-1}，测定一系列浓度不同的固体标准溶液(苯甲酸钠-溴化钾压片)的红外光谱图，求得不同浓度苯甲酸钠固体溶液在该波数下的吸光度，并以吸光度为纵坐标，以相应的浓度为横坐标，绘制标准曲线。用同样的方法和操作条件测得待测奶粉样品的吸光度，从而查出样品溶液中奶粉的含量，计算出苯甲酸钠的含量。

三、仪器与试剂

1. 仪器：傅里叶变换红外光谱仪、压片机、压片模、玛瑙研钵、不锈钢药匙、不锈钢镊子(两个)、电吹风机、红外灯、样品夹板、干燥器、电子分析天平。

2. 试剂：苯甲酸钠(分析纯)、KBr(光谱纯)、丙酮(分析纯)、奶粉(市售)。

四、操作步骤

1. 准备工作

(1)开机：打开红外光谱仪主机电源，预热 20min。

(2)打开计算机，进入软件系统(即工作站)。

(3)用脱脂棉蘸丙酮擦洗玛瑙研钵及钵锤、不锈钢药匙及镊子、压片模各部件，用电吹风机吹干。

2. 0.5%固体标准溶液的配制：准确称取苯甲酸钠 5.0mg 和溴化钾 995.0mg，于玛瑙研钵中研细、混匀，放入干燥器中待用。

3. 工作曲线的绘制：分别准确称取配好的固体标准溶液 20.0mg、40.0mg、60.0mg、80.0mg、100.0mg，各加入相应余量的溴化钾混合研细成 200mg 样品，每一样品取 50mg 压片，测定红外光谱图，根据 1555cm^{-1} 处的吸光度，绘制工作曲线。

4. 样品的测定：准确称取 2g 溴化钾和 5mg 奶粉，混匀、研细，放在干燥器中待用(称为样品溶液)。从中称取三份各 50mg，分别压片并测定红外光谱图，求得其在 1555cm^{-1} 处的吸光度，取三次测得的吸光度的平均值，根据工作曲线查得样品溶液中苯甲酸钠的浓度，计算奶粉中苯甲酸钠的含量。

五、数据处理

1. 工作曲线

标 样	1	2	3	4	5
浓 度					
吸光度					

2. 样品测定结果

样 品	1	2	3	平均值
吸光度				
浓 度				

议一议：

固体标准溶液的配制应注意哪些问题？

【读一读】

红外光谱仪操作技能量化考核标准

项 目	评分要素	配分	评分标准	扣分	得分	备注
样品制备（20分）	压片法制样	5	用无水乙醇洗玛瑙研钵，用擦镜纸擦干，红外灯下干燥			
		5	取2～3mg固体样品与200～300mg干燥的KBr粉末，于玛瑙研钵中研磨、混匀			
		10	取70～90mg固体样品放入干净的压模内，在压片机上于一定压力下压制1min成薄片			
开机操作（10分）	外观检查	5	按要求连接好电源线			
	开机、预热	5	开启电源开关，预热（规定时间）			
选择操作参数（10分）	设定操作参数	10	正确选择操作参数，将仪器调到正常工作状态（根据使用的仪器型号按说明书进行）			
样品图谱的扫描（10分）	扫描样品（压片法）	10	将扫描样品正确放入样品室			
工作软件的操作（10分）	操作软件的使用	10	正确使用操作软件			
谱图解析（10分）	鉴定化合物	10	指出样品谱图主要吸收峰的归属			

续表

项 目	评分要素	配分	评分标准	扣分	得分	备注
实验结束（20分）	关机操作	5	按操作规范关机			
	玛瑙研钵的清洗	5	用无水乙醇清洗			
	清洗模具	5	用无水乙醇将模具、片框等洗净，用擦镜纸擦干放置于干燥器中			
	实验台面	5	实验台面整洁，填写仪器使用记录			
实验时间（10分）	完成时间	10	规定时间内完成			
	总 分	100	合计			

练一练

一、填空题

1. 一般的红外吸收光谱主要指__________，波数在__________之间。

2. __________区域的峰是由伸缩振动产生的吸收带。由于基团的特征吸收峰一般位于高频范围，并且在该区域内吸收峰比较__________，因此，它是基团鉴定工作最有价值的区域，称为__________。

3. __________使共轭体系具有共面性，且使其电子云密度__________，造成双键略有伸长，单键略有缩短，因此，双键的吸收频率向__________方向位移。

4. 由于取代基具有不同的电负性，通过静电__________，引起分子中电子分布的变化，改变了键的__________，使键或基团的特征频率发生位移。

二、名词解释

波数　基频峰　泛频峰　特征峰　相关峰　官能团区　指纹区

三、选择题

1. 红外光谱是(　　)。

A. 分子光谱　B. 原子光谱　C. 吸光光谱　D. 电子光谱　E. 振动光谱

2. 当红外光激发分子振动能级跃迁时，化学键越强，则(　　)。

A. 吸收光子的能量越大　B. 吸收光子的波长越长　C. 吸收光子的频率越高

D. 吸收光子的数目越多　E. 吸收光子的波数越大

3. 在下面各种振动模式中，不产生红外吸收的是(　　)。

A. 乙炔分子中—C≡C—对称伸缩振动

B. 乙醚分子中 O—C—O 不对称伸缩振动

C. CO_2 分子中 C—O—C 对称伸缩振动

D. H_2O 分子中 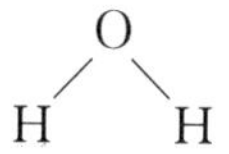 对称伸缩振动

E. HCl 分子中 H—Cl 伸缩振动

4. 下面五种气体，不吸收红外光的是(　　)。

A. H_2O　　B. CO_2　　C. HCl　　D. N_2　　E. CH_4

5. 分子不具有红外活性者，必须是(　　)。

A. 分子的偶极矩为零　　B. 分子没有振动　　C. 非极性分子

D. 分子振动时没有偶极矩变化　　E. 双原子分子

四、问答题

1. 物质分子产生红外吸收的条件是什么？

2. 红外光谱定性分析的基本依据是什么？

3. 简述红外光谱法的特点。

4. 比较色散型红外分光光度计和傅里叶变换红外光谱仪的组成结构和特点。

5. 红外光谱法中常用的试样制备方法是什么？其操作要点是什么？

6. 试述—OH、—NH_2、—C═O、—CH_3—CH_2—和苯环骨架伸缩振动的频率范围。

模块 6　气相色谱法

知识目标

1. 理解主要的名词和术语：载气、峰宽、峰高、保留值、保留时间、毛细管柱、死体积、分离度。
2. 掌握气相色谱仪的基本原理、定性及定量方法。
3. 认识不同检测器的适用范围。

技能目标

1. 掌握气相色谱仪的使用和操作方法。
2. 能熟悉地对气相色谱仪进行日常维护。
3. 掌握气相色谱仪的数据处理方法。

项目 1　气相色谱的基础知识

知识一　色谱法概述

色谱法是一种重要的分离分析方法，它是基于混合物不同组分在两相中具有不同的分配系数（或吸附系数、渗透性等）特性，当两相作相对运动时，不同组分在两相中进行多次反复分配实现分离后，通过检测器得以检测，从而进行定性、定量分析。其中不动的一相称为固定相，而携带混合物流过此固定相的流体称为流动相。混合物由流动相携带经过固定相时，不同组分因其性质和结构上的差异，与固定相发生作用的大小、强弱有所差异。在同一推动力作用下，不同组分与固定相进行多次反复分配，使其在固定相中的滞留时间有所不同，从而按先后不同次序从固定相中流出。这种在两相间反复分配而使混合物中各组分分离的技术，称为色谱法（chromatography），又称色层法、层析法。

色谱法可按不同角度分为多种类型。

(1)按流动相的物态，色谱法可分为气相色谱法（流动相为气体）、液相色谱法（流动相为液体）和超临界色谱法（流动相为超临界流体）。按固定相的物态，则色谱法可分为气固色谱法（固定相为固体吸附剂）、气液色谱法（固定相为涂在固体担体上或毛细管壁上的液体）、液固色谱法和液液色谱法等。

(2)按固定相使用的形式，色谱法可分为柱色谱法（固定相装在色谱柱中）、纸色谱法（固定相为滤纸）和薄层色谱法（将吸附剂粉末制成薄层作固定相）等。

(3)按分离过程的机制，色谱法可分为吸附色谱法（利用吸附剂表面对不同组分的物理吸附性能的差异进行分离）、分配色谱法（利用不同组分在两相中有不同的分配系数进行分离)、离子交换色谱法(利用离子交换原理)和排阻色谱法(利用多孔性物质对不同大小分子的排阻作用)等。

知识二　气相色谱法

气相色谱法(gas chromatography,GC)是采用气体作为流动相的一种色谱法。典型的气相色谱仪流程如图 6-1 所示。

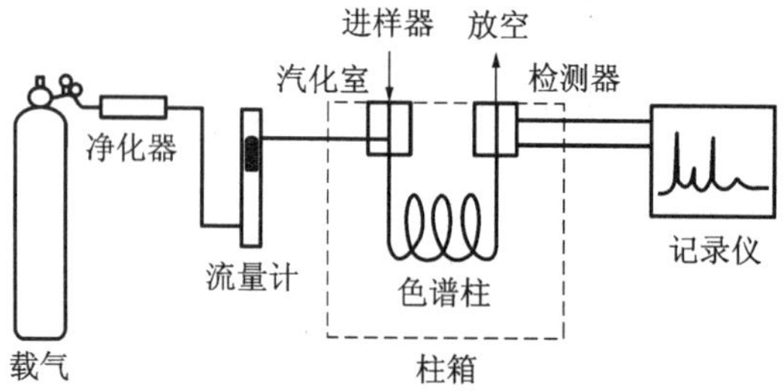

图 6-1　气相色谱仪流程

具有稳定流量的载气(不与被测物作用、载送试样的惰性气体,如氢气、氮气等),将进样后的样品在汽化室汽化后,带入色谱柱得以分离,不同组分先后从色谱柱中流出,经过检测器和记录仪,得到由代表不同组分及浓度的色谱峰组成的色谱图(组分的浓度信号为纵坐标,时间为横坐标)。气相色谱仪通常由下列 5 部分组成:

(1)载气系统,包括气源、净化器、气体流量控制仪和测量仪等。载气通常为氮气、氦气和氢气,由高压气瓶供给。由高压气瓶出来的载气需经过装有活性炭或分子筛的净化器,以除去载气中的水、氧等有害杂质。由于载气流速的变化会引起保留值和检测灵敏度的变化,因此,一般采用稳压阀、稳流阀或自动流量控制装置,以确保流量恒定。载气气路有单柱单气路和双柱双气路两种。前者比较简单,后者可以补偿因固定液流失、温度波动所造成的影响,因而基线比较稳定。

(2)进样系统,包括进样器和汽化室。气体样品可以用注射器进样,也可以用定量阀进样。液体样品用微量注射器进样,或固体样品溶解后用微量注射器进样。样品进入汽化室后在一瞬间就被汽化,然后随载气进入色谱柱。根据分析样品的不同,汽化室温度可以在 50～400℃范围内任意设定。通常,汽化室的温度要比使用的最高柱温高 10～50℃,以保证样品全部汽化。进样量和进样速度会影响色谱柱效率。进样量过大造成色谱柱超负荷,进样速度慢会使色谱峰加宽,影响分离效果。

(3)分离系统,包括色谱柱和温控柱箱。

(4)检测系统,主要是检测器。从色谱柱流出的各个组分,通过检测器把浓度信号转换成电信号,经放大后送到记录仪得到色谱图。所以检测器是测定流动相中组分的敏感器,是色谱仪的关键部件之一。

根据不同的检测原理,检测器可分为浓度型检测器和质量型检测器两种。浓度型检测器测定流出组分浓度的瞬间变化,即响应值和组分的浓度成正比,常用的有热导检测器和电子捕获检测器等。质量型检测器测定的是组分的质量流速,即响应值和单位时间内进入检测器的该组分质量成正比,常用的为氢火焰离子化检测器和火焰光度检测器等。

(5)记录和数据处理系统,包括放大器、记录仪和色谱数据处理系统。

知识三 气相色谱的基本理论

色谱分析的关键是样品中各组分的分离。欲使两组分分离，它们的色谱峰之间必须有足够的距离，同时色谱峰必须很窄，才能达到完全分离的目的。前者是由各组分在两相之间的分配系数所决定的，即与色谱过程的热力学因素有关，而峰的宽度则由色谱柱的柱效决定，即与色谱动力学过程有关。本部分简要介绍有关术语和基本理论，以助于正确选择色谱条件，达到组分完全分离的目的。

试样中各组分经色谱柱分离，先后流出色谱柱，由检测器得到的信号大小随时间变化形成的色谱流出曲线如图 6-2 所示。色谱峰一般是一条高斯分布曲线。

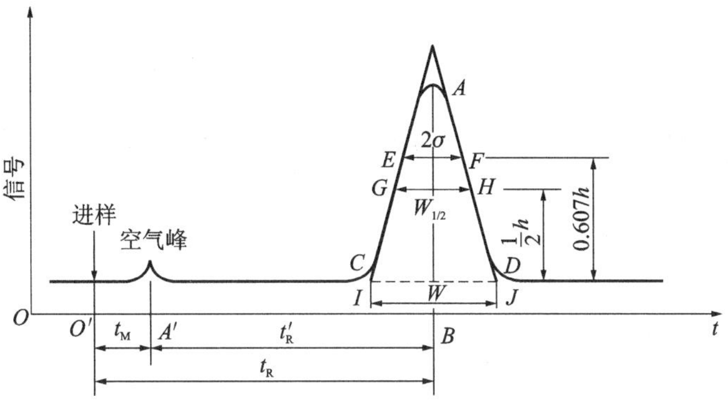

图 6-2 色谱流出曲线

1. 基线

当色谱柱后没有组分通过检测器时，仪器记录到的信号称为基线。它反映了随时间变化的检测器系统噪声。稳定的基线是一条直线。

2. 峰高

色谱峰最高点与基线之间的距离称为色谱峰高，用 h 表示。

3. 峰宽

色谱峰宽有 3 种表示方法：

(1)标准偏差——0.607 倍峰高处色谱峰宽度的一半。

(2)半峰宽——峰高为一半处的宽度，用 $W_{1/2}$ 表示。

(3)基线宽度——从峰两边拐点做切线，切线与基线交点间的距离，用 W 表示。

4. 保留值

保留值表示试样中各组分在色谱柱中的滞留时间的数值，常用时间或组分带出色谱柱所需载气的体积表示。保留值由色谱分析过程中的热力学因素决定，在一定的固定相和操作条件下，任何一种物质都有一个确定的保留值，这样就可以作为定性参数。

(1)保留时间 t_R：指被测组分从进样到柱后出现浓度极大值时所需的时间，如图 6-2 中的 $O'B$；

(2)死时间 t_M：不与固定相作用的物质(如空气、甲烷等)的保留时间，如图 6-2 中的 $O'A'$；

(3)调整保留时间 t'_R：指扣除死时间后的保留时间(即 $t'_R = t_R - t_M$)，如图 6-2 中的 $A'B$。

(4)死体积 V_M：不被固定相滞留的组分，从进样到出现峰极大值所需要的载气体积。

$$V_M = t_M q_{V,0}$$

式中，$q_{V,0}$表示校正到柱温、柱压下载气在柱内的平均体积流速，mL/min。V_M反映了柱和仪器系统的几何特性，它与被测物的性质无关。

（5）保留体积V_R：从进样开始到柱后被测组分出现浓度最大值时所通过的载气体积，即

$$V_R = t_R q_{V,0}$$

V_R与在载气流量无关。

（6）调整保留体积V'_R：扣除死体积后的保留体积，即

$$V'_R = t'_R q_{V,0} \text{ 或 } V'_R = V_R - V_M$$

（7）相对保留值r_{21}（又称选择因子α）：某组分2的调整保留值与组分1的调整保留值之比，即

$$r_{21} = \frac{t'_{R(2)}}{t'_{R(1)}} = \frac{V'_{R(2)}}{V'_{R(1)}} \neq \frac{t_{R(2)}}{t_{R(1)}} \neq \frac{V_{R(2)}}{V_{R(1)}}$$

相对保留值只与柱温和固定相性质有关，与其他色谱操作条件无关，它表示了固定相对这两种组分的选择性，广泛用作色谱定性分析的依据。

通过色谱流出曲线可解决以下问题：

（1）色谱峰个数：判断样品中所含组分的最少个数；

（2）色谱保留值：定性分析；

（3）色谱峰面积或峰高：定量分析；

（4）色谱保留值及区域宽度：评价色谱柱的分离效能；

（5）峰间距离：评价固定相和流动相选择是否合适。

知识四　色谱分离条件的选择

（一）分离度

1. 柱温的选择

柱温不能高于固定液最高使用温度。柱温低，两相不能迅速达到平衡，柱效下降，分离时间增加；柱温高，使各组分的挥发靠拢，不利于分离。

选择原则：能使最难分离的组分达到分离的前提下，宜选择适当低的柱温。对于沸点范围较宽的试样，宜采用程序升温方法。

2. 固定液性质和用量

固定液的性质对分离起决定性作用：液膜薄，液相传质好，柱效高，分析时间短。固定液用量应适宜。若液膜太薄，则容量小，进样量少。

3. 担体的性质与粒度

要求担体表面积大，孔径分布均匀。担体均匀，细小，柱效高（80～100目）；担体太细，阻力和柱压急剧增大。

4. 进样速度和进样量

进样速度必须迅速，时间过长则峰变宽。柱越长、越粗，固定液含量越高，允许的进样量越大。进样量多，峰重叠、太少，甚至可能不出峰。通常进样量为：液体0.1～5μL，气体0.1～10mL。

5. 汽化室与检测室温度

适当提高汽化温度对分离和定量有利。一般选择汽化室、检测室的温度高于柱温

30～70℃。

（二）气-固色谱固定相

1.固体固定相在色谱过程中的分离机制

利用吸附剂表面对混合物中不同组分的物理吸附性能的差异达到分离的目的。

2.固体固定相的组成、用途和缺点

(1)组成：多孔、大表面、具有吸附活性的物质。

(2)用途：分析永久性气体和气态烃。因为永久性气体及气态烃的吸附热差别很大。

(3)缺点：品种少，应用范围有限；在较高温度下，固体吸附剂表现出一定的催化活性而干扰分析，吸附等温线常常不呈线性，色谱峰出现不对称及产生拖尾现象；对同一厂家非同一批号的产品，其分离的重现性较差。

3.常用的固体固定相

固体固定相是一种吸附剂，主要有强极性硅胶、中等极性氧化铝、非极性炭质吸附剂及特殊作用的分子筛。

活性氧化铝适用于常温下 O_2、N_2、CO、CH_4、C_2H_6、C_2H_4 等气体的相互分离。CO_2 能被活性氧化铝强烈吸附，故不能用。

硅胶除能分析上述物质外，还能分析 CO_2、N_2O、NO、NO_2 等。

分子筛能分离 H_2、O_2、N_2、CH_4、CO，还能够测定 He、Ne、Ar、NO、N_2O 等。

4.人工合成的固定相

高分子多孔微球是人工合成的多孔共聚物，它可直接用于分离；也可作为载体涂渍固定液后使用。

高分子多孔微球分为非极性和极性两种：

(1)非极性的由苯乙烯、二乙烯苯共聚而成：GDX-1.2 型(国产)、Chromosorb 系列(国外)等；

(2)极性的是在苯乙烯、二乙烯苯共聚物中引入极性基团：GDX-3.4 型(国产)；Porapak N(国外)等。

常用的固体固定相及其性能如表 6-1 所示。

表 6-1　常用的固体固定相及其性能

吸附剂	主要成分	T_{max}(℃)	性质	活化方法简述	分离对象
活性炭	C	<300	非极性	苯浸＋通过热水蒸气＋180℃烘干	永久气体、非极性烃
石墨炭黑	C	>500	非极性	同上	同上＋高沸点有机物
硅胶	$SiO_2 \cdot xH_2O$	<400	氢键型	HCl＋水洗＋180℃烘干＋200℃活化(使用前)	永久气体、非极性烃
氧化铝	Al_2O_3	<400	弱极性	200～1000℃活化	烃＋有机异构物＋H 同位素
分子筛	$xMO \cdot yAl_2O_3 \cdot zSiO_2 \cdot nH_2O$	<400	极性	350～550℃活化	永久气体＋惰性气体
GDX	多孔聚合物	<200	不同极性	170℃除水、通气活化	水＋气体氧化物＋CH_4＋低级醇

（三）气-液色谱固定相

液体固定相是将固定液均匀地涂在载体（又称担体）上而组成的。

1. 载体（担体）

（1）分类：

红色担体（101型担体）：分析非极性或弱极性物质。特点：表面空隙小、比表面积大、机械强度高、担液能力强、表面有吸附中心。

白色担体（6201型担体）：分析极性化合物。特点：表面空隙较大、比表面积较小、机械强度较差、担液能力中等、表面无吸附中心。

硅藻土型担体的预处理方法：硅藻土型担体并非完全惰性，需预处理，使其表面钝化，如酸洗、碱洗、硅烷化、釉化，如表6-2所示。

表6-2　硅藻土型担体预处理方法

方法	处理过程	说明
酸洗	3～6mol HCl浸煮，过滤，水、甲醇淋洗，烘干	除去Al和Fe等的氯化物，用于分析有机酯和酸。一些拖尾，可加 H_3PO_4 或KOH添加剂解决
碱洗	5%～10%NaOH，甲醇液回流，水、甲醇淋洗、烘干	除 Al_2O_3 的酸性作用点，用于胺类等碱性物质
硅烷化	加入DMCS或HMDS等硅烷化试剂，使与SiOH反应	除去表面氢键活性中心，适于分析易生成氢键的组分，如水、醇和胺
釉化	2% Na_2CO_3 浸泡担体，过滤得滤液，再用水稀释3倍，用稀滤液淋洗担体，烘干后再高温处理	表面形成釉层：屏蔽、惰化表面活性中心，并堵塞一些微孔，其孔隙更均匀，可减少峰形拖尾，提高柱效

非硅藻土型担体：分析强极性、高沸点组分，如聚合氟塑料担体、玻璃微球担体、高分子微球担体等。特点：表面空隙适中、比表面积适中、机械强度较强、耐高温、耐强腐蚀、价格偏高。

（2）本质：载体是固定液的支持骨架，使固定液能在其表面上形成一层薄而匀的液膜。

（3）对载体的要求：

①化学惰性且具有较好的浸润性；

②多孔性，比表面积大；

③热稳定性好，有一定的机械强度；

④颗粒均匀，适当细小（一般选40～60目或60～80目）。

2. 固定液（高沸点有机液体）

（1）对固定液的要求

①热稳定性好：在操作温度下，不发生聚合、分解或交联等现象，且有较低的蒸气压，以免固定液流失。通常固定液有一个“最高使用温度”。

②化学稳定性好：固定液与样品或载气不能发生不可逆的化学反应。

③对各组分有一定的溶解度，否则样品会迅速通过柱子，难以使组分分离。

④有较高的选择性。

（2）固定液分离特征——选择固定液的基础

①静电力(定向力):在极性固定液柱上分离极性样品,主要是静电力。

②诱导力:非极性分子和可极化组分,可用极性固定液的诱导力分离。如苯(沸点80.1℃)和环己烷(沸点80.8℃),非极性固定液难分离。但苯易极化,采用极性固定液,苯在环己烷之后流出。

③色散力:色散力与沸点成正比。

④氢键:固定液含有—OH、—COOH等官能团,对F、O、N化合物有显著的作用力。

(3)固定液的特性

固定液的特性是固定液分子中的不同基团与被分离组分中的基团之间作用力的量度,一般用固定液的相对极性与特征常数表示。

固定液的极性与待测组分极性的选择原则为:极性相似相溶原理。

项目2　气相色谱检测器的分类及原理

知识一　检测器的分类

根据检测原理的差别,气相色谱检测器可分为两大类:

(1)浓度型检测器。检测器的响应值与组分的浓度成正比,如热导检测器(TCD)、电子捕获检测器(ECD)。

(2)质量型检测器。检测器的响应值和单位时间内进入检测器的某组分的质量成正比,如氢火焰离子化检测器(FID)、火焰光度检测器(FPD)。

知识二　几种常用的气相色谱检测器

1.热导检测器(TCD)

(1)热导检测器的结构(图6-3):4支热丝组成惠斯登电桥;往A、B室通载气,电桥平衡;样品通过B室时,B室电阻变化造成电桥不平衡;有输出电压,电压的大小与样品的浓度成正比。

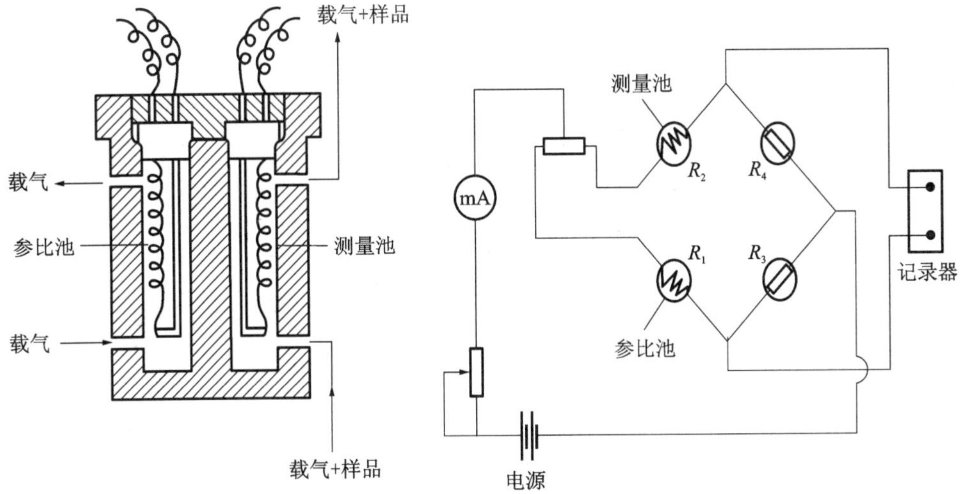

图6-3　热导检测器结构

(2)热导检测器的基本原理:基于各种物质和载气的导热系数进行检测;它结构简单,性能稳定,对所有物质都有响应,在气相色谱中应用广泛;载气与样品的导热系数相差越大,灵敏度越高。

热导检测器一般选用 H_2、He、N_2 为载气,如表 6-3 所示。

表 6-3　TCD 选用的载气

气体或蒸汽	导热系数 λ[10^{-4}J/(cm·s·℃)]	
	0℃	100℃
H_2	17.41	22.4
He	14.57	17.14
N_2	2.43	3.14
大多数气体	1～3	1～4

(3)影响热导检测器灵敏度的因素:

①桥路电流:电流增大,灵敏度增大,但电流过大,则基线不稳定;

②池体温度:池体的温度升高,灵敏度增大,不得低于柱温;

③载气:选用 H_2 或 He 为载气的灵敏度高;

④热敏元件的电阻值:选择电阻值高、电阻温度系数较大的热敏元件,如钨丝;

⑤热导池死体积:热导池死体积大,灵敏度降低。

热导检测器适合于所有物质的检测,但灵敏度不高。

2. 氢火焰离子化检测器(FID)

氢火焰离子化检测器(flame ionization detector,FID)简称氢焰检测器,对含碳有机化合物有很高的灵敏度,一般比热导检测器的灵敏度高几个数量级,是一种质量型检测器。

(1)特点:灵敏度高(比 TCD 高近 3 个数量级,检测限可达 10^{-12}g/g);对有机化合物有响应;对无机气体、水或不含氢物质的灵敏度低或不响应;结构简单、稳定性好、响应迅速等。

(2)原理:如图 6-4 所示,在离子室下部,载气(N_2)携带组分流出色谱柱后,与氢气混合,通过喷嘴,再与空气混合,点火燃烧,形成氢火焰。氢火焰附近设有由收集极(正极)和极化极(负极)形成的 150～300V 的直流电场。无样品时两极间离子很少。当有机物组分进入氢火焰时,发生离子化反应,电离成正、负离子。产生的离子在收集极和极化极的静电场作用下定向运动而形成电流,经放大、记录即得色谱峰。

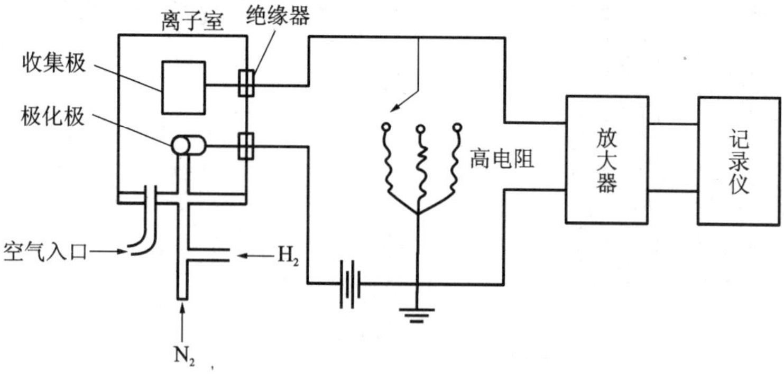

图 6-4　氢焰检测器原理图

(3)操作条件

①气体流量:需要用到三种气体。N_2 为载气,携带试样组分;H_2 为燃气;空气为助燃气。

H_2 的流量低,则灵敏度低,且易熄火,热噪声大。合适的比例为 H_2 ∶空气=1∶10,H_2 ∶N_2=1∶1 ~ 1∶1.5。

②使用温度:80~200℃(温度影响小,不同于热导池)。若温度低于 80℃,则灵敏度降低(水蒸气冷凝)。

3. 电子捕获检测器(ECD)

电子捕获检测器(electron capture detector,ECD)是一种具有选择性、高灵敏度的浓度型检测器,它只对含有电负性元素(如卤素、硫、磷、氮、氧等)的物质有响应。电负性愈强,灵敏度愈高。

(1)特点:高选择性检测器;对含有较大电负性原子的化合物响应,如含有卤素、磷、硫、氮等元素的化合物;灵敏度很高,检测下限为 10^{-14} g/mL;多用于农副产品、食品及环境中农药残留量的测定。

(2)局限性:对大多数烃类没有响应;线性范围窄,重现性较差。

(3)检测原理:如图 6-5 所示,以 ^{63}Ni 作放射源,载气(N_2)受放射源射线的激发,产生电子和正离子,在电场作用下形成背景电流(基流)。

$$N_2 \xrightarrow{\beta\text{射线}} N_2^+ + e$$

样品中具有电负性的组分会俘获电子,使基流减小,形成"倒峰",基流的减小与样品的浓度成正比。

$$AB + e \longrightarrow AB^- + E(\text{能量})$$

$$AB^- + N_2^+ \longrightarrow AB + N_2$$

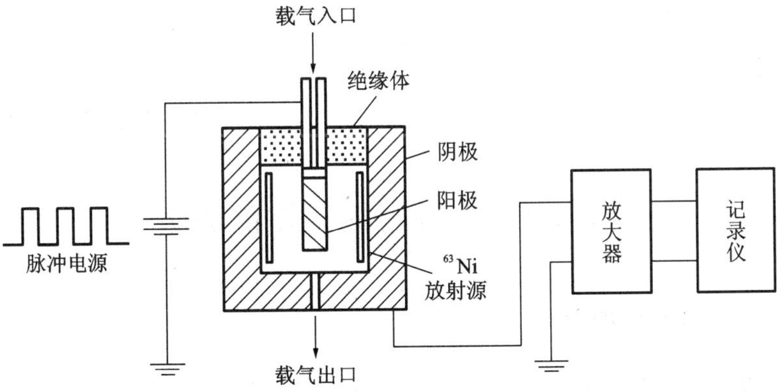

图 6-5 电子捕获检测器结构

4. 火焰光度检测器(FPD)

火焰光度检测器(flame photometric detector,FPD)是一种对硫、磷化合物的专用高灵敏度的检测器。其结构和氢火焰离子化检测器类似,由火焰喷嘴、滤光片和光电倍增管等组成,如图 6-6 所示。

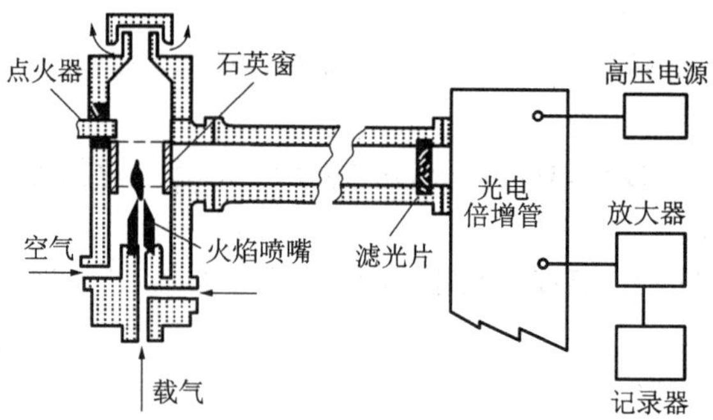

图 6-6　火焰光度检测器结构

当含有硫(或磷)的试样进入氢焰离子室,在富氢焰中燃烧时,所产生的激发态的 S^{2-} 和含磷的 HPO 碎片分别发射出 394nm(对 S)和 526nm(对 P)的特征光,通过滤光片照射到光电倍增管,所得光电流经放大得色谱图。

火焰光度检测器常用于 SO_2、H_2S、石油精馏物的含硫量,有机硫、有机磷农药残留物的分析。

常用检测器的性能比较如表 6-4 所示。

表 6-4　常用检测器性能

	TCD	FID	ECD	FPD
类型	浓度	质量	浓度	质量
适用范围	各类气相物质	含碳有机物	含电负性物质	含 S、P 有机物
通用型、选择型	通用型	通用型	选择型	选择型
灵敏度 S	10mV・cm/g	10^{-2}mV・s/g	800A・mL/g	400mV・s/g
检出限 D	2×10^{-9}g/g	10^{-12}g/g	10^{-14}g/mL	10^{-12}(P)～10^{-11}(S)g/g
最小检测浓度	100ng/g	1ng/g	0.1ng/g	10ng/g
线性范围	10^4	10^7	10^2～10^4	10^2(S),10^2～10^3(P)

项目 3　毛细管柱气相色谱法

知识一　毛细管柱概述

毛细管柱是用石英拉制的空心管,又叫开管柱,柱内径通常为 0.1～0.5mm,柱长 30～50m。

其分离效率比填充柱要高得多,用于复杂样品分析。

1. 分类

(1)涂壁开管柱(WCOT):把固定液涂在管内壁上。

(2)多孔层开管柱(PLOT):在管壁上涂一层多孔性吸附剂固体微粒(气固色谱)。

(3)载体涂渍开柱管(SCOT):先在内壁上涂一层载体,再在载体上涂固定液。

(4)键合型开柱管:将固定液用化学键合的方法键合到涂敷毛细管内壁上。

(5)交联型开柱管:把固定液交联到毛细管内壁上。此类柱具有耐高温,抗溶剂提取,柱效高,寿命长的特点。目前大部分的毛细管属于此类型。

气相色谱填充柱和开管柱的比较如表 6-5 所示。

表 6-5　气相色谱填充柱和开管柱的比较

	填充柱	WCOT	SCOT
柱长(m)	1～5	10～100	10～100
内径(mm)	2～4	0.1～0.7	0.5
柱效(nm)	$5\times10^2\sim1\times10^3$	$1\times10^3\sim4\times10^3$	$6\times10^2\sim1.2\times10^3$
允许进样量(μg)	$0.01\sim10^3$	0.01～1	0.01～1
柱压	高	低	低

2.特点

(1)渗透性好,可使用长的色谱柱;

(2)相比率大,有利于提高柱效并实现快速分析;

(3)柱容量小,允许进样量小;

(4)柱效高,总的塔板数 n:$10^5\sim10^6$(填充柱 n:$\sim10^3$)。

知识二　毛细管柱的色谱系统

毛细管柱的内径很细,实验时带来以下问题:

(1)允许的进样量很小(0.01μL),样品很难准确加入。可采用分流方式进样,将液体试样注入进样器,使其汽化,与载气混合,让少量试样和载气进入色谱柱大量放空,如图 6-7 所示。

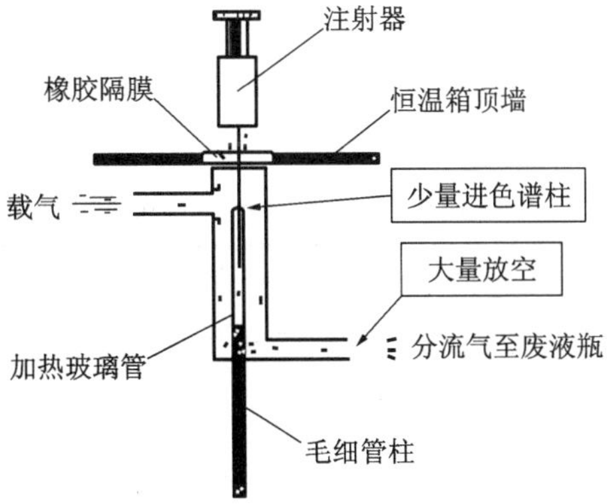

图 6-7　分流进样

(2)分流后试样组分流速慢,进入检测器发生突然减速,引起色谱峰展宽。可在色谱柱出口加一个尾吹装置,加速样品通过检测器,如图 6-8 所示。

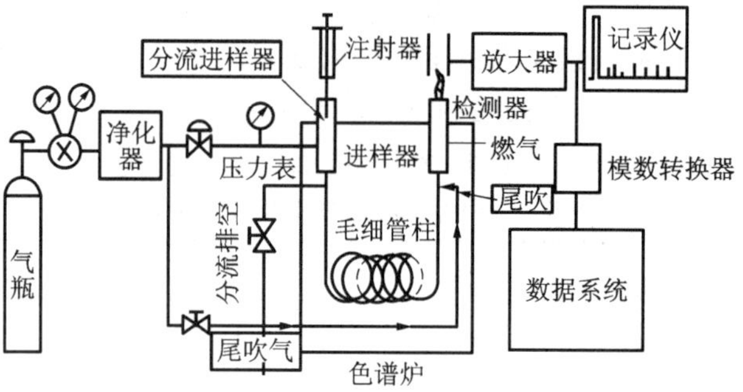

图 6-8 分流后进行尾吹

项目 4 气相色谱法定性及定量

知识一 气相色谱法的应用范围及局限性

气相色谱法适用于沸点在 500℃以下,热稳定好,相对分子质量小于 400 的物质;不适用于难挥发和热不稳定的物质。

气相色谱法的应用范围如表 6-6 所示。

表 6-6 气相色谱法应用范围

应用领域	分析对象举例
环境	水样中的芳香烃、杀虫剂、除草剂,水中锑形态
石油	原油成分,汽油中各种烷烃和芳香烃
化工	喷气发动机燃料中烃类,石蜡中高分子烃类
食品	植物精炼油中各种烯烃/醇和酯、亚硝胺,香料中香气成分,人造黄油中的不饱和十八酸,牛奶中饱和和不饱和脂肪酸、食品添加剂、农药残留
生物	植物中的萜类,微生物中的胺类、脂肪酸类、脂肪酸酯类
医药	血液中汞的形态,中药中的挥发油
法医学	血液中酒精,尿中可卡因、安非他命、奎宁及其代谢物,火药成分,纵火样品中的汽油

知识二 气相色谱法定性及定量基本知识

1. 灵敏度 S

检测器的灵敏度亦称响应值或应答值。实验证明,一定浓度或一定质量的试样进入检测器后,就产生一定的响应信号 R。如果以进样量 Q 对响应信号 R 作图,就可以得到一条直线。直线的斜率就是检测器的灵敏度 S,因此灵敏度就是响应信号对进样量的变化率:

$$S=\frac{\Delta R}{\Delta Q}$$

由于各种检测器的作用机理不同,灵敏度的计算式和量纲也不同。

(1)浓度型检测器

$$S_c = \frac{q_{V,0}A}{m}$$

式中，$q_{V,0}$ 为校正到检测器温度和大气压时的载气流量，mL/min；A 为峰面积，mV·min；m 为进样量的质量，mg。

浓度型检测器的进样量与峰面积成正比；当进样量一定时，峰面积与流速成反比。

(2)质量型检测器

$$S_m = \frac{A}{m}$$

式中，A 为峰面积，V·s；m 为进样量的质量，g。

质量型检测器的进样量与峰面积成正比；进样量一定时，峰面积与载气流量无关。

2. 检出限 D

检出限为产生 3 倍于噪声信号单位体积(或时间)引入检测器的样品量。定义式如下：

$$D = \frac{3N}{S}$$

式中，N 为噪声信号；S 为灵敏度。

检出限不仅取决于灵敏度，还受限于噪声信号，所以它是衡量检测器性能好坏的综合指标。

3. 最小检测量 Q_0——检测器恰能产生信号所需进入色谱柱最小的质量或浓度

浓度型：　$Q_0 = 1.065Y_{1/2} \cdot q_{V,0} \cdot D$ (mg)

质量型：　$Q_0 = 1.065Y_{1/2} \cdot D$ (g)

最小检测量不仅与检测器性能有关，而且与色谱柱效及操作条件有关。

4. 响应时间

检测器应该迅速、真实地反映通过它的物质的浓度或质量变化情况。为此，检测器的 V_M 要小，电路系统的滞后现象尽可能小，一般都小于 1s。

5. 线性范围

线性范围是试样量与信号之间保持线性关系的范围；线性范围越大，对检测越有利。

知识三　定性分析

定性分析的目的是确定色谱图上各个峰代表什么物质。

1. 利用保留值定性

任何一种物质在选定的色谱条件下都有确定的保留值，根据这一特性即可定性。常有下列几种方法：

(1)利用保留时间定性

选择几种与未知物性质相近的纯物质，在条件相同的情况下，分别绘制已知纯物质与未知样品的色谱图，并测出各个峰所对应的保留值或相对保留值。当样品色谱图中某个峰和已知纯物质峰的保留值相同时，表示两者可能是同一种物质。

如果样品组成复杂，一些色谱峰比较密集，操作条件又不易稳定，测出的保留值有误差，也可采用峰高增加法定性，即向未知样品中加入纯物质，若待定性组分的峰比原来增大，表示样品中可能含有该已知物，如图 6-9 所示。

由于测量保留时间需要严格控制操作条件，重复性较差，因此可采用保留体积和相对保

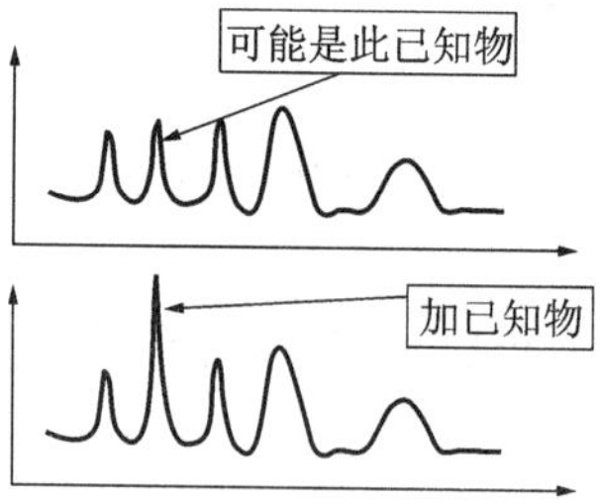

图 6-9　保留值定性

留值 α 来对照定性。保留体积不受载气流速变化的影响；相对保留值只与固定液性质、组分性质及温度有关，而与固定液含量和其他操作条件无关，测量较准确。

(2)利用比保留体积定性

比保留体积 V_g 为每克固定液校正到 273K 时的净保留体积，即：

$$V_g = \frac{273}{T_c} \times \frac{V_N}{m_L} = \frac{jV'_R}{m_L} \times \frac{273}{T_c}$$

式中，V_N 为净保留体积，定义为用压力梯度校正因子修正的保留体积，$V_N = jV'_R$；T_c 为开尔文温度。

组分中的 V_g 只与 T_c 有关，与固定液含量、载气流速等无关。计算出组分的 V_g，与标样的 V_g 进行比较即可定性。但要注意，由于固定液在柱温和载气流速的影响下总会流失，因此计算出的 V_g 也会经常变化，影响定性的准确性。

(3)利用相对保留值定性

利用保留时间和比保留体积定性，测量的都是绝对保留值，受操作条件的影响较大，结果难以实现。用相对保留值定性可依据下式：

$$r_{21} = \frac{t'_{R(2)}}{t'_{R(1)}} = \frac{V'_{g(2)}}{V'_{g(1)}} = \frac{K_2}{K_1}$$

由上式可知，r_{21} 只与固定液性质、组分的性质以及柱温有关，而与固定液的含量以及其他操作条件无关，因此测量比较准确。

测量时选择某化合物为 s，于相同色谱条件下，分别测出未知样和标准物质中各组分的 $r_{i,s}$ 值加以比较，当未知样和标准物质中相应组分的 $p_{i,s}$ 值相同时，即可认为它们属于同一物质，这样就可以鉴别出未知样的各种组分属于何物。

(4)利用保留指数定性

用已知物对照定性，简便易行，但必须有标准物质。如果缺乏标准物质，可用文献提供的保留指数来定性。

保留指数也是一种相对保留值，常用 I 表示。它是把某组分的保留行为用两个在色谱图上紧靠它前后的标准物质来标定。这两个标准物质一般是正构烷烃，并规定正构烷烃的保留指数为其碳数乘 100(即 $100Z$，Z 为某正构烷烃的碳数)，以此作为待测定组分保留指数的尺度。

大量实验数据表明，有机化合物的调整保留时间的对数与其保留指数之间呈线性关系，即：

$$\log t'_R = a_1 I + C_1$$

式中，t'_R 为调整保留时间；a_1、C_1 为常数。

以 I_x 表示被测组分的保留指数，以 $I_Z = 100Z$ 及 $I_{Z+1} = 100(Z+1)$ 分别表示碳数为 Z 和 $Z+1$ 的两正构烷烃的保留指数，则由上式可列出方程式：

$$\log t'_{R(Z+1)} = a_1 \cdot 100(Z+1) + C_1 \quad (6\text{-}1)$$

$$\log t'_{R(Z)} = a_1 \cdot 100Z + C_1 \quad (6\text{-}2)$$

$$\log t'_{R(x)} = a_1 I_x + C_1 \quad (6\text{-}3)$$

联立方程式，解得：

$$I_x = \left(\frac{\log t'_{R(x)} - \log t'_{R(Z)}}{\log t'_{R(Z+1)} - \log t'_{R(Z)}} + Z\right) \cdot 100 \quad (6\text{-}4)$$

选择两个正构烷烃，使得被测组分的保留值在两个碳数相邻的正构烷烃的保留值之间，即：

$$t'_{R(Z+1)} > t'_{R(x)} > t'_{R(Z)}$$

将待测组分与两个正构烷烃混合于 100℃ 测定，在某柱上流出色谱图，按照式(6-4)计算，并规定正构烷烃的保留指数为 $100Z$，然后进行对比即可定性。在进行定性时，除使用两个正构烷烃做标准外，不必另外用纯物质，可直接将被测物的 I_x 值与文献对照，即可作出判断。

因为 I_x 值仍受柱温与固定液的影响，所以测定 I_x 值时仍需要与文献值的操作条件保持一致。

(5)利用双柱定性

在一般柱子上测定保留值，有时会出现几种物质的保留值相同的情况，这就无法定性。此时可采用两根极性较大的柱子进行定性。

实验结果表明，同系物在两种极性不同的固定相上的保留值的对数值呈线性关系：

$$\lg a_1 = b \lg a_2 + c$$

式中，a_1、a_2 为两种柱子上的保留值。

当样品和纯物质在两根柱子上测得的相应的 V_g 都一致时，可认为样品中各组分与相应的纯物质是相同物质。根据样品的情况，还可采用几根柱子定性，其可靠性会更好。

2. 利用保留值的经验规律定性

实际工作中，当找不到进行比较的纯物质时，可利用如下两条规律求得保留值，并通过作图对未知物进行定性。

(1)碳数规律

实验证明，在一定温度下，同系物中不同物质的校正保留值的对数与其分子中的碳原子数呈线性关系，即：

$$\lg t'_R = a_2 + b_2 n$$

式中，a_2、b_2 为与固定相和被测组分的分子结构有关的常数；n 为碳原子数。

如果已知某同系物中几个组分的保留值，则可根据上式通过计算或作图推知同系物中其他组分的保留值，最后与所得色谱图对照进行定性。

碳数规律只适用于同系物，不适用于同族化合物。

(2)沸点规律

实验证明，许多类型的同系物，在各种固定相上的保留值的对数与沸点呈线性关系，即：

$$\lg r_{21} = a_1 + b_1 T_b$$

式中，a_1、b_1 为经验常数；T_b 为沸点。

3.利用化学反应定性

利用化学反应定性是指将被分析物在柱前、柱中和柱后进行化学反应来定性。常用的方法有如下几种：

(1)利用衍生物定性

有机化合物中某些难挥发、热不稳定或极性很强的物质，如酸类、糖类、醇类、胺类等，可利用衍生反应生成衍生物后定性。

对于色谱可直接定性的未知物，如已初步定性，也可将未知物和标准物同时转化为衍生物。如果未知物与标准物的保留值变化一致，则可认为它们是同一物质。

利用衍生物定性时，首先要知道被测物中含有的官能团，然后才能选定某种衍生试剂进行衍生反应。衍生反应可在色谱外单独的化学反应装置中进行，也可在注射器筒内、柱前反应器内或柱中进行。所生成的衍生物要求热稳定性好、衍生试剂和副产物不干扰衍生物的测定、衍生物保留值与原化合物相差较大。

(2)利用消除法定性

某些官能团与化学试剂反应后，使样品中某种类型的组分消失，因而色谱图中不出峰，以确定所消失的组分代表何种物质。这种消除反应可在柱上或注射器针筒内进行，也可在单独的微型反应管中进行，然后将反应物注入色谱仪进行分析。

柱上消除法是将化学试剂涂在用载体制成的一根短柱上，连接在分析柱之前或之后，也可再注入色谱仪进行分析。针筒消除法是将化学试剂涂在注射器芯上，然后将样品蒸气抽入针筒内进行反应，再注入色谱仪进行分析。

(3)利用柱后流出物的化学检验定性

在柱后收集色谱柱分离后的纯组分，再用官能团分类试剂检验定性。收集的方法可用溶剂共冷凝收集法、溶剂结晶收集法或螺旋玻璃管冷凝收集法等。也可将柱后馏出物直接通入盛有官能团分类试剂的检验管，利用官能团特征反应，就可对各馏出物进行定性。

4.利用选择性检测器定性

不同类型的检测器对各种物质的选择性和灵敏度是不同的，如氢焰检测器对有机物的灵敏度较高，而对无机物无响应信号；热导检测器对无机物和有机物都产生响应信号；电子捕获检测器只对具有卤素、氧、硫、磷等电负性的物质产生相应信号。利用这些特性，采用双检测器定性。两个检测器可串联，也可并联。当两个检测器并联在色谱柱出口时，样品通过色谱柱分离后，同时进入两个检测器中被检测，用双笔记录器记录。

5.利用气相色谱仪与其他仪器联用定性

气相色谱法的突出特点是分离能力强，分离效率高，但对复杂混合物的鉴定很困难。质谱、红外光谱、核磁共振等方法的特点是鉴别能力强，适合于单一组分的定性分析，但对复杂混合物既无分离能力，更无鉴别能力。

因此，把气相色谱仪与质谱仪、红外光谱仪联合使用，色谱仪先把混合物分开，然后每一个组分按一定顺序进入质谱仪或红外光谱仪，就可将每个组分鉴别出来。当前，色谱—质谱、液相色谱—质谱光谱、色谱—红外、色谱—质谱—计算机联用已是剖析复杂未知物的最有效的近代分析手段。

知识四　定量分析

定量分析的依据是：被测组分质量（或其在载气中的浓度）与峰面积（或峰高）成正比，即

$$m_i = f'_i \cdot A_i$$

由上式可见，在定量分析中需要准确测定峰面积；准确求出比例常数 f'_i（定量校正因子）；根据上式正确选用定量计算方法，将测得组分的峰面积换算为质量分数。

1.峰面积测量法

（1）手工测量法

①对称峰峰面积：　$A = 1.065h \cdot Y_{1/2}$

②不对称峰峰面积：　$A = h \times \frac{(Y_{0.15} + Y_{0.85})}{2}$

式中，$Y_{0.15}$ 和 $Y_{0.85}$ 分别指在 0.15 和 0.85 倍峰高处测得的峰宽。

③在一定条件下，同系物的半峰宽与保留时间成正比，因此：

$$A = h \cdot Y_{1/2} \propto h \cdot t_R$$

对于狭窄的峰，$Y_{1/2}$ 的测量误差大，此时采用保留值代替半峰宽进行计算更简便，该法常用于工厂控制分析。当样品中各组分的含量相差很大以及不属同系物的峰时，不能用此方法。

（2）积分仪与色谱工作站

现代色谱仪大多配有“色谱工作站”，不仅配有积分仪，还能对仪器进行实时监控，对信号进行自动采集和处理。积分仪或数据处理机是测量峰面积方便的工具，精度可达 0.2%～2%。

2.定量校正因子

由色谱定量分析依据可知，对于不同组分，质量相同时，峰面积往往不同，这是由于同一检测器对不同物质具有不同的响应值（即峰面积），因此不能用峰面积直接来计算物质的含量。

（1）绝对校正因子

在一定条件下，进样量 m_i 与响应信号（即峰面积 A_i）成正比，即

$$f'_i = \frac{m_i}{A_i}$$

式中，f'_i 为绝对校正因子，也就是单位峰面积所代表物质的质量。

f'_i 由仪器的灵敏度决定，既不容易准确测定，也无法直接应用。所以定量分析中常用的都是质量校正因子。

（2）质量校正因子——最常用的一种定量校正因子

$$f_m = \frac{f'_{i(m)}}{f'_{s(m)}} = \frac{A_s m_i}{A_i m_s}$$

式中，i、s 为被测物和标准物。

常用的标准物质：TCD 采用苯，FID 采用正庚烷。

（3）摩尔校正因子

如果以物质的量计量，则

$$f_M = \frac{f'_{i(M)}}{f'_{s(M)}} = \frac{A_s m_i M_s}{A_i m_s M_i} = f_m \cdot \frac{M_s}{M_i}$$

式中，M_s、M_i 为被测物和标准物质的摩尔质量。

(4)体积校正因子

如果以体积计量(气体试样)，则体积校正因子就是摩尔校正因子，这是因为 1mol 任何理想气体在标准状态下的体积都是 22.4L。

$$f_V = \frac{f'_{i(V)}}{f'_{s(V)}} = \frac{A_s m_i M_s \times 22.4}{A_i m_s M_i \times 22.4} = f_M$$

对于气体分析，使用摩尔校正因子可得体积分数。

(5)相对响应值 s

相对响应值是物质 i 与标准物质 s 的响应值(灵敏度)之比。单位相同时，它与校正因子互为倒数，即：

$$s = \frac{1}{f_i}$$

s 和 f_i 只与试样、标准物质以及检测器类型有关。

校正因子的测定方法：准确称量被测组分和标准物质，混合后，在实验条件下进行分析，分别测量相应的峰面积，然后计算质量校正因子、摩尔校正因子。如果数次测量值接近，可取其平均值。

3.定量分析方法

(1)归一化法——所有出峰组分的含量之和按 100%计算的定量方法

$$w_i = \frac{A_i f'_i}{A_1 f'_1 + A_2 f'_2 + \cdots + A_n f'_n} \times 100\%$$

式中，f'_i 为相对校正因子；A 为组分 i 的峰面积；w_i 为被测组分 i 的百分含量。

对于同系物中沸点接近的各组分，由于它们的相对校正因子相近，因此可直接将峰面积归一化，即：

$$w_i = \frac{A_i}{A_1 + A_2 + \cdots + A_n} \times 100\%$$

特点及要求：

①简单、准确；进样量及操作条件变化对结果的影响不大。

②样品的所有组分必须全部出峰。

③测量低含量，尤其是微量杂质时，误差较大。

因此，该法在实际使用中受到限制。

对于狭窄的色谱峰，也有用峰高代替峰面积进行定量测定的。当各种操作条件保持严格不变时，在一定的进样量范围内，峰的半宽度是不变的，因此峰高就直接代表某一组分的量：

$$w_i = \frac{h_i f''_i}{h_1 f''_1 + h_2 f''_2 + \cdots + h_i f''_i + \cdots + h_n f''_n} \times 100\%$$

式中，f''_i 为峰高校正因子，此数值需自行测定，测定方法同峰面积校正因子。

此方法快速、简便，最适合工厂和一些具有固定分析任务的实验室使用。

(2)内标法——若样品组分不能完全出峰，只需测定几个组分，可用内标法内标法是将一定量的纯物质作为内标物，加入到准确称量的试样中，根据被测物和内标物的质量及其在色谱图上相应的峰面积比，求出某组分含量。

由 $m_i = f'_i A_i$ 及 $m_s = f'_s A_s$ 得：

$$m_i = \frac{f'_i A_i}{f'_s A_s} \cdot m_s$$

$$\Rightarrow w_i = \frac{m_i}{m} \times 100\% = \frac{f'_i A_i}{f'_s A_s} \cdot \frac{m_s}{m} \times 100\%$$

式中，m_s、A_s 为内标物的质量及峰面积；f'_s、f'_i 为内标物 s 及组分 i 的质量校正因子；m 为样品质量(不包括内标物)。

一般常以内标物为基准物质，则 $f'_s = 1$，此时上式可简化为：

$$w_i = \frac{m_i}{m} \times 100\% = f'_i \cdot \frac{A_i}{A_s} \cdot \frac{m_s}{m} \times 100\%$$

内标物要满足以下要求：试样中不含有该物质；与被测组分的性质比较接近，且加入量应接近被测组分；不与试样发生化学反应；出峰位置应位于被测组分附近，且无组分峰影响。

内标法的特点：准确性较高，操作条件和进样量的稍许变动对结果的影响不大；适宜于低含量组分分析，不受归一法使用上的局限；比较麻烦，不适合大批量试样的快速分析(每次都要准确称 m 和 m_s)。

(3)内标标准曲线法

如果经常需要测定同一物质，则可固定试样的称取量，并加入恒定量的内标物，此时 $\frac{f'_i m_s}{f'_s m}$ 为常数。

$$w_i = \frac{m_i}{m} \times 100\% = \boxed{\frac{f'_i m_s}{f'_s m} \cdot \frac{A_i}{A_s}} \times 100\% = \frac{A_i}{A_s} \times 常数 \times 100\%$$

作 $w_i \sim \frac{A_i}{A_s}$ 标准曲线，由工作曲线查出 w_i。

制作标准曲线时，先将欲测组分的纯物质制成不同浓度的标准溶液。取固定量的标准溶液和内标物，混合后进样分析，测 A_i、A_s，以 $\frac{A_i}{A_s}$ 对标准溶液作图。分析时，取和制作标准曲线时所用量相同的试样和内标物，测出其峰面积比，从标准曲线上查出被测物的含量。若各组分的相对密度比较接近，可用量取体积代替称量，则方法更加简便。

该法适用于工厂内成批样品的定量分析。

(4)外标法(标准曲线法)——以待测组分纯品为对照物，与试样中待测组分的响应信号相比较进行定量的方法

外标法的具体操作：用纯物质配制一系列不同浓度的标准试样；在一定的色谱条件下，准确定量进样；测量峰面积(或峰高)，绘制标准曲线；从曲线上查出被测组分的含量。

外标法的特点：操作简便，不需要校正因子；实验条件需要严格控制，且需准确进样；不易得到准确的结果(不如光谱分析法准确)。

$$\frac{w_i}{w_s} = \frac{A_i}{A_s} \Rightarrow w_i = \frac{A_i}{A_s} w_s \Rightarrow w_i = K_i A_i \text{(其中 } K_i = \frac{w_s}{A_s}\text{)}$$

式中，K_i 为组分 i 的单位面积质量分数校正值。

这样，测得 A_i，乘以 K_i，即得被测组分的质量分数。此法假定标准曲线是通过坐标原点的直线，因此可由一点决定这条直线，K_i 即为直线的斜率。

【读一读】

1998 年 1 月 23 日，山西朔州市平鲁区医院接到了一名危重病人，症状是呕吐、头疼、瞳孔散大、呼吸困难，这名病人还没来得及进入抢救室就窒息死亡了。当时值班的医生万万没有想到，一起震惊全国的假酒中毒案发生了，而且朔州市成为这起案件的重灾区。震惊全国的朔州假酒案共造成 222 人中毒，29 人死亡，案件甚至牵动了中南海，时任中共中央总书记江泽民曾 3 次打电话过问此事。后来"朔州假酒案"演绎成"山西毒酒案"。"朔州假酒案"原本与国家名酒"汾酒"毫无瓜葛，但最后使得汾酒品牌也受到了严重的影响和冲击，更使得企业从行业排头兵的位置一下子跌到了第九位，从此汾酒集团进入了漫长的恢复期。

我国白酒历史悠久，源远流长，传统技艺精湛，产品风格独特，深受人民喜爱。过去人们只是靠着品尝来评价一种酒的好坏，对于什么组分影响口味，只能凭经验，因此很不科学。

在气相色谱仪生产以后，白酒行业的专家们开始用气相色谱法研究白酒的香味组分。1976 年，内蒙古轻工研究所使用邻苯二甲酸二壬酯与吐温混合固定液填充柱（DNP 柱）直接进样去测定白酒中醇、醛、酯等主要香味成分的研究成功，解决了一直困扰着白酒分析工作者很多年的分离问题，极大地推动了气相色谱法在白酒行业的应用与发展。

随着 GB 10781—1989、GB 10345—1989 的实施，尤其是山西假酒案以后，1999 年，国家强制实行白酒许可证制度。在白酒行业的生产和质量控制中，气相色谱仪已成为必需。

做一做

实验一　空气中苯系物的测定

一、实验目的

1. 了解气相色谱仪的基本结构和原理。
2. 学习气相色谱仪的使用方法。
3. 掌握应用标准曲线法进行定量分析的方法。

二、实验原理

气相色谱法是基于混合物不同组分在两相中具有不同的分配系数（或吸附系数、渗透性等）特性，当两相作相对运动时，不同组分在两相中进行多次反复分配实现分离后，通过检测器得以检测，从而进行定性、定量分析。

三、仪器和试剂

1. 仪器

GC2014C 型气相色谱仪，空压机、高纯氮气、高纯氢气，空气采样器，活性炭采样管。

2. 试剂

二硫化碳。

四、实验步骤

1. 试剂配制

二硫化碳：分析纯，经色谱鉴定无干扰峰。

标准储备液：苯系物编号为 BWT900516-1000-E[浓度定值(1000±20)μg/mL]的有证标准物质用二硫化碳稀释 10 倍，得到 100μg/mL 标准储备液。

2. 校准曲线绘制

分别取适量的标准储备液，稀释到 1.00mL 的二硫化碳中，配制质量浓度依次为 1.0μg/mL、2.0μg/mL、3.0μg/mL、4.0μg/mL 和 5.0μg/mL 的校准系列。分别取标准系列溶液 1.0μL 注射到气相色谱仪进样口。根据各目标组分质量和响应值绘制标准曲线。

3. 加标回收

在活性炭采样管中注入一定量标准储备液，放置半小时。然后将活性炭采样管中的 A 段和 B 段取出，分别放入磨口具塞试管中，每个试管中各加入 1.00mL 二硫化碳密闭，轻轻振动，在室温下解吸 1h 后待测。

苯标准曲线表

	标准曲线绘制				
曲线标号	1	2	3	4	5
浓度(μg/mL)	1.0	2.0	3.0	4.0	5.0
响应值					
校准方程 $y=bx+a$					
相关系数 R^2					

用标准储备液配制浓度为 3.0μg/mL 的标准液进行 6 次平行性实验。

n	1	2	3	4	5	6	平均值
浓度(μg/mL)							
标准偏差(s)：			；相对标准偏差(%)：				

活性炭采样管	测定值(mg/L)	加标量(mg/L)	加标后测定(mg/L)	加标回收率(%)
浓度	0			

五、注意事项

1. 二硫化碳在使用前应经过气相色谱仪鉴定是否存在干扰峰。如有干扰峰，应对二硫化碳提纯。

2. 每次手动进样量和进样过程时间应保持一致，否则会影响峰值大小及出峰时间。

议一议：

从实验安全上考虑，在操作时应注意什么问题？为什么？

实验二　气相色谱法测定白酒中甲醇的含量

一、实验目的

1. 掌握用外标法进行色谱定量分析的原理和方法。
2. 了解氢火焰离子化检测器的性能和操作方法。
3. 了解气相色谱法在产品质量控制中的应用。
4. 学习气相色谱法测定甲醇含量的分析方法。

二、实验原理

在酿造白酒的过程中，不可避免地有甲醇产生。甲醇是无色透明的具有高度挥发性的液体，是一种对人体有害的物质。甲醇在人体内氧化为甲醛、甲酸，具有很强的毒性，对神经系统尤其是视神经损害严重，人食入 5g 就会严重中毒，超过 12.5g 就可能导致死亡。在白酒的发酵过程中，难以将甲醇和乙醇完全分离。国家对白酒中的甲醇含量做出严格规定：食用酒精中甲醇含量应低于 0.1g/L(优级)或 0.6g/L(普通级)。

气相色谱法是一种高效、快速而灵敏的分离分析技术，具有极强的分离效能。一个混合物样品定量引入合适的色谱系统后，样品被气化，在流动相的携带下进入色谱柱，样品中的各组分由于各自的性质不同，在柱内与固定相的作用力大小不同，导致在柱内的迁移速度不同，使混合物中的各组分先后离开色谱柱得到分离。分离后的组分进入检测器，检测器将物质的浓度或质量信号转换为电信号输给记录仪或显示器，得到色谱图。利用保留值可定性，利用峰高或峰面积可定量。

外标法是指在一定的操作条件下，用纯组分或已知浓度的标准溶液配制一系列不同含量的标准溶液，准确进样，根据色谱图中组分的峰面积(或峰高)对组分含量作标准曲线，在相同操作条件下，依据样品的峰面积(或峰高)，从标准曲线上查出其相应含量。利用气相色谱法可检测白酒中的甲醇含量：在相同的操作条件下，分别将等量的试样和含甲醇的标准样进行色谱分析，由保留时间可确定试样中是否含有甲醇，比较试样和标准样中甲醇峰的峰面积，可确定试样中甲醇的含量。

三、仪器与试剂

1. 仪器

CG2014C 型气相色谱仪，氢火焰离子化检测器(FID)，色谱工作站，毛细管柱，10μL 微量注射器1支，100mL容量瓶1只，25mL容量瓶5只，5mL吸量管1只。

2. 试剂

甲醇（色谱醇），60%乙醇水溶液（不含甲醇）。取1μL进样，无甲醇峰即可。

四、实验步骤

1. 色谱柱的准备

将内径为0.32mm、长为30m、液膜厚0.5μm的石英毛细管柱安装调试正常。

2. 色谱操作条件

检测器FID；进样口温度180℃；检测器温度200℃；柱温50℃。

3. 甲醇标准溶液的配制

100mL容量瓶中装有少量60%的乙醇溶液，然后在电子天平上准确称量0.5000g的色谱甲醇于此容量瓶中，最后用60%的乙醇溶液定容，此溶液为5g/L的甲醇储备液。

准确吸取甲醇储备液1.0mL、2.0mL、3.0mL、4.0mL、5.0mL，分别置于5个25mL容量瓶中，用60%乙醇稀释到刻度，混匀，分别得到0.2mg/mL、0.4mg/mL、0.6mg/mL、0.8mg/mL、1.0mg/mL的甲醇标准溶液系列。

4. 气相色谱仪的使用方法

(1)打开气体发生器，确认净化器上各开关阀处于全开的位置（ON），等到氮气、氢气、空气的压力达到相应的值后（30～40min），打开仪器电源开关，进入D-7900工作站，设定进样口温度180℃，检测器温度200℃，柱温50℃。点开对应的检测器信号通道（FID：1通道），等仪器升温稳定。

(2)点火：查看检测器温度，等检测器温度达到设定值后，确认仪器右侧下面气路面板上对应检测器的空气阀和氢气阀处于全开的位置。按点火键，确认所使用的检测器火已点着（看是否有水蒸气产生和基线是否有变化）。等基线水平后，依次进样分析。

(3)实验结束后，应当先将氢气发生器关闭，然后把柱箱温度设为30℃，把进样器和检测器关闭，降温，等柱箱温度低于50℃时才能退出软件，关闭仪器电源开关，关闭气体发生器。

5. 标准工作曲线的制作

用微量注射器吸取1μL各色谱级甲醇注入色谱仪，获得色谱图，以保留时间作为对照定性，确定甲醇色谱峰。

在色谱工作站建立新方法（面积外标法），在确定的色谱条件下，依次由低到高分别用注射器准确取1μL标准使用液进行分析，每个浓度点用色谱仪分析3次，测得它们的峰面积，以甲醇平均峰面积为纵坐标y、甲醇浓度为横坐标x，绘制标准工作曲线，得到线性方程和相关系数。

6. 白酒样品中甲醇含量的测定

在相同色谱条件下，吸取1μL白酒样品进行分析，分析结果由色谱工作站直接计算得出。样品重复测定3次，取平均值，便可得到白酒样品中甲醇的含量。

议一议：

1. 为什么甲醇标准溶液要以60%乙醇溶液为溶剂配制？配制甲醇标准溶液时还需要注意什么？

2. 外标法定量的特点是什么？外标法定量的主要误差来源有哪些？

实验三　蔬菜中有机磷农药检测现场考核操作指南

考虑到竞赛的时间要求以及公平、公正的大赛原则，本项目操作规程在参照国标方法《蔬菜和水果中有机磷、有机氯、拟除虫菊酯和氨基甲酸酯类农药多残留的测定》(NY/T 761—2008)基础上略有改动。

操作规程中由组委会统一准备空白样品，每位选手做三个平行加标样(所有样品中加标样的操作由一名裁判使用一把移液枪、一份标准溶液来统一完成)，样品预处理完成后，由组委会统一送至第三方检测机构检测。

组委会为每个选手提供的玻璃器皿均洁净、干燥，无需洗涤。

一、制样

黄瓜(两根)去皮，切小块，放入搅拌机中，打浆。

二、样品提取

准确称取(10.00±0.1)g 黄瓜匀浆于 50mL 离心管中，由指定裁判加入标液 100μL，准确移入 20.0mL 乙腈，于旋涡振荡器上混匀 2min 后用滤纸过滤，滤液收集到装有 2～3g 氯化钠的 50mL 具塞量筒中，收集滤液 20mL 左右，盖上塞子，剧烈振荡 1min，在室温下静置 30min，使乙腈相和水相分层。

三、净化

用移液管从具塞量筒中移取 4.0mL 乙腈相溶液于 10mL 刻度试管中，将其置于氮吹仪中，温度设为 75℃，缓缓通入氮气，蒸发近干，用移液管移入 2.0mL 丙酮，在旋涡混合器上混匀，用 0.2μm 滤膜过滤后，分别移入自动进样器进样瓶中，做好标记，供色谱测定。

四、测定

由裁判收齐样品后统一送至第三方检测机构检测。

五、分析

定量分析时，回收率以三份平行加标样中待测成分的绝对质量来计算，*RSD* 值以三份平行加标样中待测成分的质量分数来计算。

备注：本赛项有几个检测关键点，需举手示意裁判。

练一练

一、填空题

1. 在气-固色谱柱内，各组分的分离是基于组分在吸附剂上的________、________能力的不同；而在气-液色谱中，分离是基于各组分在固定液中________、________能力的不同。

2. 色谱柱是气相色谱仪的核心部分，色谱柱分为________型和________型两类。通常根据色谱柱内填充的固体物质的不同，可把气相色谱法分为________和________两种。

3. 色谱柱的分离效能主要由________决定。

4. 色谱分析选择固定液时根据“相似性原则”，若被分离的组分为非极性物质，则应选用________固定液；对能形成氢键的物质，一般选择________固定液。

5. 色谱分析中，组分流出色谱柱的先后顺序一般符合________，即________先流出，________后流出。

6. 色谱分析从进样开始至每个组分流出曲线达最大值时所需时间为________，其可以作为气相色谱________分析的依据。

7. 一个组分的色谱峰，其________可用于定性分析，________可用于定量分析。峰宽可用于衡量________，色谱峰形越窄，说明柱效________。

8. 无论是采用峰高还是峰面积进行定量，其物质浓度和相应峰高或峰面积之间必须成________关系，符合数学式________，这是色谱定量分析的重要依据。

9. 色谱定量分析中的定量校正因子可分为________和________。

10. 色谱检测器的作用是把被色谱柱分离的________根据其________或________特性转变成________，经放大后由________记录成色谱图。

11. 在色谱分析中常用的检测器有________、________、________、________等。

12. 氢火焰离子化检测器是一种________的检测器，适用于________分析，其主要部件是________。

13. 分离度表示两个相邻色谱峰的________以两个组分________之差与其________之比表示。

二、选择题

1. 气相色谱法作为分析方法的最大特点是(　　)。

A. 进行定性分析　　B. 进行定量分析

C. 分离混合物　　D. 分离混合物并同时进行分析

2. 气相色谱分为两类，它们是(　　)。

A. 气-固色谱　　B. 气-液色谱　　C. 气相色谱　　D. 高效液相色谱

3. 通常把色谱柱内不移动的、起分离作用的固体物质叫(　　)。

A. 担体　　B. 载体　　C. 固定相　　D. 固定液

4. 在气-固色谱分析中使用的活性炭、硅胶、活性氧化铝等都属于(　　)。

A. 载体　　B. 固定液　　C. 固体固定相　　D. 担体

5. 在气-固色谱中，样品中各组分的分离是基于(　　)。

A. 组分的性质不同　　B. 组分溶解度的不同

C. 组分在吸附剂上的吸附能力不同　　D. 组分在吸附剂上的脱附能力不同

6. 在气相色谱中，直接表征组分在固定相中停留时间长短的参数是(　　)。

A. 保留时间　　B. 调整保留时间　　C. 死时间　　D 相对保留值

7. 在气相色谱分析中，定性的参数是（　　）。

A. 保留值　　B. 峰高　　C. 峰面积　　D. 半峰宽

8. 气相色谱中与含量成正比的是（　　）。

A. 保留体积　　B. 保留时间　　C. 相对保留值　　D. 峰面积

9. 气-液色谱中选择固定液的原则是（　　）。

A. 相似相溶　　B. 极性相同　　C. 官能团相同　　D. 分子质量相近

10. 在气-液色谱中，色谱柱使用的上限温度取决于（　　）。

A. 试样中沸点最高组分的沸点　　B. 试样中沸点最低组分的沸点

C. 试样中各组分沸点的平均值　　D. 固定液的最高使用温度

11. 在气-液色谱中，色谱柱使用的下限温度（　　）。

A. 应该不低于试样中沸点最高组分的沸点

B. 应该不低于试样中沸点最低组分的沸点

C. 应该等于试样中各组分沸点的平均值或高于平均沸点 10℃

D. 不应该超过固定液的熔点

12. 在气-液色谱柱内，被测物质中各组分的分离是基于（　　）。

A. 各组分在吸附剂上吸附性能的差异

B. 各组分在固定相和流动相间的分配性能的差异

C. 各组分在固定相中浓度的差异

D. 各组分在吸附剂上脱附能力的差异

13. 对于一台日常使用的气相色谱仪，我们在实际操作中为提高热导检测器的灵敏度，主要采取的措施是（　　）。

A. 改变热导池的热丝电阻　　B. 改变载气的类型

C. 改变桥路电流　　D. 改变热导池的结构

14. 用色谱法进行定量时，要求混合物中每一个组分都需出峰的方法是（　　）。

A. 外标法　　B. 内标法　　C. 归一化法　　D. 叠加法

15. 气-液色谱中，氢火焰离子化检测器优于热导检测器的原因是（　　）。

A. 装置简单　　B. 更灵敏

C. 可检出更多的有机化合物　　D. 用较短的柱能完成同样的分离

三、问答题

1. 气相色谱仪是由哪几部分组成的？各有什么作用？

2. 热导检测器和氢火焰离子化检测器的工作原理是什么？

3. 什么是色谱的保留时间、校正保留时间？保留时间受哪些因素影响？

4. 什么是定量校正因子？色谱定量分析时为什么要测定校正因子？

5. 试比较毛细管气相色谱和一般气相色谱之差异，并说明其优越性。

6. 用一根长 2m 的色谱柱分离 A、B 两种物质，测得两种物质的保留时间分别为 520s 和 560s，空气的保留时间为 40s，两种物质色谱峰的基线宽度均为 1min。若要使两种物质的分离度达到 1.5，求所需的柱长。

7. 用气相色谱法分析丙酮、乙醇混合物中各自的含量，以双环戊二烯为标准测定校正因子。将双环戊二烯、丙酮、乙醇以质量比 30：40：30 混合，测得 3 个峰面积分别为 15cm、30cm、25cm。如果测得样品中丙酮的峰面积为 15cm，乙醇的峰面积为 10cm，用归一化法求上述样品中丙酮和乙醇的百分含量。

模块 7　高效液相色谱法

知识目标

1. 理解主要的名词和术语：液-液分配色谱法、化学键合相色谱法、液-固吸附色谱法及凝胶色谱法。
2. 掌握高效液相色谱法的基本原理、分离条件的选择与优化。
3. 理解高效液相色谱仪的基本组成及各部件的作用、仪器的使用方法。

技能目标

1. 熟悉高效液相色谱仪的主要部件及主要性能。
2. 能基本操作高效液相色谱仪及描述液相色谱分析流程。
3. 掌握高效液相色谱仪的相关分析技术。
4. 能对高效液相色谱仪进行日常维护。

项目 1　高效液相色谱仪的基本结构

知识一　高效液相色谱法概述

高效液相色谱法（HPLC）是 20 世纪 60 年代末、70 年代初从气相色谱和经典液相色谱的基础上发展起来的新型分离、分析技术。它是在经典液相色谱基础上，引入了气相色谱的理论，在技术上采用了高压泵、高效固定相和高灵敏度检测器，因而具备速度快、效率高、灵敏度高、操作自动化的特点。至今高效液相色谱法已在化工生产、制药工业、食品工业、生物化工、医学临床检验和环境监测等领域获得广泛的应用。

1. 高效液相色谱法与经典液相色谱法的比较

（1）高速：HPLC 的分离效率高，速度快，几分钟至几十分钟就可完成检测。色谱柱的寿命长，可达两年以上。

（2）高效：HPLC 在高压（2～6MPa）下操作，填料颗粒小（2～50m），固定相规则、均匀，传质阻力小，柱效高（理论塔板数 N＝4000～60000），分离效率高。

（3）高灵敏度：现代高效液相色谱仪普遍配有高灵敏度检测器，使分析灵敏度比经典液相色谱法有很大的提高（紫外检测器的最小检测限可达 10^{-9} g；荧光检测器的最小检测限可达 10^{-13}～10^{-11} g）。

（4）高自动化：高效液相色谱仪的进样量小，带有自动进样装置和工作站。

2. 高效液相色谱法与气相色谱法的比较

（1）适用范围：气相色谱法适用于沸点低、热稳定性好、中小相对分子质量的化合物，

HPLC 不受此种限制。气相色谱法一般都在较高温度下进行，而 HPLC 则经常可在室温条件下工作。

(2)流动相：气相色谱法的流动相仅运载样品，不起分离作用，但无毒，易于处理。而 HPLC 的流动相除了运载样品外，还有分离作用，可改变流动相组成，进行有效的分离，但流动相一般有毒，费用高。

(3)色谱柱：气相色谱法的色谱柱很长，特别是毛细管柱可长达几十米至上百米，柱效很高(理论塔板数 $N=10^4\sim10^6$)。HPLC 的色谱柱较短，一般为 15～25cm，柱效(理论塔板数 $N=10^3\sim10^4$)低于气相色谱法。

(4)检测器：与气相色谱法相比，HPLC 检测器的种类较多。

(5)制备色谱：气相色谱法难以制备样品，因为进样量小，难以收集或被破坏。HPLC 可进行制备，即制备色谱。

3. 局限性

(1)高效液相色谱法中缺少像气相色谱法中使用的热导检测器、氢火焰离子化检测器那样的通用型检测器。

(2)高效液相色谱法中需使用多种溶剂，其成本比气相色谱法高，且易引起环境污染；当进行梯度淋洗时，操作比气相色谱法的程序升温操作复杂。

(3)高效液相色谱法不能替代气相色谱法去完成要求柱效达 10 万块理论塔板数以上的、组成复杂的石油样品分析；也不能替代中、常压柱色谱法去分析受压易分解、变性的生物活性样品。

4. 应用范围

高效液相色谱法适宜于分析沸点高、相对分子质量大、受热易分解的不稳定有机化合物、生物活性物质以及多种天然产物，这些化合物约占全部有机物的 80%。

知识二　高效液相色谱仪的结构

如图 7-1 所示，高压输液泵将贮液器中的流动相以稳定的流速输送至分析体系，在色谱柱之前通过进样器将样品导入，流动相将样品依次带入预柱、色谱柱，在色谱柱中各组分被分离，并依次随流动相流至检测器，记录仪将检测器送出的信号记录下来，由此得到液相色谱图。

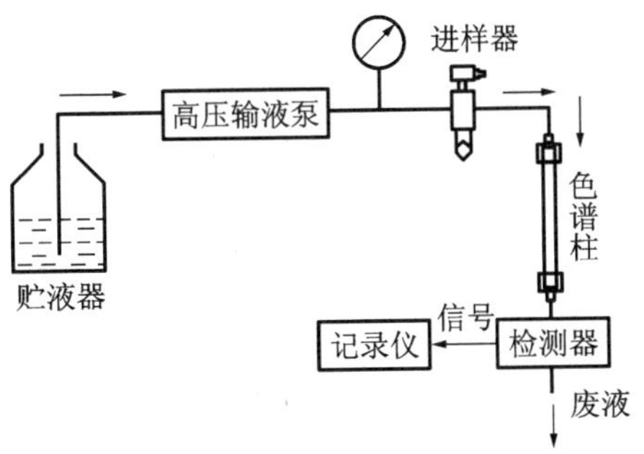

图 7-1　高效液相色谱仪的分析流程

高效液相色谱仪主要由高压输液系统、进样系统、分离系统、检测系统组成。此外还配有脱气、梯度洗脱、自动进样及数据处理等辅助装置。

(一)高压输液系统

由于高效液相色谱法所用固定相颗粒极细，因此对流动相的阻力很大。为使流动相较快流动，必须配备高压输液系统。它是高效液相色谱仪最重要的部件，一般由贮液器、高压输液泵、过滤器、压力脉动阻力器等组成。

1. 高压输液泵

高压输液泵是高效液相色谱仪的核心部件，其作用是将流动相以稳定的流速或压力输送到色谱分离系统。

高压输液泵应满足如下要求：

(1)流量恒定，无脉动，并有较大的调节范围。

(2)能抗溶剂的腐蚀，耐酸、耐碱。

(3)有较高的输送压力。一般分离要求 6.0×10^4 Pa 的压力；高效分离要求 $(1.5\sim3.0)\times10^7$ Pa 的压力或更高。

(4)泵的死体积要小，便于迅速更换溶剂和进行梯度淋洗。

常用的高压输液泵分为恒流泵和恒压泵两种：恒流泵在一定操作条件下的输出流量恒定，与色谱柱引起的阻力变化无关。恒压泵能保持输出压力恒定，其流量随色谱系统的阻力而变化，保留时间的重现性差。

目前恒流泵正逐渐取代恒压泵。恒流泵又称机械泵，分为机械注射泵和机械往复泵两种，应用最多的是机械往复泵，如图 7-2 所示。

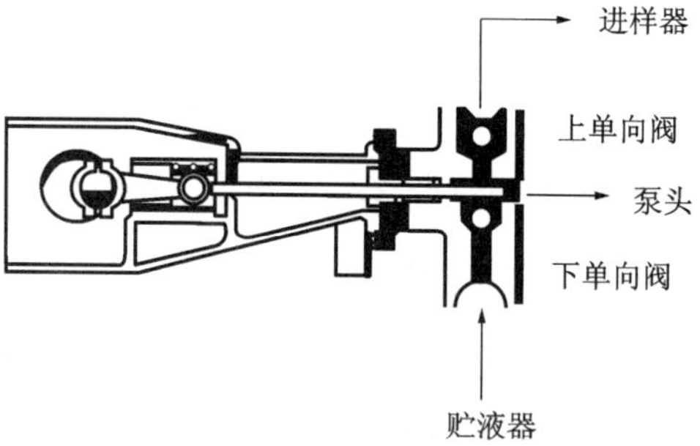

图 7-2　机械往复泵

2. 过滤器

在高压输液泵的进口和它的出口与进样阀之间，应设置过滤器。高压输液泵的活塞和进样阀阀芯的机械加工精度非常高，微小的机械杂质进入流动相，会导致上述部件的损坏；同时机械杂质在柱头的积累会造成柱压升高，使色谱柱不能正常工作。因此管道过滤器的安装是十分必要的。

3. 脱气装置

流动相溶液往往因溶解有氧气或混入了空气而形成气泡。气泡进入检测器后会在色谱图上出现尖锐的噪声峰。小气泡慢慢聚集后会变成大气泡，大气泡进入流路或色谱柱中会使流动相的流速变慢或出现流速不稳定，致使基线起伏。气泡一旦进入色谱柱，排出这些气泡则很费时间。在荧光检测中，溶解氧还会使荧光淬灭。溶解气体还可能引起某些样品的氧化或使溶液的 pH 值发生变化。

目前，液相色谱流动相脱气使用较多的是：①离线超声波振荡脱气；②在线惰性气体(氦气)鼓泡吹扫脱气;③在线真空脱气。

真空脱气装置的原理:将流动相通过一段由多孔性合成树脂膜制造的输液管,该输液管外有真空容器,真空泵工作时,膜外侧被减压,相对分子质量小的氧气、氮气、二氧化碳就会从膜内进入膜外而被脱除。一般真空脱气装置有多条流路,可同时对多个溶液进行脱气。

4. 梯度洗脱装置

在进行多成分的复杂样品的分离时,经常会碰到前面的一些成分分离不完全,而后面的一些成分分离度太大,且出峰很晚和峰形较差等问题。为了使保留值相差很大的多种成分在合理的时间内全部达到相互分离,往往要用到梯度洗脱技术。

HPLC 的梯度洗脱是指流动相梯度洗脱,即在分离过程中改变流动相的组成或浓度。梯度洗脱装置有两类:低压梯度洗脱装置,即在常压下预先按一定的程序将溶剂混合后再用泵输出色谱柱,如图 7-3 所示;高压梯度洗脱装置,即将溶剂用高压泵增压后输入色谱系统梯度混合室,加以混合后送入色谱柱,如图 7-4 所示。

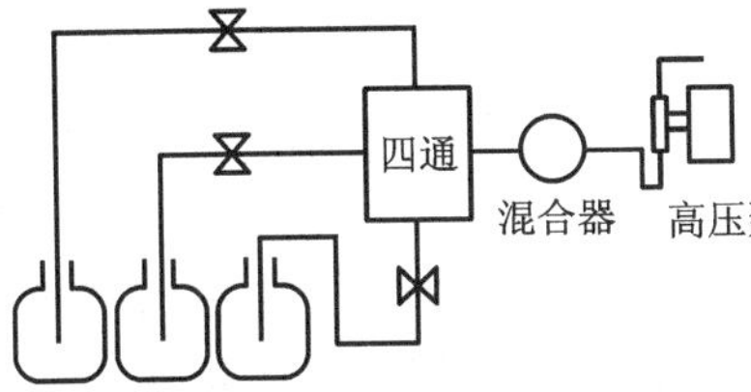

图 7-3 低压梯度洗脱装置

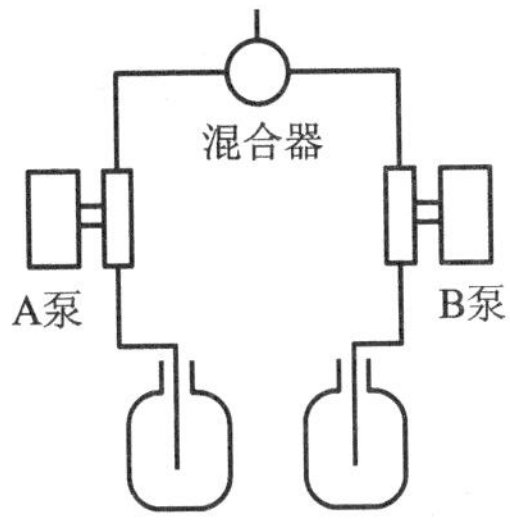

图 7-4 高压梯度洗脱装置

梯度洗脱的优点:①改善峰形;②提高柱效;③减少分析时间;④使强烈滞留的组分不容易留在柱上,保持良好的柱性能。

梯度洗脱与气相色谱法的程序升温十分类似,两者的目的相同,不同的是程序升温是通过改变柱温达到目的,而梯度洗脱是通过改变流动相的组成、极性、pH 值等达到目的。

(二)进样系统

进样器是将样品溶液准确送入色谱柱的装置,分手动和自动两种方式。进样器要求密封性好,死体积小,重复性好,进样时引起色谱系统的压力和流量波动要很小。

1. 六通阀进样器

六通阀的阀体是不锈钢材料,旋转密封部分由坚硬的合金陶瓷材料制成。现在的液相色谱仪所采用的手动进样器几乎都是耐高压、重复性好和操作方便的六通阀进样器,进样体积由定量管确定。六通阀进样器的结构如图 7-5 所示。

操作时先将阀柄至于图 7-5(a)所示的取样位置,这时样品入口只与定量管接通,用平头注射器吸取比定量管体积稍多的样品从"1"处注入定量管,多余的样品从"2"处排出。将进样器阀柄顺时针转动至图 7-5(b)所示的进样位置时,流动相与定量管接通,样品被流动相带到色谱柱中进行分离、分析。

2. 自动进样器

自动进样器由计算机自动控制定量阀工作。取样、进样、复位、样品管路清洗和样品盘的转动,全部按预定程序自动进行,一次可进行几十个或上百个样品的自动分析。自动进样器的样品量可连续调节,进样重复性高,适合作大量样品分析。

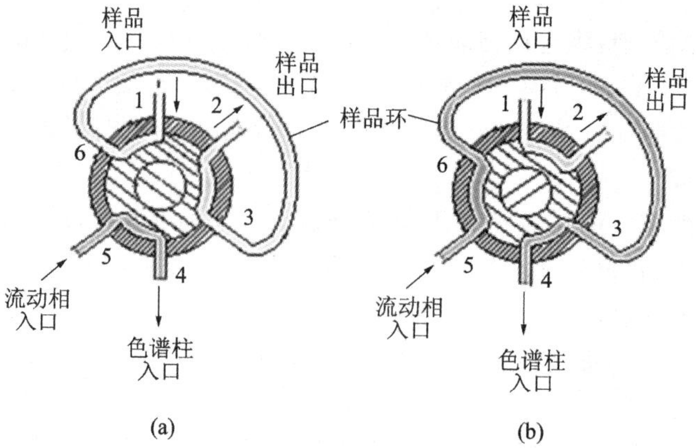

图 7-5　六通阀进样器

(a)取样位置;(b)进样位置

(三)分离系统——色谱柱

色谱柱是液相色谱仪的心脏部件,它包括柱管与固定相两部分。色谱柱柱管的材料有玻璃、不锈钢、铝、铜及内衬光滑的聚合材料等,其结构如图 7-6 所示。玻璃管耐压有限,故金属管用得较多。色谱柱通过柱两端的接头与进样器或检测器连接,通过螺帽将柱管和柱接头牢固地连接成一体。另外,在色谱柱的上、下两端要安装过滤片,过滤片一般用多孔不锈钢烧结材料。此烧结片上的孔径小于填料颗粒直径,却可让流动相顺利通过,并可阻挡流动相中的极小的机械杂质以保护色谱柱。

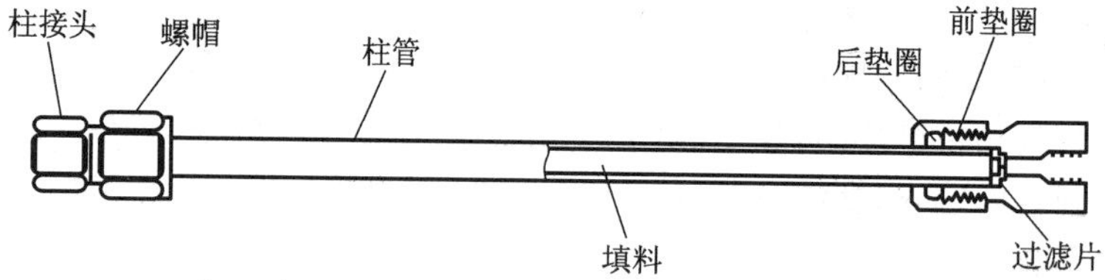

图 7-6　液相色谱柱示意图

色谱柱一般长 5～30cm,内径为 4～5mm。凝胶色谱柱的内径为 3～12mm,制备柱的内径较大,可达 25mm 以上。色谱柱的外形如图 7-7 所示。一般在分离前备有一个前置柱,前置柱内的填充物和色谱柱完全一样,这样可使淋洗溶剂由于经过前置柱而使其中的固定相饱和,使它在流过色谱柱时不再洗脱其中的固定相,保证色谱柱的性能不受影响。柱子装填得好坏对柱效的影响很大。对于细粒度的填料(<20μm)一般采用匀浆填充法装柱,即先将填料调成匀浆,然后在高压泵的作用下,快速将其压入装有洗脱液的色谱柱内,经冲洗后即可备用。色谱柱的发展趋势是减小填料粒度和柱径以提高柱效。

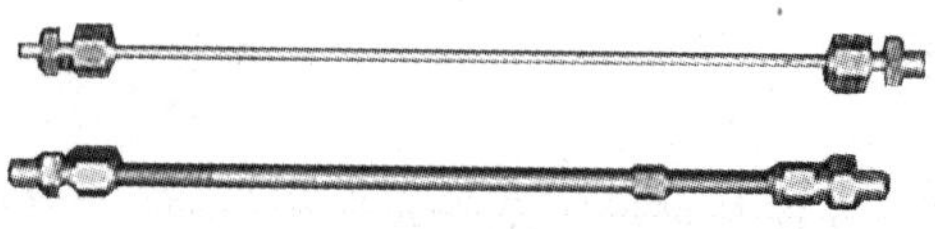

图 7-7　色谱柱的外形

(四)检测系统

液相色谱检测器是用来连续监测经色谱柱分离后的流出物的组成和含量变化的装置。它是利用溶质的某一物理或化学性质与流动相有差异的原理，当溶质从色谱柱流出时，会导致流动相背景值发生变化，从而在色谱图上以色谱峰的形式记录下来。

1. 检测器的要求

一个理想的液相色谱检测器应具备以下特征：灵敏度高；对所有的溶质都有快速响应；响应对流动相流量和温度变化都不敏感；不引起柱外谱带扩展；线性范围宽；适用的范围广。但实际上没有一种检测器能完全具备这些特征。

2. 检测器的分类

(1)按检测对象分类

①溶质型检测器：仅对被分离组分的物理或化学特性有响应，如紫外吸收检测器(UVD)、荧光检测器、二极管阵列检测器等。它们分别测量溶质对紫外光的吸收和溶质在紫外光照射下发射的荧光强度。此类检测器灵敏度高，可单流路或双流路补偿测量，对流动相流量和温度变化不敏感。不能使用对紫外线有吸收的流动相。此类检测器可用于痕量分析和梯度洗脱。

②总体检测器：对试样和洗脱液总的物理或化学性质有响应，如示差折光检测器(RID)、电导检测器(ECD)、蒸发光散射检测器(ELSD)和质谱检测器(MSD)等。它们分别测定柱后流出液总体的折射率和电导率。此类检测器测定灵敏度低，必须用双流路进行补偿测量；易受温度和流量波动的影响，造成较大的漂移和噪声；不适合于痕量分析和梯度洗脱。

(2)按适用性分类

①专用型检测器：它对不同组成的物质的响应差别极大，因此只能选择性地检测某些物质，如紫外吸收检测器、荧光检测器和电导检测器。

②通用型检测器：它对大多数物质的响应相差不大，几乎适用于所有物质，如示差折光检测器。但它的灵敏度低，受温度影响的波动较大，使用时有一定的局限性。

3. 常见的检测器

液相色谱法中使用比较广泛的检测器有紫外-可见光检测器、二极管阵列检测器、示差折光检测器、荧光检测器及蒸发光散射检测器。

(1)紫外-可见光检测器

紫外-可见光(UV-VIS)检测器的检测原理基于 Lambert-Beer 定律，即被测组分对紫外光或可见光具有吸收，且吸收强度与组分浓度成正比。紫外-可见光检测器的结构如图 7-8 所示。很多有机分子都具有紫外光或可见光吸收基团，有较强的紫外光或可见光吸收能力，因此紫外-可见光检测器既有较高的灵敏度，又有很广泛的应用范围。由于紫外-可见光检测器对环境温度、流速、流动相组成等的变化不是很敏感，因此还能用于梯度淋洗。一般的液相色谱仪都配置有紫外-可见光检测器。用紫外-可见光检测器，为了得到高的灵敏度，常选择被测物质能产生最大吸收的波长作检测波长，但为了选择性或其他目的也可适当牺牲灵敏度而选择吸收稍弱的波长。另外，应尽可能选择在检测波长下没有背景吸收的流动相。

紫外-可见光检测器在高效液相色谱法中应用最广，约占 70%。对于在紫外-可见光区无强吸收的组分，需要经过衍生化，才可以用紫外-可见光检测器，如糖类、氨基酸、类脂化物。不能用在紫外-可见光区有吸收的溶剂作流动相。

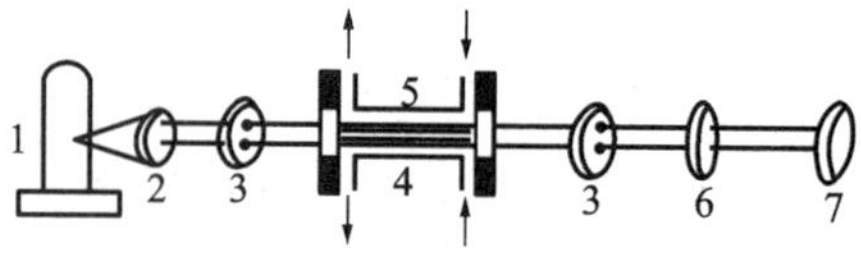

图 7-8　紫外-可见光检测器结构示意图

1—低压汞灯；2—透镜；3—遮光板；4—测量池；
5—参比池；6—紫外滤光片；7—双紫外光敏电阻

优点：灵敏度高（最小检测度 10^{-9} g/mL），对温度和流速不敏感，可用于梯度洗脱。

缺点：只能用于对紫外-可见光有吸收组分的测定，溶剂的选择受限制。

（2）二极管阵列检测器

二极管阵列检测器是一种更为先进的检测器。光束从氘灯辐射通过移动部件（光闸）后直接通过吸收池、狭缝、光栅，分光后分别照射约千个二极管阵列检测器上，约 10ms 给出一次信号，保证保留时间极短的色谱组分的光谱图不失真。二极管阵列检测器的结构如图 7-9 所示。其数据重现性好，灵敏度高，适用于痕量分析。

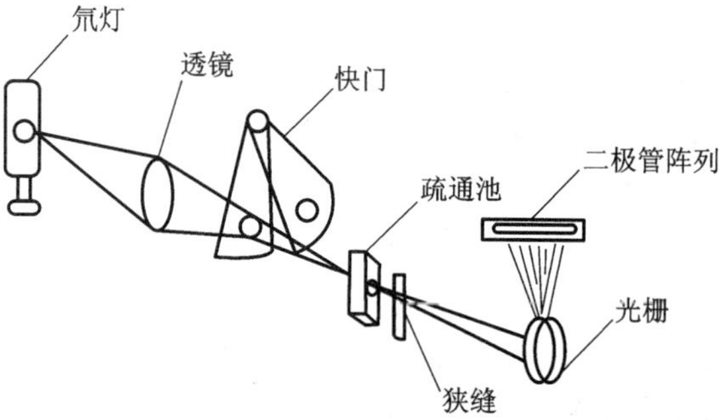

图 7-9　二极管阵列检测器结构示意图

优点：获得的吸收值是保留时间和波长函数的类似于等高线的三维图；由于获得多种信息，使每一个组分在整个波长范围内的光谱信息大大增加，及时得出每一组分的色谱图相应的光谱数据，确定最佳选择性和灵敏度的波长；可以与色谱工作站联用，对每一个峰从程序库中进行检索来确定该化合物。

（3）示差折光检测器

示差折光检测器（RID）是一种中等灵敏度（10^{-6} g/mL）的通用型检测器。检测原理：样品组分的折射率与流动相溶剂的折射率有差异，当组分洗脱出来时，会引起流动相折射率的变化，这种变化与样品组分的浓度成正比。示差折光检测器根据其设计原理可分为反射式、折射式（偏振式）和干涉式三种类型。

优点：灵敏度适宜，操作简便，是一种通用型的检测器。

缺点：对温度变化敏感，不能用于梯度洗脱。

应用范围：聚合物、糖。还用于分析用紫外-可见光检测器和荧光检测器无法检测的样品。

（4）荧光检测器

荧光检测器是利用某些物质被一定强度和波长的紫外光照射后，发射出较激发光波长要长的荧光来进行检测的。荧光强度与激发光强度、量子效率和样品浓度成正比。有的有机化合物虽然本身不产生荧光，但可以与发荧光物质反应，衍生化后检测。

荧光检测器的灵敏度比紫外-可见光检测器要高 100 倍，当要对痕量组分进行选择性检测时，它是一种强有力的检测工具。但它的线性范围较窄，不宜作为一般的检测器来使用。荧光检测器也可用于梯度洗脱。测定中不能使用可熄灭、抑制或吸收荧光的溶剂作流动相。此检测器已在生物化工、临床医学检验、食品检验、环境检测中获得广泛的应用。

(5)蒸发光散射检测器

蒸发光散射检测器(ELSD)是 20 世纪 90 年代研制的，是利用在一定条件下粒子的数量不变，光散射强度正比于由溶质浓度决定的粒子的大小而进行测量的。其原理是基于光线通过微小的粒子时产生光散射现象。由色谱柱分离的组分随流动相进入雾化器中被高速的载气流(氮气或空气)喷成一种薄雾，进入蒸发器后蒸发成蒸气，再被光阱捕集，以防止反射。蒸气态的溶剂通过光路后，光线反射到检测器后被记录成基线。云雾状溶质颗粒通过光路时，使光线散射后被光电倍增管收集得到样品信号。

蒸发光散射检测器是示差折光检测器的新型替代品，主要用于不产生荧光、又无紫外吸收的有机物，如糖类、高级脂肪酸、磷脂、甘油三酯、维生素、甾类皂苷等物质的测定。

优点：

①通用性强，灵敏度高。

②对流动相系统的温度变化不敏感，可进行梯度洗脱。

③响应因子具有一致性。响应值仅取决于光束中溶质颗粒的大小和数量，检测器对有的物质几乎具有相同的响应因子。

④可消除流动相和杂质的干扰，提高分辨率。

⑤便于应用质谱分析。

缺点：

①受样品组分和流动相挥发性因素的限制。要求样品组分应是非挥发性或半挥发性的，而流动相应是挥发性溶剂。

②对某些样品的线性范围窄，有时不呈现线性关系，定量分析复杂。

(五)数据处理系统

数据处理系统又称色谱工作站。它可对分析全过程(分析条件、仪器状态、分析状态)进行在线显示，自动采集、处理和储存分析数据。一些配置了积分仪或记录仪的老型号液相色谱仪在很多实验室中仍在使用，但近年新购置的色谱仪一般都带有数据处理系统，使用起来非常方便。

项目 2 高效液相色谱定性与定量方法

知识一 高效液相色谱法的基本概念和术语

1. 色谱流出曲线

(1)色谱图：指样品流经色谱柱和检测器所得到的响应信号-时间曲线，如图 7-10 所示。

(2)色谱流出曲线：指色谱图中随时间或载气流出体积变化的响应信号曲线，即以组分流出色谱柱的时间(t)或载气流出体积(V)为横坐标，以检测器对各组分的电信号响应值为

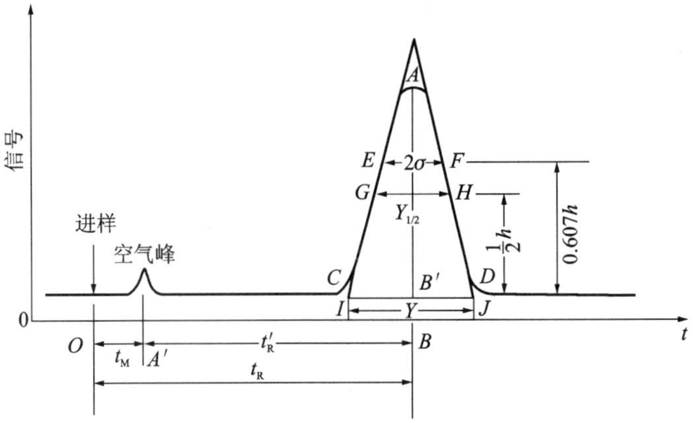

图 7-10　色谱图

纵坐标的一条曲线。色谱图上的每一个色谱峰代表样品中的一个组分。

(3)基线:当没有组分进入检测器时,色谱流出曲线是一条只反映仪器噪声随时间变化的曲线,称为基线。当操作条件变化不大时,可得到如同一条直线的稳定基线。

(4)基线噪声:因电源接触不良或瞬时过载、检测器不稳定、流动相含有气泡或色谱柱被污染所致的基线起伏。

(5)基线漂移:基线随时间的缓慢变化。主要由于操作条件如电压、温度、流动相及流量的不稳定所引起。柱内的污染物或固定相不断被洗脱下来也会产生漂移。

(6)色谱峰:当有组分进入检测器时,色谱流出曲线就会偏离基线,此时绘出的曲线称为色谱峰。正常的色谱峰近似于对称形正态分布曲线(高斯曲线)。

2. 定量参数

与液相色谱的定量分析有关的参数主要有峰高、峰面积、峰拐点、峰宽与半峰宽等。

(1)峰高:h,指峰顶到基线的距离,如图 7-10 中的 AB'。

(2)峰面积:A,指每个组分的流出曲线与基线间所包围的面积。

(3)峰拐点:E、F,在组分流出曲线上二阶导数等于零的点称为峰拐点,如图 7-10 中的 E 点与 F 点。

(4)峰宽:Y,指色谱峰两侧拐点处所作的切线与峰底相交两点之间的距离,如图 7-10 中的 IJ。

(5)半峰宽:$Y_{1/2}$,即在峰高一半处的峰宽,如图 7-10 中的 GH。

3. 定性参数

保留值是用来描述各组分色谱峰在色谱图中的位置的,是液相色谱定性的参数。

(1)死时间:OA',从进样开始到惰性组分从柱中流出,呈现浓度极大值时所需要的时间,以 t_M 表示(图 7-10)。

(2)保留时间:OB,从进样到色谱柱后出现待测组分信号极大值所需要的时间,以 t_R 表示(图 7-10)。

(3)调整保留时间:扣除死时间后的保留时间,以 t'_R 表示,$t'_R = t_R - t_M$。

(4)相对保留值:r_{is},一定的实验条件下组分 i 与另一标准组分 s 的调整保留时间之比。

$$r_{is}=\frac{t'_{Ri}}{t'_{Rs}}$$

式中，r_{is}表示固定相对两种组分的选择性。r_{is}越大，表明该色谱体系对这两组分的保留程度相差越大，即选择性越好，被分离组分越容易达到良好的分离，所以 r_{is} 又称为选择性因子。r_{is}只与柱温、固定相性质有关，而与柱长、柱内径、载气流速及填充情况等无关。

知识二 高效液相色谱定性方法

由于液相色谱法过程中影响溶质迁移的因素较多，同一组分在不同色谱条件下的保留值相差很大，即便在相同的操作条件下，同一组分在不同色谱柱上的保留值也可能有很大差别，因此液相色谱法与气相色谱法相比，定性的难度更高。常用的定性方法有如下几种。

1. 利用已知标准样品定性

利用已知标准样品对未知化合物定性是最常用的液相色谱定性方法，该方法的原理与气相色谱法的相同。由于每一种化合物在特定的色谱条件下(流动相组成、色谱柱、柱温等相同)，其保留值具有特征性，因此可利用保留值进行定性。如果在相同的色谱条件下被测化合物与标准样品的保留值一致，就可初步认为被测化合物与标准样品相同。若流动相组成经多次改变后，被测化合物的保留值仍与标准样品的保留值一致，就能进一步证实被测化合物与标准样品为同一化合物。具体方法有：利用保留时间定性，如图 7-11 所示；用已知物增加峰高法定性，即将已知标准物质加到待测样品，若某一峰增高，且改变色谱柱或流动相组成后仍能使该峰增高，则可基本认定该峰与已知标准物为同一物质，如图 7-12 所示。

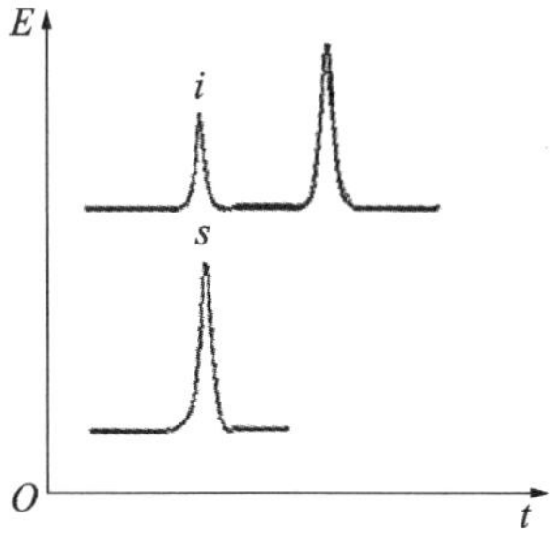

图 7-11 利用保留时间定性

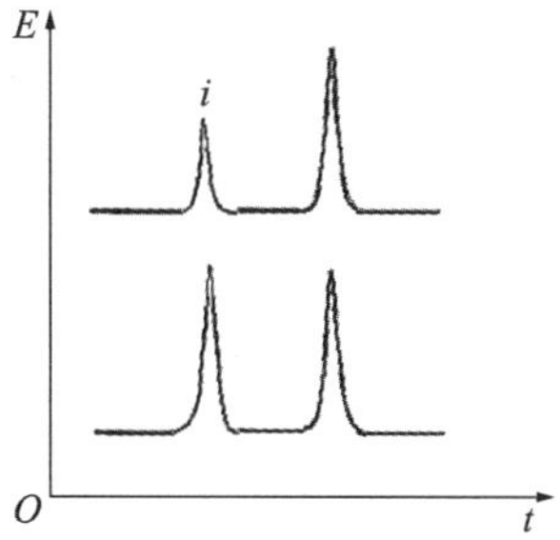

图 7-12 利用已知物增加峰高法定性

2. 利用检测器的选择性定性

同一种检测器对不同种类的化合物的响应值是不同的，而不同的检测器对同一种化合物的响应值也是不同的。所以当某一被测化合物同时被两种或两种以上的检测器检测时，两种检测器或几种检测器对被测化合物检测灵敏度的比值是与被测化合物的性质密切相关的，可以用来对被测化合物进行定性分析。这就是双检测器定性体系的基本原理。

3. 利用紫外检测器全波长扫描功能定性

全波长扫描紫外检测器可以根据被检测化合物的紫外光谱图提供一些有价值的定性信息。方法是：在色谱图上某组分的色谱峰出现极大值，即最高浓度时，通过停泵等手段使组分在检测池中滞留，然后对检测池中的组分进行全波长扫描，得到该组分的紫外-可见光谱图；再取可能的标准样品按同样的方法处理。对比两者光谱图即能鉴别出该组分与标准样品是否相同。对于某些有特殊紫外光谱图的化合物，也可以通过对照标准谱图的方法识别化合物。

知识三　高效液相色谱定量方法

1. 归一化法定量

把所有出峰的组分含量之和按100%计的定量方法，称归一化法。

适用范围：样品中所有组分均能流出色谱柱，并在检测器上产生信号。主要应用于GC定量测定，在HPLC中很少使用。

计算公式为：

$$w_i = \frac{f'_i A_i}{\sum f'_i A_i} \times 100\%$$

式中　A_i—— 组分 i 的峰面积；

f'_i——组分 i 的质量校正因子。

优点：与进样量无关；不需要标样；简便。

缺点：各组分须全部流出，并在检测器产生信号；校正因子的测定较复杂。

2. 外标法(标准曲线法)定量

外标法是以待测组分纯品配制成标准试样和待测试样，同时作色谱分析来进行比较而定量，如图7-13所示。

测定样品中组分含量时，根据峰面积和峰高在标准工作曲线上直接查出进入色谱柱中样品组分的浓度。

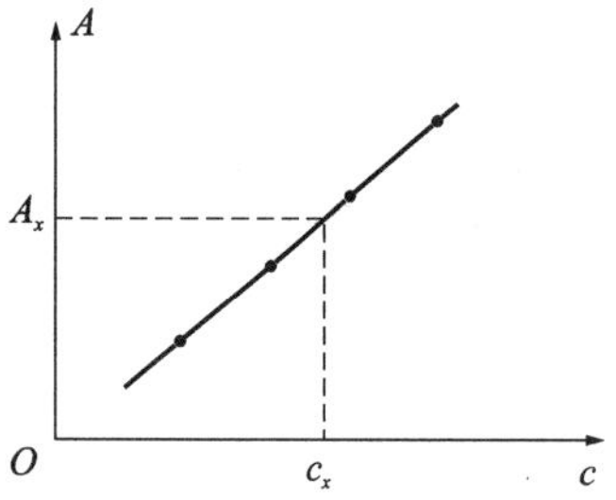

图7-13　外标法定量

计算公式为：

校正因子：

$$f = \frac{\text{标样响应值} A}{\text{标样浓度} c}$$

未知组分的浓度：

$$c = \frac{\text{样品响应值}}{f}$$

优点：操作、计算简单，是一种常用的定量方法；无需各组分都被检出；适合大量样品的分析。

缺点：需要标样，且标样及未知样品的测定条件要一致；进样体积要准确，要求仪器稳定性良好。

3. 内标法定量

内标法是将一定质量的纯物质作为内标物加到一定量的被分析样品混合物中，然后对含有内标物的样品进行色谱分析，分别测定内标物和待测组分的峰面积(或峰高)及相对校正因子，按公式和方法即可求出被测组分在样品中的百分含量。内标法可省去测定相对校正因子的工作，特别适用于大批量样品的测定。若要获得很高精度的结果，可加入数种内标物。

计算公式为：

$$w_i = f'_i \frac{m_s A_i(h_i)}{m_{样}\ A_s(h_s)} \times 100\%$$

式中　f'_i——待测组分(i)对内标物(s)的质量相对校正因子，可由实验测定或由文献值进行计算得到；

$A_i(h_i)$——组分 i 的峰面积或峰高；

$A_s(h_s)$——内标物 s 的峰面积或峰高。

优点：进样量要求不严格，进样量变化、色谱条件的微小变化对内标法定量结果的影响不大；在样品前处理前加入内标物，再进行样品前处理，可部分补偿待测组分在样品前处理时的损失；只对所测组分做校正。

缺点：必须在样品中加入内标物；操作较烦琐；内标物的选择困难。

4. 标准加入法定量

标准加入法实质上是一种特殊的内标法，是在选不到合适的内标物时，以预测组分的纯物质为内标物，加入到待测样品中，然后在相同的色谱条件下测定加入待测组分纯物质的峰面积（或峰高），从而计算待测组分在样品中的含量。

计算公式为：

$$w_{测} = \frac{m_s}{m_{样}(\frac{h_{i+s}}{h_i} - 1)} \times 100\%$$

优点：用欲测组分的纯物质作标准物质，操作简单。若在样品的预处理之前就加入已知准确量的欲测组分，可完全补偿欲测组分在预处理过程中的损失。

缺点：要求进样量十分准确，要求加入欲测组分前、后的色谱操作条件完全相同。

项目3 高效液相色谱法的分离原理

知识一 液-固吸附色谱法

1. 分离原理

液-固吸附色谱法是基于被测组分在固定相表面具有吸附作用，且各组分的吸附能力不同，使组分在固定相中产生保留和实现分离。

2. 固定相

固定相是固体吸附剂，它们是一些多孔性的极性微粒物质，如氧化铝、硅胶、活性炭、聚乙烯、聚酰胺等。由于硅胶的优点较多，如线性容量较高、机械性能好、不溶胀、与大多数试样不发生化学反应等，因此以硅胶用得最多。在 HPLC 中，表面多孔型微粒填料和全多孔型微粒填料都可作吸附色谱中的固定相，它们具有填料均匀、粒度小、孔穴浅的优点，能极大地提高柱效。但表面多孔型微粒填料由于试样容量较小，目前最广泛使用的还是全多孔型微粒填料。

3. 流动相

在高效液相色谱分析中，除了固定相对样品的分离起主要作用外，合适的流动相（也称洗脱剂）对改善分离效果也会产生重要的辅助效应。在吸附色谱中，对极性强的试样往往采用极性强的洗脱剂；对极性弱的试样宜用极性弱的洗脱剂。

4. 分离过程

硅羟基呈微酸性，易与氢结合，是吸附的活性点。流动相溶剂在吸附剂表面形成单分子或双分子吸附层，当样品分子进入色谱柱时，样品主要靠氢键结合力吸附到硅羟基上，与流动相分子竞争吸附点。样品分子反复地被吸附，又反复地被流动相分子顶替解吸，随着流动相的流动而在柱中向前移动。因为不同的样品分子在固定相表面的吸附能力不同，因而吸附-解吸的速度不同，各组分被洗脱的时间（保留时间）也就不同，使得各组分相互分离。

5.应用

液-固吸附色谱在早期的HPLC中应用得最多，现在，很多以前用吸附色谱分离的物质被更方便和更有效的化学键合相反相分配色谱所代替。由于硅羟基活性点在硅胶表面常按一定的几何规律排列，因此液-固吸附色谱用于结构异构体分离和族分离仍是最有效的方法，如农药异构体分离，石油中烷、烯、芳烃的分离。

知识二　液-液分配色谱法

1.分离原理

液-液分配色谱法主要基于样品分子在流动相和固定相（液相）间的溶解度不同（分配作用）而实现分离。作为固定相的液相与流动相互不相溶，它们之间有一个界面。固定液对被分离组分而言是一种很好的溶剂。当被分析的样品进入色谱柱后，各组分按照它们各自的分配系数，很快地在两相间达到分配平衡，这种分配平衡的结果导致各组分迁移速度的不同，从而实现了分离。

2.分类

根据固定相和流动相相对极性的不同，液-液分配色谱法可分为：正相分配色谱法，即固定相的极性大于流动相的极性；反向分配色谱法，即固定相的极性小于流动相的极性。

正相分配色谱法：固定相载体上涂布的是极性固定液，流动相是非极性溶剂。它可用来分离极性较强的水溶性样品，洗脱顺序与液-固吸附色谱法在极性吸附剂上的洗脱顺序相似，即非极性组分先洗脱出来，极性组分后洗脱出来。

反相分配色谱法：固定相载体上涂布极性较弱或非极性的固定液，而用极性较强的溶剂作流动相。它可用来分离油溶性样品，其洗脱顺序与正相分配色谱法相反，即极性组分先被洗脱出来，非极性组分后被洗脱出来。

3.固定相

分配色谱法的固定相由两部分组成：一部分是惰性载体，另一部分是涂渍在惰性载体上的固定液。在液-液分配色谱法中使用的惰性载体（也叫担体）主要是一些固定吸附剂，如全多孔球形或无定形微粒硅胶、全多孔氧化铝等。

4.流动相

在液-液分配色谱中，为了避免固定相的流失，对流动相的一个基本要求是流动相尽可能不与固定相互溶，而且流动相与固定相的极性差别越显著越好。

知识三　化学键合相色谱法

固定相采用化学键合相的液相色谱法称为化学键合相色谱法，简称键合相色谱法。根据键合固定相与流动相相对极性的强弱，可将键合相色谱法分为正相键合相色谱法和反相键合相色谱法。

1. 分离原理

(1)正相键合相色谱法:在正相键合相色谱法中,键合固定相的极性大于流动相的极性,适用于分离油溶性或水溶性的极性或强极性化合物。正相键合相色谱法以极性有机基团,CN、NH_2 双羟基等键合在硅胶表面,作为固定相;而以非极性或极性小的溶剂(如烃类)中加入适量的极性溶剂(如氯仿、醇等)为流动相,分离极性化合物。此时,组分的分配比 K 值随其极性的增加而增大,但随流动相极性的增加而减小。这种色谱方法主要用于分离异构体、极性不同的化合物,特别适用于分离不同类型的化合物。

(2)反相键合相色谱法:在反相键合相色谱法中,键合固定相的极性小于流动相的极性,适用于分离非极性、极性和离子型化合物。反相键合相色谱法采用极性较小的键合固定相,如硅胶-$C_{18}H_{37}$、硅胶-苯基等;流动相采用极性较强的溶剂,如甲醇、乙腈、水和无机盐的缓冲溶液等。它多用于分离多环芳烃等低极性化合物。若采用含一定比例的甲醇或乙腈的水溶液为流动相,也可用于分离极性化合物。若采用水和无机盐的缓冲液为流动相,则可分离一些易离解的样品,如有机酸、有机碱、酚类等。反相键合相色谱法具有柱效高、能获得无拖尾色谱峰的优点,应用最广泛。

2. 固定相

用来制备键合固定相的载体几乎都是硅胶。硅胶表面的硅醇基(Si—OH)与有机物可成键,即可得到各种性能的固定相。一般可分三类:

(1)极性键合固定相(极性基团):键合在载体表面的功能分子是具有二醇基、醚基、氰基、氨基等极性基团的有机分子。

(2)非极性键合固定相(疏水基团):键合在载体表面的功能分子是烷基、苯基等非极性有机分子。如最常用的ODS(Octa Decyltrichloro Silane)柱或 C_{18} 柱,它是将十八烷基三氯硅烷通过化学反应与硅胶表面的硅羟基结合,在硅胶表面形成化学键合态的十八烷基,其极性很小。

(3)离子交换基团:如作为阴离子交换基团的胺基、季铵盐;作为阳离子交换基团的磺酸等。

3. 流动相

正相键合相色谱法的流动相为正己烷、正庚烷、乙醚、二氯甲烷、氯仿等。正己烷为主体,加入质子接受体乙醚或甲基叔丁基醚、质子给予体氯仿、偶极溶剂二氯甲烷。

反相键合相色谱法的流动相为水、甲醇、乙腈、四氢呋喃、乙醇及其混合物等。以水为主体,加入质子接受体甲醇、质子给予体乙腈、偶极溶剂四氢呋喃。

键合相色谱法的优点:通过改变流动相的组成和种类,可有效地分离各种类型化合物(非极性、极性和离子型)。此外,由于键合到载体上的基团不易流失,特别适用于梯度淋洗。据统计,在高效液相色谱法中,约有80%的分离问题是用键合相色谱法解决的。

键合相色谱法的缺点:不能用于酸、碱度过大或存在氧化剂的缓冲溶液作流动相的体系。

知识四 凝胶色谱法

凝胶色谱法以多孔性物质作固定相,样品分子受固定相孔径大小的影响而达到分离。样品分子与固定相之间不存在相互作用力(吸附、分配和离子交换等),因而凝胶色谱法又常被称作体积排斥色谱法、空间排阻色谱法、分子筛色谱法等。比固定相孔径大的溶质分子不能进入孔内，迅速流出色谱柱，不能被分离。比固定相孔径小的分子才能进入孔内而产生保留，溶质分子体积越小，进入固定相孔内的概率越大，于是在固定相中停留（保留）的时间也就越长。凝胶色谱法的分离过程如图 7-14 所示。

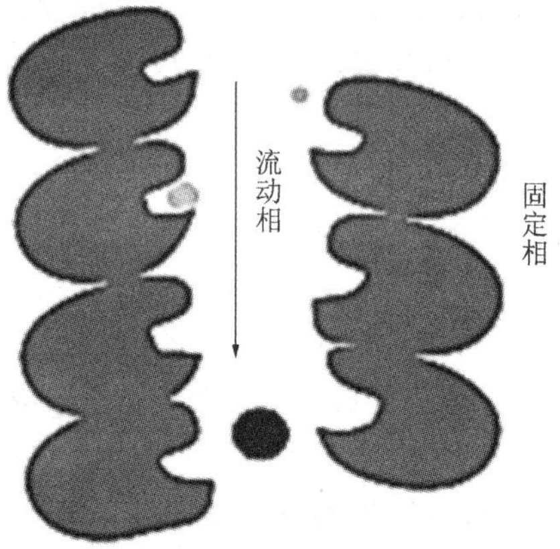

图 7-14　凝胶色谱法分离过程示意图

在凝胶色谱法中，固定相是化学惰性的多孔性材料，如聚苯乙烯凝胶、亲水凝胶、无机多孔材料；流动相的作用不是控制分离，而是溶解样品或减小流动相的黏度。

根据所用流动相的不同，凝胶色谱法可分为两类：凝胶过滤色谱（GFC）法以水或缓冲溶液作流动相的凝胶色谱法，主要适合于水溶性高分子的分离；凝胶渗透色谱（GPC）法以有机溶剂作流动相的凝胶色谱法，主要适合于脂溶性高分子的分离，如甲苯和四氢呋喃能很好地溶解合成高分子，所以 GPC 主要用于合成高分子的分子量（分布）的测定。

项目 4　高效液相色谱法分离条件的优化

在进行高效液相色谱分析时，一个色谱分离的优劣，是由色谱柱的柱容量、被分析组分的分离度和完成分析需要的分析时间这三个重要特性来评价的。

知识一　分离度与色谱分离基本方程式

1. 分离度——柱的总分离效能指标

通常填充好的色谱柱的柱容量是确定的，相邻组分分离度的表达式为：

$$R = \frac{2(t_{R2} - t_{R1})}{W_1 + W_2}$$

式中　R——分离度；

t_R——保留时间；

W——峰底宽度。

不同 R 值的峰重叠情况如图 7-15 所示。

$R=1.5$，色谱图中两个相邻色谱峰完全分离开；

$R=1.0$，两个相邻组分只有 94%分离开（最低指标）；

$R<1.0$，两相邻色谱峰有明显重叠。

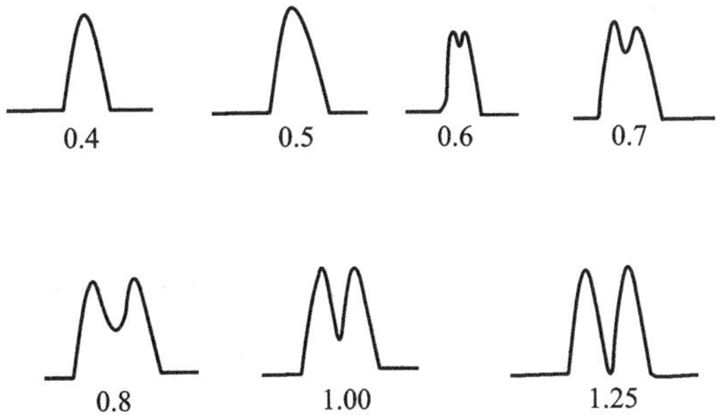

图 7-15　不同 *R* 值的峰重叠情况

2. 色谱分离基本方程式

若相邻两峰的峰底宽近似相等，令 $W_2=W_1=W$，引入相邻两组分的分离因子和塔板数，分离度公式演变为下式：

$$R=\frac{\sqrt{n}}{4}\times\frac{\alpha-1}{\alpha}\times\frac{k'}{1+k'}$$

式中　n——理论塔板数，即柱效；

α——两相邻组分的相对分离程度，即选择性系数；

k'——容量因子。

从上式可以看出，分别增大 n、α、k'值，都可以提高分离度。

知识二　分离条件的优化

1. 分离选择性对分离度的影响

为达到某一确定分离度，选择性系数的优化十分重要。对于预期柱效 $10^3\sim10^5$ 块/m 理论塔板的色谱柱，若相邻组分 k'为 1～10，且 $\alpha>1.05\sim1.10$，则易达到多组分优化分离的最低指标（$R=1.0$），如图 7-16 所示。

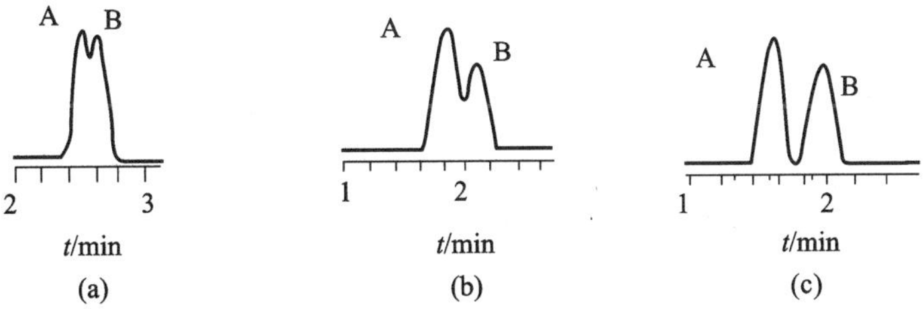

图 7-16　选择性对分离度的影响

(a)$\alpha=1.04$；(b)$\alpha=1.35$；(a)$\alpha=1.50$

选定一种高效液相色谱方法时，很难将各组分间的分离度都调至最佳，只能使少数几对难分离物质的分离度至少保持 $R=1.0$。

$R<1.0$，仅呈半峰处分离，则应通过改变流动相组成或改变流动相流速，调节分离度，尽可能使 $R=1.0$，才能满足准确定量分析的要求。

改变分离选择性的方法：改用不同的流动相；改变流动相的组成；改变流动相的 pH 值；改变柱温；改变固定相等。

2.柱效对分离度的影响

柱效对分离度的影响如图 7-17 所示。

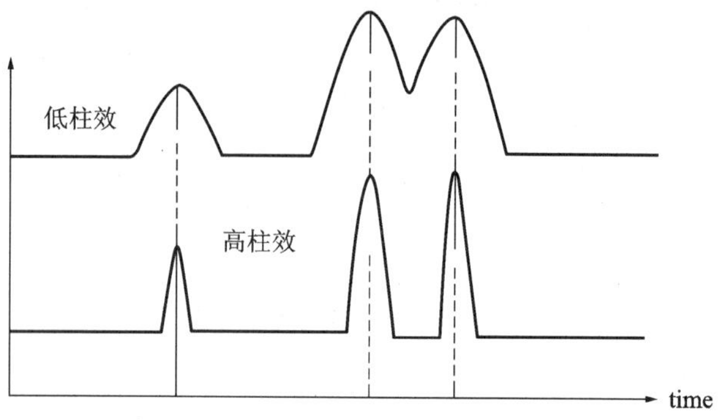

图 7-17　柱效对分离度的影响

图 7-17 中，分离选择性值完全相同，仅仅由于柱效高低不同而使得它们具有不同的分离度。直观地看，峰的尖锐程度代表了柱效高低，峰越尖锐，其柱效越高，通常使用理论塔板数 n 的大小衡量柱效的高低。

理论塔板数和理论塔板高度的计算方法如下。

理论塔板数：

$$n = 5.54\left(\frac{t_R}{W_{1/2}}\right)^2$$

理论塔板高度：

$$H = \frac{L}{n}$$

式中，L 为色谱柱柱长。

对于分析型色谱柱，选择操作参数的一般原则如下：色谱柱长 L 为 10～25cm；柱内径 ϕ（直径）为 4～6mm；固定相的粒度 d_p 为 5～10μm；柱压力降 Δp 为 5～14MPa；理论塔板数 n 为(2～5)×10^3～(2～10)×10^4 块/m。

3.容量因子对分离度的影响

在 HPLC 分析中，容量因子 k'是一个非常重要的参数，对如何选择流动相的溶剂组成、改善多组分分离的选择性都发挥着重要的作用。

$$k' = t'_R/t_M$$

$$t'_R = t_R - t_M$$

在 HPLC 分析中，死时间表示了一个在高效液相色谱固定相上未被滞留组分的保留时间。

保留时间和容量因子由色谱过程的热力学因素控制，可通过改变流动相的组成和使用梯度洗脱来进行调节。若使用恒定组成流动相洗脱，与组分保留时间对应的容量因子 k'应保持在 1～10 之间，以求获得满意的分析结果。

对组成复杂、由具有宽范围 k'值组分构成的混合物，需用梯度洗脱技术，才能使样品中的每个组分都在最佳状态下洗脱出来。容量因子 k'与$\frac{k'}{k'+1}$的关系如表 7-1 所示。

表 7-1 容量因子 k' 与 $\frac{k'}{k'+1}$ 的关系

k'	1	5	7	9	11	13	∞
$\frac{k'}{k'+1}$	0.50	0.83	0.88	0.90	0.92	0.93	1.00

由表 7-1 看出，容量因子越大，分离度越大。但当容量因子大于 10 时，$\frac{k'}{k'+1}$ 的改变不大，而分析时间将大大延长。k' 的最佳范围是 $1<k<20$。

改变容量因子的方法有：改变柱温；改变柱死体积，其中死体积对 $\frac{k'}{k'+1}$ 的影响很大；改变流动相的配比，是最简便、最有效的方法。

项目 5　高效液相色谱仪的维护

1. 贮液器

储存的流动相在使用前都应用 0.45μm 的滤膜过滤，脱气后方可使用。溶剂过滤器使用 3～6 个月后，若出现阻塞，可先经超声波振荡器清洗。若无效，应及时更换。贮液器要定期清洗，尤其当使用磷酸盐缓冲溶液时，易产生絮状沉积物，必须及时清除，否则易引起柱阻塞。

2. 高压输液泵

所用流动相或溶剂均必须经过过滤和脱气，使用中应注意柱前压是否稳定。若压力突然升高，表明管道过滤器或色谱柱头堵塞，应立即停用，待更换过滤片，清理色谱柱头堵塞后方可重新开启高压输液泵。当使用酸或碱缓冲溶液或腐蚀性溶剂后，应及时清洗，防止无机盐结垢，造成泵柱塞受到磨损或腐蚀。当复式泵泵头的单向阀排液不畅通时，应拆开通向混合器的接头，用流动相冲洗出机械杂质，而不要轻易拆开单向阀而导致泵无法工作。

3. 六通阀进样器

转动进样阀转动手柄时用力要适当；进样前应使样品混合均匀，无可溶解的污染物，以免堵塞六通阀；液相进样针应为平头针，以保护阀体的密封垫；每次工作结束后应冲洗进样阀，以防止缓冲盐和其他残留物留在进样系统中。

4. 色谱柱

在进样阀后加流路过滤器（0.5μm 烧结不锈钢片）以阻挡来自样品和进样阀垫圈的微粒；在流路过滤器和分析柱之间加上“保护柱”，收集阻塞柱进口的来自样品的降低柱效的化学“垃圾”；色谱柱应在要求的 pH 值范围和柱温范围下使用，应使用不损坏柱的流动相；进样前应将样品进行必要的净化，以免进样后对色谱柱造成损伤；每次工作结束后，如果流动相是水和有机溶剂系列，则用流动相冲洗 30min 左右；如果流动相中含有盐溶液，则先用水-甲醇（90∶10）冲洗然后再用纯甲醇冲洗 20min 并保存。

5. 检测器

每次使用时应及时排除流通池中的气泡，开机后待基线平直再注入样品进行分析。

【读一读】

高效液相色谱法中常遇见的问题及处理方法

一、基线噪声大

可能原因：

1. 泵压不稳，流动池有气泡，流动池被污染，色谱柱被污染，系统管路被污染。

2. 灯能量不足，光学系统老化或被污染，参数设置不合理。

3. 外界因素影响，如电源、温度和湿度、振动等。

二、峰面积重现性不好

1. 首先观察压力是否稳定，以及峰面积的变化是否有规律。若压力不稳定，请检查造成压力不稳定的因素，如漏液、排液时间不足够、盐浓度过高导致盐析、主动阀内漏等。

2. 若压力稳定但峰面积呈无规律变化，请检查样品是否足够，确认样品的稳定性，必要时重新配制。检查进样阀是否漏液等。

3. 若压力稳定且峰面积呈规律变化，多数为色谱柱未平衡好。

三、保留时间不稳定

1. 首先观察保留时间是否有规律地变化，并同时观察压力是否稳定。若压力稳定而保留时间呈有规律变化，多数是色谱柱未平衡好，特别是含有盐的流动相，需较长的时间去平衡。

2. 若压力稳定而保留时间无规律变化，请检查溶剂过滤头及真空腔是否有堵塞，再平衡色谱柱足够时间。如仍然不佳，可更换色谱柱。

3. 若压力不稳定，请检查造成压力不稳定的因素，如漏液、排液时间不足够、盐浓度过高导致盐析、主动阀内漏等。

做一做

实验一　饮料中抗坏血酸和D-异抗坏血酸的测定

一、实验目的

1. 了解液相色谱仪的基本结构和原理。
2. 学习液相色谱仪的使用方法。
3. 掌握应用标准曲线法进行定量分析的方法。

二、实验原理

试样加适量流动相溶解、稀释后，经液相色谱法亲水作用色谱（HILIC 色谱）柱分离，紫外检测器检测，外标法定量。

三、仪器和试剂

1. 仪器

液相色谱仪：配紫外检测器；亲水作用色谱柱：250mm×4.6mm，5μm，10nm 或性能相当的其他型号色谱柱；电子分析天平(感量 0.1mg)；超声波清洗器；离心机；匀浆机；0.45μm 一次性微孔滤膜，有机相。

2. 试剂

乙腈，色谱纯；磷酸；抗坏血酸，纯度>99.7%；D-异抗坏血酸，纯度>99.7%；磷酸水溶液(0.1%)(吸取磷酸 1mL，加一级水定容至 1000mL)。

四、实验步骤

1. 配制标准溶液

(1)抗坏血酸标准溶液：准确称取 100mg 抗坏血酸标准品(精确至 0.1mg)于 100mL 棕色容量瓶中，加 0.1%磷酸水溶液定容至刻度，得浓度为 1mg/mL 的抗坏血酸标准溶液。准确吸取抗坏血酸标准溶液 1mL、2mL、5mL、10mL、20mL 于 100mL 棕色容量瓶中，加流动相稀释并定容至刻度，得浓度为 10μg/mL、20μg/mL、50μg/mL、100μg/mL、200μg/mL 的抗坏血酸的系列标准溶液。取此系列标准溶液适量，用 0.45μm 一次性微孔滤膜过滤至 2mL 进样瓶中，待测。现用现配。

(2)D-异抗坏血酸标准溶液：准确称取 100mg D-异抗坏血酸标准品(精确至 0.1mg)于 100mL 棕色容量瓶中，加 0.1%磷酸水溶液定容至刻度，得浓度为 1mg/mL 的 D-异抗坏血酸标准溶液。准确吸取 D-异抗坏血酸标准溶液 1mL、2mL、5mL、10mL、20mL 于 100mL 棕色容量瓶中，加流动相稀释并定容至刻度，得浓度为 10μg/mL、20μg/mL、50μg/mL、100μg/mL、200μg/mL 的 D-抗坏血酸的系列标准溶液。取此系列标准溶液适量，用 0.45μm 一次性微孔滤膜过滤至 2mL 进样瓶中，待测。现用现配。

2. 试样制备

(1)汽水、可乐型饮料需超声振荡以除去二氧化碳：取饮料样品适量，置于 250mL 烧杯中，超声振荡 5min，放至室温，备用。

(2)粒粒橙等含果肉较多的果蔬汁饮料需先匀浆：取饮料样品适量，置于 250mL 烧杯中，10000rmp 匀浆 1min 后置于 50mL 离心机中，4000rmp 离心 5min 后取上清液备用。

3. 试样处理

(1)液体试样：准确称取饮料样品 2g，精确至 0.001g，置于 50mL 容量瓶中，加流动相稀释并定容至刻度。充分振荡混匀后，取此试样溶液适量，用 0.45μm 一次性微孔滤膜过滤至 2mL 进样瓶中，待测。

(2)固体试样：准确称取试样 2g，精确至 0.001g，置于 50mL 容量瓶中，加适量 0.1%磷酸水溶液至试样溶解，充分振荡，加流动相稀释并定容至刻度。充分振荡混匀此试样溶液后，用 0.45μm 一次性微孔滤膜过滤至 2mL 进样瓶中，待测。

4. 测定

(1)液相色谱测定方法：准确吸取试样和标准品溶液，按规定色谱条件分别进样 20μL，记录色谱图。以抗坏血酸和D-异抗坏血酸保留时间定性,外标法峰面积定量。

(2)液相色谱参考条件

①亲水作用色谱柱:250mm×4.6mm,5μm,10nm或性能相当的其他型号色谱柱;

②检测波长:245nm;

③流动相:0.1%磷酸溶液+乙腈=10+90;

④流速:1.0mL/min;

⑤进样体积:20μL;

⑥柱温:40℃。

五、结果计算

按下式计算结果:

$$x = \frac{c \times V}{m}$$

式中 x——试样中抗坏血酸或D-异抗坏血酸含量,mg/kg;

c——从色谱工作站中读出试液中抗坏血酸或D-异抗坏血酸的浓度,μg/mL;

V——试样定容体积,mL;

m——试样质量,g。

计算结果保留三位有效数字。

议一议:

怎样提高实验结果的精密度?

实验二　花生黄曲霉毒素 B_1 的测定

一、实验目的

1. 了解液相色谱仪的基本结构和原理。
2. 学习荧光检测器的使用方法。
3. 掌握应用标准曲线法进行定量分析的方法。

二、实验原理

样品中黄曲霉毒素 B_1 经提取、浓缩、衍生化,反相 C_{18} 柱分离后,在激发波长365nm、荧光波长440nm下检测,外标法定量,计算样品中黄曲霉毒素 B_1 的含量。

三、仪器和试剂

1. 仪器

(1)切片机,粉碎机,旋涡混合器,超声波清洗器。

(2)天平,感量为1mg;中速定性滤纸。

(3)干热氮吹仪,控温50℃;烘箱,控温50℃。

(4)0.45μm有机相滤膜。

(5)C_{18}色谱柱(3.9mm×150mm)。

(6)液相色谱仪(带荧光检测器)。

2.试剂

除注明外所使用试剂均为分析纯,水为 GB/T 6682 规定的二级水。

(1)甲醇:色谱纯。

(2)乙腈:色谱纯。

(3)甲醇溶液(含 4%氯化钠):取 4g 氯化钠溶于 70mL 甲醇和 30mL 水的混合溶液。

(4)三氟乙酸。

(5)石油醚(60～90℃)。

(6)三氯甲烷。

(7)黄曲霉毒素 B_1 标准储备液,10mg/L。

四、实验步骤

1.试样制备

花生样品中的水分及挥发物含量超过 10%时,在 45℃左右的条件下通风干燥。将干燥的花生样品在切片机中切片至 0.5mm 左右,再经粉碎机粉碎,过 0.42mm 筛。

2.提取

称取 20g(精确至 10mg)样品,置于 250mL 具塞锥形瓶中,加 60mL 甲醇溶液。50℃水浴超声提取 5min(每隔 1min 取出,旋涡混合 1 次),过双层中速定性滤纸,收集滤液于小烧杯中,取滤液 10mL 于试管 a 中,加入 5mL 石油醚,旋涡混合 30s,静置 2min,待分层后,弃上层液,取下层溶液 5mL 于试管 b 中,加入 5mL 三氯甲烷至试管 b 中,旋涡混合 10s,静置 2min,取出上层液于试管 c 中,再加入 5mL 三氯甲烷至试管 b 中,旋涡混合 10s,静置 2min,取上层液。合并两次提取液于试管 c 中。

3.柱前衍生

将提取液置于干热氮吹仪 50℃恒温吹干,加入 200μL 衍生试剂,盖好塞子,旋涡混合 30s,50℃烘箱中衍生 5min,置于干热氮吹仪 50℃恒温吹干,用 1mL 流动相溶解,过有机相滤膜,滤液用液相色谱分析。

4.色谱分析

(1)取黄曲霉毒素 B_1 标准储备液,用甲醇稀释成 20μg/L、40μg/L、80μg/L、160μg/L、320μg/L 标准使用液连同样品依次进样,进行液相色谱检测,建立工作曲线。

(2)色谱条件:流动相:乙腈+甲醇+水=13+12+75;流速:0.8mL/min;进样量 10μL;柱温 30℃;检测器:EX(365nm),EM(440nm)。

五、结果计算

试样中黄曲霉毒素 B_1 的含量以质量分数 w 计,单位为 μg/kg,按下式进行计算:

$$w = m_1 \frac{V_1 \times D}{V_2} \times \frac{1000 \times 1000}{m}$$

式中　m_1——从工作曲线上计算出进样体积样品中黄曲霉毒素 B_1 的质量,μg;

V_1——加入流动相的体积,mL;

V_2——进样体积,μL;
D——样液的总稀释倍数;
m——试样质量,g。
计算结果保留至小数点后一位。

六、精密度验证

测定结果用算术平均值表示。两次平行测定结果的相对误差小于10%。

议一议:

荧光检测器有什么特点?使用中应注意哪些事项?

实验三　柑橘及制品中多甲氧基黄酮含量的测定

一、实验目的

1.进一步学习高效液相色谱仪的使用方法。

2.熟练掌握应用标准曲线法进行准确定量分析的方法。

二、实验原理

试样中的多甲氧基黄酮经甲醇超声提取、净化、微孔滤膜过滤,高效液相色谱法测定,外标法定量。

三、仪器与试剂

1.仪器

(1)高效液相色谱仪:带紫外检测器。

(2)分析天平,感量为0.001g和0.00001g。

(3)组织捣碎机。

(4)超声波清洗器。

(5)旋转蒸发仪。

(6)超低温冰箱。

(7)离心机。

(8)滤膜:0.45μm,有机相。

2.试剂

除注明外所使用试剂均为分析纯,水为GB/T 6682规定的一级水。

(1)甲醇:色谱纯。

(2)乙酸溶液(0.5%):量取5mL乙酸,定容至1000mL。

(3)蜜橘黄酮标准品(纯度≥96.0%)。

(4)甜橙黄酮标准品(纯度≥96.0%)。

(5)多甲氧基黄酮标准储备液:分别称取5.00mg(精确到0.01mg)甜橙黄酮、蜜橘黄酮标准品,溶于甲醇中,用甲醇定容至50mL,配制成质量浓度为100mg/L的标准储备液。

四、实验步骤

1.试样制备

(1)鲜果果实样品:果皮、果肉和种子分开处理。按四分法缩分后将其切碎,放入组织捣碎机中捣成匀浆后取样。

(2)罐头样品:样品放入组织捣碎机中捣成匀浆后取样。

(3)果汁及饮料样品:充分混匀后直接取样。

2.提取

(1)鲜果果皮、种子:称取试样 1g(精确至 0.001g)于 50mL 离心管中,加入甲醇 10.00mL,50℃下超声处理 30min,以 10000r/min 离心 10min,收集上清液于容量瓶中,残渣以 10mL 甲醇重复提取两次,合并上清液,用甲醇定容至 50mL,0.45μm 微孔滤膜过滤后待测。

(2)果肉、罐头、果汁及饮料:称取试样 5g(精确至 0.001g)于 50mL 离心管中,加入甲醇 10.00mL,超声处理 10min,以 10000r/min 离心 10min,收集上清液于容量瓶中,残渣以 10mL 甲醇重复提取一次,合并上清液,用甲醇定容至 25mL。提取液 10mL,在 50℃下减压旋转浓缩至近干,加入甲醇 2.00mL,用 0.45μm 微孔滤膜过滤后待测。

3.仪器参考条件

(1)色谱柱:C_{18}色谱柱(4.6mm×250mm,粒度 5μm)或同等性能的色谱柱。

(2)柱温:35℃。

(3)进样量:10μL。

(4)检测波长:330nm。

(5)流动相:见下表。

流动相梯度洗脱程序

时间(min)	流速(mL/min)	A 相(乙酸溶液,%)	B 相(甲醇,%)
0	1.00	60	40
5	1.00	35	65
15	1.00	35	65
16	1.00	10	90
20	1.00	10	90
21	1.00	60	40
25	1.00	60	40

4.标准工作曲线

取标准储备溶液,用甲醇稀释成质量浓度为 0.02mg/L、0.10mg/L、0.50mg/L、2.5mg/L、10.0mg/L、20.0 mg/L、30.0mg/L 的标准工作溶液,进行测定。以甜橙黄酮和蜜橘黄酮的质量浓度为横坐标,相应的积分峰面积为纵坐标,绘制标准曲线或求线性回归方程。使用液连同样品依次进样,进行液相色谱检测,建立工作曲线。

5.测定

取 10μL 相应的标准工作溶液和待测液顺序进样,以保留时间定性,以色谱峰面积积分值定量，试样溶液中甜橙黄酮和蜜橘黄酮的响应值均应在定量测定范围之内。

6. 空白试验

除不加试样外，其他步骤同试样操作步骤进行。

五、结果计算

试样中甜橙黄酮和蜜橘黄酮的含量以质量浓度 w 计，单位为 mg/kg，按下式进行计算。

$$w = \frac{\rho \times V \times 1000}{m \times 1000} \times n$$

式中 ρ——试样中甜橙黄酮和蜜橘黄酮的质量浓度，mg/L；

V——试样最终定容体积，mL；

m——试样质量，g。

n——稀释倍数（鲜果果皮、种子为 1，果肉、罐头、果汁及饮料为 0.2）。

取两次平行测定结果的算术平均值，计算结果保留三位有效数字。

议一议：

鲜果果皮、果肉罐头、果汁中的甜橙黄酮和蜜橘黄酮有什么区别？

实验四　牛奶中甲砜霉素残留量的测定

一、实验目的

应用火焰原子吸收光谱仪对指定样品进行精确检测。

二、实验原理

试料中残留的甲砜霉素，用乙酸乙酯提取，正己烷除脂，C_{18}柱净化，高效液相色谱-紫外测定，外标法定量。

三、仪器与试剂

1. 仪器

(1) 高效液相色谱仪：带紫外检测器。

(2) 分析天平，感量为 0.00001g。

(3) 天平：感量为 0.01g。

(4) 固相萃取装置。

(5) 旋转蒸发仪。

(6) 氮气吹干仪。

(7) 离心机。

(8) 滤膜：0.45μm。

(9) 振荡混合器。

(10) 鸡心瓶：150mL。

(11) 具塞塑料离心管：50mL。

2. 试剂

除注明外所使用试剂均为分析纯，水为GB/T 6682规定的一级水。

(1)甲砜霉素对照品：含量≥99.0%。

(2)乙酸乙酯。

(3)正己烷。

(4)乙腈：色谱纯。

(5)C_{18}固相萃取柱：200mg/mL。

(6)1mg/mL甲砜霉素标准贮备液：精密称取甲砜霉素对照品10mg于10mL容量瓶中，用乙腈溶解并稀释至刻度，配制成浓度为1mg/mL的标准贮备液。

(7)10μg/mL甲砜霉素标准工作液：精密量取1mg/mL甲砜霉素标准贮备液1.0mL于100mL容量瓶中，用流动相稀释，配制成浓度为10μg/mL的甲砜霉素标准工作液。

四、实验步骤

1. 试料制备

取适量新鲜或冷藏的空白或供试牛奶，混合均匀。

取均质后的供试样品，作为供试试料。

取均质后的空白样品，作为空白试料。

取均质后的空白样品，添加适宜浓度的标准溶液，作为空白添加试料。

2. 提取

称取试料5g于50mL离心管中，加乙酸乙酯20mL，振荡10min，4000r/min离心5min，取上清液于鸡心瓶中，残渣中加乙酸乙酯20mL，重复提取一次，合并两次提取液，于45℃旋转蒸发至近干，加水5mL于鸡心瓶中，超声5min使充分溶解，转至50mL离心管中。再加水5mL于鸡心瓶中重复溶解后转至同一离心管中。加入20mL正己烷，振荡5min，4000r/min离心2min，取下层液备用。

3. 净化

C_{18}柱依次用乙腈5mL和水5mL活化。取备用液过柱，控制流速1mL/min，挤干。用乙腈5mL洗脱，收集洗脱液，于45℃氮气吹干，用流动相1.0mL溶解残余物，滤膜过滤，供高效液相色谱测定。

4. 标准曲线的制备

精密量取10μg/mL甲砜霉素标准工作液适量，用流动相稀释，配成浓度为20μg/mL、50μg/mL、125μg/mL、250μg/mL和500μg/mL的系列标准溶液，供高效液相色谱测定。以测得的峰面积为纵坐标，对应的标准溶液浓度为横坐标，绘制标准曲线。求回归方程和相关系数。

5. 高效液相色谱测定

(1)色谱条件

色谱柱：C_{18}(250mm×4.6mm，粒径5μm)。

流动相：乙腈＋水(20＋80，体积比)，使用前经滤膜过滤，超声。

流速：1.0mL/min。

检测波长：225nm。

柱温：30℃。

进样量：20μL。

(2)测定法：取试样溶液和相应的标准溶液，作单点或多点校准，按外标法，以峰面积计算。标准溶液及试样溶液中甲砜霉素的响应值应在仪器检测的线性范围之内。

6.空白试验

除不加试料外，采用完全相同的步骤进行平行操作。

五、结果计算

试料中甲砜霉素的残留量按下式计算：

$$X=\frac{c\times V}{m}$$

式中 X——供试试料中甲砜霉素的残留量，μg/kg；

c——试样溶液中甲砜霉素的浓度，ng/mL；

V——溶解残余物的流动相体积，mL；

m——供试试料质量，g。

注意：计算结果需扣除空白值。最终结果用平行测定结果的算术平均值表示，计算结果保留三位有效数字。

议一议：

牛奶中的甲砜霉素对人身体有何影响？

练一练

一、填空题

1.高效液相色谱仪最基本的组件是________、________、________、________和________。

2.高压输液系统一般包括________、________、________和________。

3.高效液相色谱仪中，常用的进样器有________和________。

4.示差折光检测器，又称________检测器，是一种________检测器，它是通过连续监测________和________中溶液的折射率之差来测定试样浓度的检测器。

5.高压输液泵按工作方式的不同可分为________和________两大类。

二、单项选择题

1.(　　)在输送流动相时无脉冲。

A.气动放大泵　　B.单活塞往复泵　　C.双活塞往复泵　　D.隔膜往复泵

2.(　　)属于质量型检测器。

A.UV-VIS　　B.RID　　C.ECD　　D.ELSD

3.一般评价烷基键合相色谱柱时所用的流动相为(　　)。

A.甲醇-水(83：17)　　B.甲醇-水(57：43)

C.正庚烷-异丙醇(93：7)　　D.水-乙腈(98.5：1.5)

4. 液-液分配色谱法是利用混合物中各组分在固定相和流动相中溶解度的差异进行分离的，分配系数大的组分，其(　　)大。

A. 峰高　　B. 峰面　　C. 峰宽　　D. 保留值

5. 高效液相色谱流动相脱气稍差造成(　　)。

A. 分离不好，噪声增加　　B. 保留时间改变，灵敏度下降

C. 保留时间改变，噪声增加　　D. 基线噪声增大，灵敏度下降

6. 在高效液相色谱流程中，试样混合物在(　　)中被分离。

A. 检测器　　B. 记录器　　C. 色谱柱　　D. 进样器

7. 在液相色谱法中，提高柱效最有效的途径是(　　)。

A. 提高柱温　　B. 提高流动相流速　　C. 降低流动相流速　　D. 减小填料粒度

8. 在液相色谱中用作制备目的的色谱柱内径一般在(　　)mm 以上。

A. 3　　B. 4　　C. 5　　D. 6

9. 液相色谱中通用型检测器是(　　)。

A. 紫外吸收检测器　　B. 示差折光检测器　　C. 热导检测器　　D. 氢焰检测器

10. 在液相色谱中，紫外检测器的灵敏度可达到(　　)g。

A. 10^{-6}　　B. 10^{-8}　　C. 10^{-10}　　D. 10^{-12}

11. 在各种液相色谱检测器中，紫外-可见光检测器的使用率约为(　　)。

A. 70%　　B. 60%　　C. 80%　　D. 90%

12. 液相色谱流动相过滤必须使用(　　)粒径的过滤膜。

A. 0.5μm　　B. 0.45μm　　C. 0.6μm　　D. 0.55μm

13. 选择固定液的基本原则是(　　)。

A. 相似相溶　　B. 待测组分相对分子质量

C. 组分在两相的分配　　D. 流动相相对分子质量

14. 按分离原理分类，液相色谱法属于(　　)。

A. 分配色谱法　　B. 排阻色谱法　　C. 离子交换色谱法　　D. 吸附色谱法

15. 在液相色谱中，为了改变色谱柱的选择性，可以进行(　　)操作。

A. 改变流动相的种类或柱长　　B. 改变固定相的种类或柱长

C. 改变固定相的种类和流动相的种类　　D. 改变填料的粒度和柱长

三、多项选择题

1. 常用的液相色谱检测器有(　　)。

A. 氢火焰离子化检测器　　B. 紫外-可见光检测器

C. 折光指数检测器　　D. 荧光检测器

2. 高效液相色谱仪与气相色谱仪比较，增加了(　　)。

A. 贮液器　　B. 恒温器　　C. 高压泵　　D. 程序升温

3. 高效液相色谱仪中的三个关键部件是(　　)。

A. 色谱柱　　B. 高压泵　　C. 检测器　　D. 数据处理系统

4. 液-固吸附色谱中，流动相应满足以下要求：(　　)。

A. 流动相不影响样品检测　　B. 样品不能溶解在流动相中

C. 优先选择黏度小的流动相　　D. 流动相不得与样品和吸附剂反应

5. 可以用来配制高效液相色谱流动相的溶剂是(　　)。

A. 甲醇　　B. 水　　C. 甲烷　　D. 乙腈

6. 在高效液相色谱分析中使用的折光指数检测器属于(　　)。

A. 整体性质检测器　　B. 溶质性质检测器

C. 通用型检测器　　D. 非破坏性检测器

7. 使用液相色谱仪时需要注意(　　)。

A. 使用预柱保护分析柱　　B. 避免流动相组成及极性的剧烈变化

C. 使用流动相前必须经脱气和过滤处理　　D. 压力降低是需要更换预柱的信号

8. 液-液分配色谱法是利用混合物中各组分在固定相和流动相中溶解度的差异进行分离的，分配系数大的组分，其(　　)大。

A. 峰高　　B. 保留时间　　C. 峰宽　　D. 保留值

9. 高效液相色谱法中，使用流动相前要进行(　　)处理。

A. 超声波脱气　　B. 加热去除絮凝物　　C. 过滤去除颗粒物　　D. 静置沉降

10. 高效液相色谱法中，流动相水的含量为(　　)时，一般不会对色谱柱造成影响。

A. 90%　　B. 95%　　C. 75%　　D. 85%

四、判断题

(　　)1. 高效液相色谱分析中，固定相极性大于流动相极性称为正相色谱法。

(　　)2. 高效液相色谱仪的流程为：高压泵将贮液器中的流动相稳定输送至分析体系，在色谱柱之前通过进样器将样品导入，流动相将样品依次带入预柱和色谱柱，在色谱柱中各组分被分离，并依次随流动相流至检测器，检测到的信号送至工作站记录、处理和保存。

(　　)3. 液相色谱中，分离系统主要包括柱管、固定相和色谱柱箱。

(　　)4. 液-液分配色谱的分离原理与液-液萃取原理相同，都是分配定律。

(　　)5. 在液相色谱中，试样只要目视无颗粒即不必过滤和脱气。

(　　)6. HPLC 分析中，使用示差折光检测器时，可以进行梯度洗脱。

(　　)7. 高效液相色谱法中，色谱柱前面的预置柱会降低柱效。

(　　)8. 液相色谱的流动相配制完成后应先进行超声，再进行过滤。

(　　)9. 流动相不变、流速不变，更换更长的色谱柱，有利于改善分离度。

(　　)10. 反相键合相色谱柱长期不用时必须保证柱内充满甲醇流动相。

五、问答题

1. 简述高效液相色谱法与气相色谱法的异同点。

2. 简述六通阀进样器的工作原理。

3. 简述 HPLC 对检测器的要求。

4. 何谓液相色谱洗脱液？液相色谱法对洗脱液有何要求？

5. 按固定相与流动相相对极性的不同，液-液分配色谱法可分为哪两类方法？

模块 8　离子色谱法

知识目标目标

1. 了解离子色谱仪的基本原理。
2. 掌握离子色谱仪的基本组成、仪器的使用方法及最佳条件的选择。

技能目标

1. 熟悉离子色谱仪的主要部件及主要性能。
2. 能熟练使用离子色谱仪，并能对其进行日常维护。
3. 掌握离子色谱仪的相关分析技术。

项目 1　离子色谱法概述

离子色谱法（IC）是高效液相色谱法（HPLC）的一种，是利用离子交换原理和液相色谱技术分离测定能在水中解离成有机和无机离子的一种液相色谱方法。离子色谱法是利用不同离子对固定相亲合力的差别来实现分离的。离子色谱法的固定相是离子交换树脂，树脂核外是一层可离解的无机基团，由于可离解基团的不同，离子交换树脂又分为阳离子交换树脂和阴离子交换树脂。流动相为电解质溶液，也称淋洗液。当流动相将样品带到分离柱时，离子交换树脂上可以离解的离子和流动相中具有相同电荷的溶质离子之间进行可逆交换，由于样品离子对离子交换树脂的相对亲和能力不同而得到分离，由分离柱流出的各种不同离子，经电化学或光学检测器检测，即可得到一个个色谱峰。然后用通常的色谱定性、定量方法进行定性、定量分析。离子色谱法的分离示意图如图 8-1 所示，分离原理如图 8-2 所示。

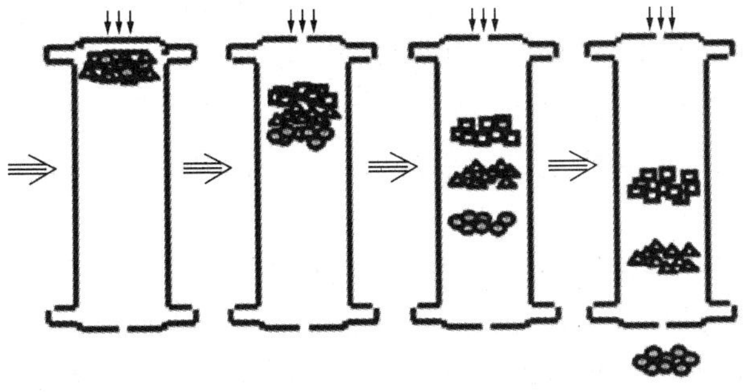

图 8-1　离子色谱法分离示意图

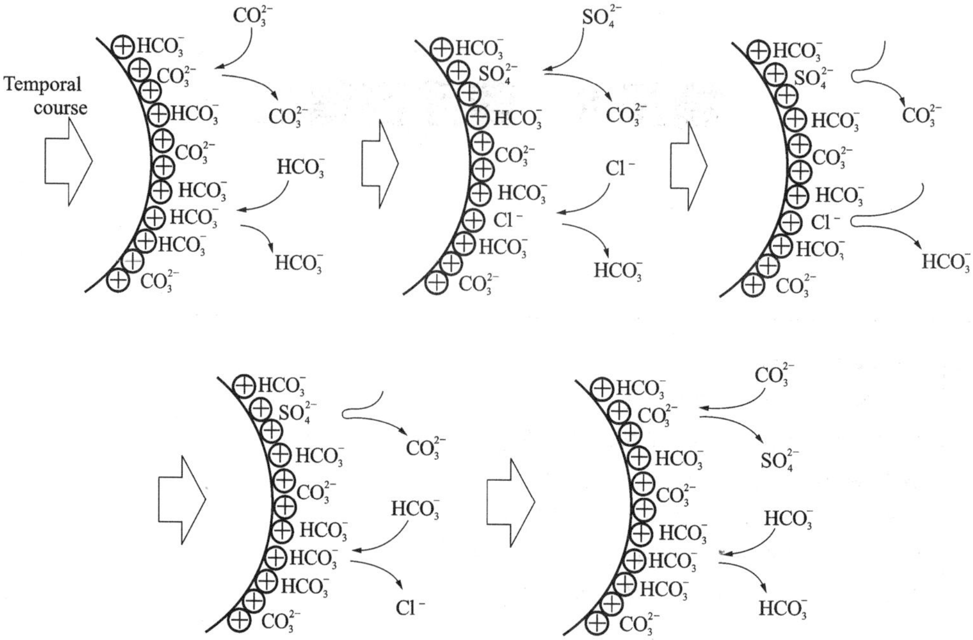

图 8-2　离子色谱法分离原理

世界著名色谱学家 G. Guiochon 认为，气相色谱法和高效液相色谱法取得了辉煌成就。在气相色谱法和高效液相色谱法中，高效液相色谱法是应用最广泛，发表文献最多的一个领域。从 1975 年离子色谱法问世以来，很快成为水溶液中阴、阳离子的重要分析手段，应用范围从分析水中常见的阴、阳离子和有机酸类，发展到分析极性有机化合物以及生物样品中的糖、氨基酸、肽、蛋白质等。我国从 20 世纪 80 年代初期引进离子色谱仪，开始了离子色谱法的应用研究工作，同时也开始了仪器的研制，目前已能生产离子色谱仪。

离子色谱法对分析化学的突出贡献是阴离子分析，离子色谱法已成为分析阴离子的首选方法。离子色谱法的硬件和应用发展很快，在硬件上的一项突破是“只用水”：淋洗液在线发生器与自动再生抑制器结合，不用化学试剂，只需高纯水就可完成阴、阳离子的分析。使用化学试剂时，手工配制所需要浓度的淋洗液一直是液相色谱法中不可缺少的步骤。“只用水”仅需单击计算机鼠标即可得到所需浓度的淋洗液。“只用水”，不仅免用化学试剂，消除化学试剂杂质和大气中二氧化碳溶入碱性溶液的干扰，而且排除由于配制溶液操作和人为因素等所引起的误差，使分析结果的精密度和准确度明显提高。“只用水”装置简单，但包含了综合性的高科技。其基本原理是：在氢氧化钾电解池中置入的微型铂金电极（正极），电解水产生的氢离子（H^+），推动电解池中的钾离子（K^+）通过阳离子交换膜进入置入铂金阴极的淋洗液发生舱，与阴极电解水产生的羟基（OH^-）结合生成离子色谱的淋洗液氢氧化钾（KOH）。

淋洗液的浓度与外加电流成正比，与泵的流速（泵入的高纯水）成反比。所需要浓度的淋洗液不再经过泵前的管道和阀门以及泵头，直接进入分离柱，不仅操作简便，无污染，而且带来另一个突出的优点：使液相色谱中的梯度（浓度梯度）淋洗非常简单。常规梯度淋洗的完成需要用两个或多个高压泵，或者用四通比例阀泵前低压混合。“只用水”作梯度淋洗也只需单击鼠标。

离子色谱法硬件发展的另一个趋势是用 2mm 小孔径柱，而常用的标准孔柱的内径为 4mm。用于小孔径柱的流动相用量是标准孔径柱的流动相用量的$\frac{1}{6}\sim\frac{1}{3}$，而且对于相同的进样体积，用小孔径柱时的质量灵敏度增加 4 倍。但小孔径柱对填料粒度的均匀性、柱管、填充技术以及泵在低流量时的准确度的要求更高。

离子色谱法应用发展得很快，近年来与有关监管部门合作，在环境、食品卫生等领域提出并公布了一系列标准分析方法。现在医学已证明饮用水消毒中所产生的副产品，如卤素含氧酸、溴酸、次氯酸和氯酸盐等，对人体有毒害性，一些国家已将这些项目的检测纳入法规，如美国要求所有自来水公司必须将其作为每天的常规检测项目，严格控制其含量。但这些检测的难度很大，因为在饮用水中氯与卤素含氧酸的浓度差达到 5 个数量级以上。用特殊选择性的高容量柱，不作复杂的化学前处理，就很好地解决了这个问题。

离子色谱法应用的一个新的突破是氨基酸分析。对氨基酸的分析一直沿用的方法是用特殊的化学试剂与氨基酸进行柱前或柱后衍生反应，用紫外或荧光检测。不仅仪器结构复杂，操作费时，而且影响因素多，难以掌握。新的氨基酸离子色谱直接分析方法不需要柱前或柱后衍生。

基于氨基酸的羧基(—COOH)在强碱性介质中以阴离子形态存在；氨基酸的氨基($-NH_2$)在电场中可被氧化，因而可直接在高 pH 值、稳定的有机高聚物阴离子交换树脂填充的柱上，用氢氧化钾作流动相，阴离子交换分离，脉冲安培检测。此方法的操作非常简便，选择性好，灵敏度高。表 8-1 列出了离子色谱法在其他方面的一些现状与发展趋势情况。

表 8-1　离子色谱法的现状与发展趋势

比较内容	现状	发展趋势
仪器	桌式组合结构，小型化	一体型便携式，微型化
固定相	单一离子交换体	多功能基，混合床
柱尺寸	通常尺寸	半微柱、微柱、毛细管柱
检测器	通用型电导检测和紫外-可见光检测，具有一定选择性的电化学、荧光、紫外-可见光衍生化检测	联用技术：IC/MS、IC/AAS、IC/ICP-AES、IC/ICP-MS
分析对象	阴离子或阳离子分别测定	阴离子和阳离子同时测定，离子和非离子同时测定
主要样品	环境、食品、工业	环境、生物医药
分离模式	单一模式	混合模式

知识一　离子色谱法的分类

根据不同的分离机理，离子色谱法可分为 3 种类型：离子交换色谱法、离子排斥色谱法、离子对色谱法。

离子交换色谱法的固定相主要是聚苯乙烯和多孔硅胶作基质的离子交换剂，基于流动相中溶质(样品)离子和固定相表面离子交换基团之间的离子交换作用而达到溶质的保留和分离。离子交换色谱法包括抑制型离子交换色谱法和非抑制型离子交换色谱法,主要用于有机和无机阴、阳离子的分离。

离子排斥色谱法基于 Donnan 排斥、空间排阻和吸附过程,是利用溶质和固定相之间的非离子性相互作用进行分离的。它主要用于无机弱酸和有机酸的分离,也可以用于醇类、醛类、氨基酸和糖类的分离。

离子对色谱法的分离机理是吸附。分离的选择性主要由流动相决定。该方法主要用于表面活性阴离子和阳离子以及金属络合物的分离。

知识二　离子色谱法的特点

现代离子色谱法使用小粒度和低交换容量的树脂及小柱径的分离柱,采用进样阀进样,泵输送洗脱液,连续检测,对于不同的操作者都可以得到较好的样品分析重现性,可以测定多价态可氧化元素(如 NO_2 和 NO_4^-,SO_3^{2-} 和 SO_4^{2-} 等)和不同价态离子(如 Fe^{3+} 和 Fe^{2+},Cr^{3+} 和 Cr^{6+} 等),具有速度快、选择性好、灵敏度高等优点,而且可以同时分析多种离子化合物。到目前为止,离子色谱法仍然是测定阴离子最佳的方法。

离子色谱法对 7 种常见阴离子(F^-、Cl^-、Br^-、NO_2^-、NO_3^-、SO_4^{2-}、PO_4^{2-})和 6 种常见阳离子(Li^+、Na^+、NH_4^+、K^+、Mg^{2+}、Ca^{2+})的平均分析时间已分别小于 10min,用高效快速分离柱对上述 7 种常见阴离子的分离只需要 3min。

离子色谱法的浓度范围为 μg/L 到 mg/L。直接进样 50μL,对常见阴离子的检出限小于 10μg/L。对某些工业上用的高纯水,通过增加进样量,采用小孔径柱或在线浓缩技术,检出限可达 10～12g/L 以下。

离子色谱法分析无机和有机阴、阳离子的选择性主要由选择适当的分离和检测系统来达到。与高效液相色谱法相比,离子色谱法中固定相对选择性的影响较大,目前对固定相的研究也一直是个热点。

根据样品的特点选择合适的检测器并配合一些技术,如抑制技术、柱后衍生等,都可以提高离子色谱法的选择性。

离子色谱中苯乙烯-二乙烯苯聚合物是应用最广泛的填料。这种树脂的高 pH 值稳定性允许用强酸或强碱作淋洗液,有利于扩大应用范围。

此外,离子色谱法的运行费用非常低,无须特殊试剂。

知识三　离子色谱仪的基本结构

离子色谱仪一般由流动相输送系统、进样系统、分离系统、抑制或衍生系统、检测系统及数据处理系统等几部分组成,如图 8-3 所示。其中,分离系统是离子色谱仪的最重要部件之一,分离系统的核心部件为色谱柱。高效柱和特殊分离柱的成功研制是离子色谱仪迅速发展的关键。而对于抑制型检测器,抑制器也是关键部件。离子色谱法的流动相要求耐酸碱腐蚀的系统,因此,凡是流动相通过的管道、阀门、泵、柱子以及接头等不仅要求耐压,而且要耐酸碱腐蚀。目前国内外的离子色谱仪都采用全塑料系统。现代离子色谱系统采用由微机控制的高精密度无脉冲双往复泵,用色谱工作站控制全部功能和作数据处理,柱填料和液体管道系统在 0～14 的整个 pH 值范围内和 0～100%与水互溶的有机溶剂中性能都很稳定。

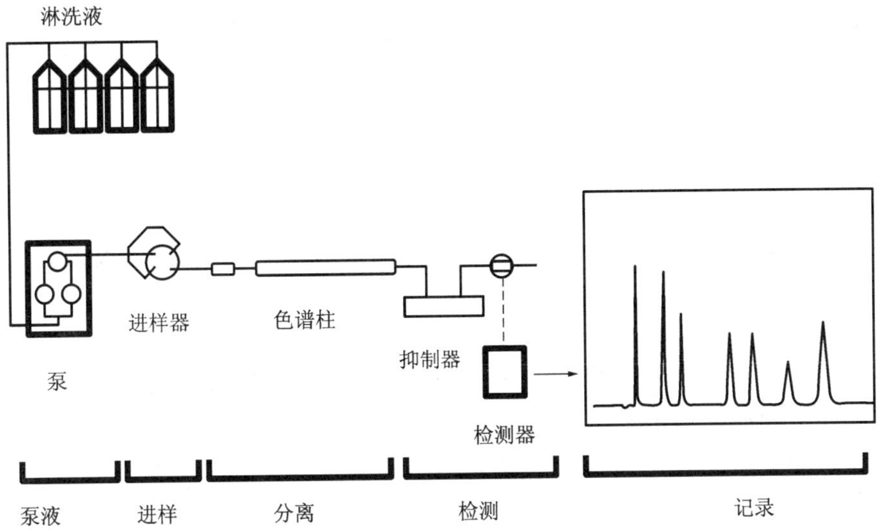

图 8-3 离子色谱装置流程图

离子色谱仪的输液系统包括储液瓶、高压输液泵、梯度淋洗装置等，与高效液相色谱仪的输液系统基本相似。

1. 储液瓶

储液瓶主要用来供给足够数量并符合要求的流动相，要求是：①必须有足够的容积，以保证重复分析时有足够的供液；②脱气方便；③能承受一定的压力；④所选用的材质对所使用的溶剂一律呈惰性。

由于离子色谱法的流动相一般是酸、碱、盐或络合物的水溶液，因此储液系统一般以硬质玻璃或聚四氟乙烯为材料，容积一般以 0.5～4L 为宜。溶剂在使用前必须脱气，因为色谱柱是带压力操作的，在流路中易释放气泡，造成检测器噪声增大，使基线不稳，仪器不能正常工作，这在流动相含有有机溶剂时更为突出。

脱气方法有多种，在离子色谱法中应用比较多的有如下方法。

(1)低压脱气法。通过水泵、真空泵抽真空，可同时加温或向溶剂吹氮，此法特别适合于用纯水溶剂配制的淋洗液。

(2)吹氦气或氮气脱气法。氦气或氮气经减压通入淋洗液，在一定压力下可将淋洗液的空气排出。

(3)超声波脱气法。将冲洗剂置于超声波清洗槽中，以水为介质超声脱气。一般超声 30min 左右，可以达到脱气目的。新型的离子色谱仪，在高压泵上带有在线脱气装置，可自动对淋洗液进行在线自动脱气。

2. 高压输液泵

高压输液泵是离子色谱仪的重要部件，它将流动相输入到分离系统，使样品在柱系统中完成分离过程。离子色谱仪用的高压泵应具备下述性能。

(1)流速稳定：通常要求流速准确到 0.01mL/min，以保证保留时间的重复和定性、定量分析的精度。

(2)有一定的输出压力。离子色谱仪一般在 15MPa 下工作，比高效液相色谱仪的压力略低。

(3)耐酸、碱和缓冲液腐蚀。与高效液相色谱法不同,离子色谱法的所有淋洗液均含有酸或碱,泵应采用全塑材料制作,从而对酸、碱、盐有抗污染的性能,并保证了对金属离子测定的准确性。

(4)压力波动小,更换溶剂方便,死体积小,易于清洗和更换溶剂。

(5)流量在一定范围任选,并能达到一定的精度要求。

(6)部分输液泵具有梯度淋洗功能。

目前离子色谱仪应用较多的是往复柱塞泵,只有低压离子色谱仪采用蠕动泵,但蠕动泵所能承受的压力太小,实际操作过程中会出现问题。

由于往复柱塞泵的柱塞往复运动频率较高,因此对密封环的耐磨性及单向阀的刚性和精度要求都很高。密封环一般采用聚四氟乙烯添加剂材料制造,单向阀的球、阀座及柱塞则用人造宝石材料制造。往复柱塞泵的柱塞有单柱塞、双柱塞两种。一般来说,双柱塞的流量更平稳,脉动小,但构造复杂,价格也比较高。

3. 梯度淋洗装置

梯度淋洗和气相色谱法中的程序升温相似,给色谱分离带来很大的方便。但离子色谱仪的电导检测器是一种总体性质的检测器,因此梯度淋洗一般只在含氢氧根离子的淋洗液中采用抑制电导检测时才能实现。采用梯度淋洗技术可以提高分离度、缩短分析时间、降低检测限,它对于复杂混合物,特别是保留强度差异很大的混合物的分离是极为重要的手段。另外,新型抑制器通过脱气,使淋洗液中的 CO_2 去除,碳酸盐的淋洗液背景电导很低,使灵敏度大大增加,也可以实现碳酸盐的梯度淋洗。离子色谱仪的梯度淋洗可分为低压梯度和高压梯度两种。

(1)低压梯度。图 8-4 是一种目前离子色谱仪较为广泛采用的低压梯度装置,可进行四元梯度淋洗。它通过电磁比例阀开关,频率由控制器控制,再改变控制器程序即可得任意混合浓度。

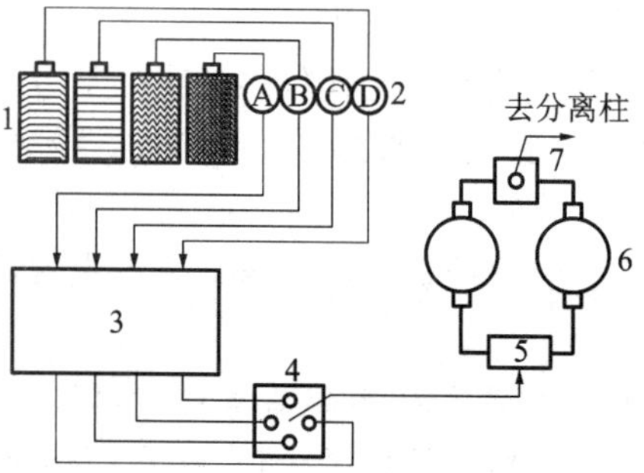

图 8-4 低压梯度淋洗装置图

1—淋洗液槽;2—(隔板)接头;3—真空室;

4—比例阀;5—启动阀;6—泵头;7—压力传感器

(2)高压梯度。它由两台高压输液泵、梯度程序控制器、混合器等部件组成。两台泵分别将两种淋洗液输入混合器,经充分混合后,进入色谱分离系统。它又称为泵后高压混合形式。

梯度淋洗的溶剂混合器必须具备容积小、无死区、清洗方便、混合效率高等性能,能获得重复的、滞后时间短的梯度淋洗效果。

目前美国 Dionex 公司的淋洗液发生器 EG40，只要加入纯水就能自动生成淋洗液，它可以通过控制电流以达到淋洗液梯度的目的。

4. 进样器

离子色谱仪的进样方式有 3 种：手动进样、气动进样和自动进样。

(1)手动进样：采用六通阀，其工作原理与 HPLC 相同，但其进样量比 HPLC 要大，一般为 50μL。如图 8-5 所示，样品首先以低压状态充满定量环，当阀沿顺时针方向旋至另一位置时，即将贮存于定量管中固定体积的样品送入分离系统。

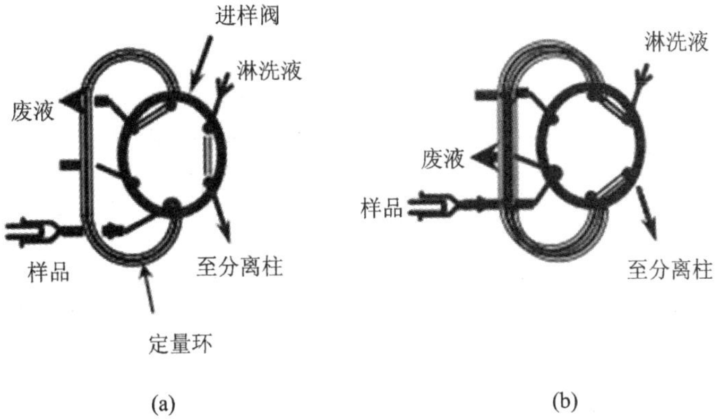

图 8-5 六通阀进样装置图

(a)取样；(b)进样

(2)气动进样：采用一定的氦气或氮气气压作动力，通过两路四通加载定量管后，进行取样和进样。它有效地减少了手动进样因动作不同所带来的误差。

(3)自动进样：在色谱工作站的控制下，自动进行取样、进样、清洗等一系列操作，操作者只需将样品按顺序装入贮样机中。自动进样可以达到很宽的样品进样量范围的目的。

圆盘式自动进样器的工作步骤如下。

(1)电动机带动贮样盘旋转，将分析样品置于取样针正下方。

(2)电动机正转，丝杆带动滑块向下移，把取样针插入样品塑料盖，滑块继续下移，将瓶盖推入瓶内，在瓶盖的挤压下样品经管道流入进样阀定量管，完成取样动作。

(3)进样阀切换，完成进样。

(4)电动机反转，丝杆带动滑块上移，取样针恢复原位。

5. 分离系统

离子色谱仪的分离系统是离子色谱仪的核心和基础。而离子色谱柱是离子色谱仪的“心脏”，要求它柱效高、选择性好、分析速度快等。

(1)离子色谱填料

离子色谱是一种液-固色谱，为高效液相色谱的一种，但柱填料和分离机理有其自身特点。离子色谱柱填料的粒度一般在 5～25μm 之间，比高效液相色谱的柱填料粒度略大，因此其压力比高效液相色谱的要小。离子色谱填料一般为单分散，而且呈球状，主要有高分子聚合物填料和硅胶型离子色谱填料两种。

①高分子聚合物填料。离子色谱法中使用最广泛的填料是聚苯乙烯-二乙烯苯共聚物。其中阳离子交换柱填料一般采用磺酸或羧酸功能基，阴离子交换柱填料则采用季胺功能基

或叔胺功能基。离子排斥柱填料主要为全磺化的聚苯乙烯-二乙烯苯共聚物，这类离子交换树脂可在0～14的pH值范围内使用。如果采用高交联度的材料来改进，还可兼容有机溶剂，以抗有机污染。一般来说，离子交换型色谱柱的交换容量均很低。

②硅胶型离子色谱填料。离子色谱法中使用的另一种填料是硅胶型离子色谱填料，采用多孔二氧化硅柱填料制得，是用于阴离子交换色谱法的典型薄壳型填料。它是用含季胺功能基的甲基丙烯十醇酯涂渍在二氧化硅微球上制备的。阳离子交换树脂是用低相对分子质量的磺化氟碳聚合物涂渍在二氧化硅微粒上制备的。这类填料的pH值使用范围为4～8，一般用于单柱型离子色谱柱中。

(2)色谱柱的结构

一般色谱柱内径为4 mm，长度为100～250mm，柱子两头采用紧固螺钉。高档仪器特别是阳离子色谱柱一般采用聚四氟乙烯材料，以防止金属对测定的干扰。随着离子色谱仪的发展，细内径柱受到人们的重视，2mm柱不仅可以使溶剂消耗量减少，而且对于同样的进样量，灵敏度可以提高4倍。

目前，最新型的微孔型离子色谱仪，由于其采用的色谱柱为2mm内径，为常规的4mm内径的色谱柱横截面的1/4，在线速度不变的条件下，其流速为常规色谱的1/4，因此它采用的泵的流速为0.01～2.50mL/min。其主要特点是柱塞比较小，但结构与常规的离子色谱仪相似。由于流速的减小，可以大大减少溶剂的用量。

6.抑制型(双柱型)离子色谱系统

对于抑制型(双柱型)离子色谱系统，抑制系统是极其重要的一个部分，也是离子色谱法有别于高效液相色谱法的最重要特点。由于离子色谱淋洗液为强电解质的酸碱溶液，其电导本底值高，而被测物的浓度又远远小于流动相电解质的浓度，这样难以测量由于样品离子的存在而产生微小电导的变化。在分离柱后接上一个抑制器，可以降低淋洗液本身的电导，同时提高被测离子的检测灵敏度。抑制器的发展经历了多个时期，而目前商品化的离子色谱仪也分别采用不同的抑制手段及相关研究成果。

(1)树脂填充抑制柱

树脂填充抑制柱采用高交换容量的阳离子树脂填充柱(阴离子抑制)，通过硫酸，将树脂转化为氢型。它的抑制容量不高，需要定期再生，而且死体积比较大，对于弱酸根离子，由于离子排斥的作用，往往无法准确定量。这类抑制器目前已经基本不用，但美国的Alttech公司将这类抑制器加以改进，使填充柱需要再生时会变色，并采用电化学法再生，大大改进了传统的方法，提高了抑制器的性能。阳离子抑制的情况与此正好相反，它采用高交换容量的阴离子树脂作填充柱。

(2)纤维抑制器

纤维抑制器采用阳离子交换的中空纤维作为抑制器，外通硫酸作为再生液，可连续对淋洗液进行再生，这种抑制器的死体积比较大，抑制容量也不高。

(3)微膜抑制器

微膜抑制器采用阳离子交换平板薄膜，中间通过淋洗液，而外两侧通硫酸再生液。这种抑制器的交换容量比较高，死体积很小，可进行梯度淋洗。

(4)电解抑制器

电解抑制器采用阳离子交换平板薄膜，通过电解产生的H^+，对淋洗液进行再生。美国的 Dionex 公司对这类抑制器进行了改进，只要用淋洗液自循环或去离子水电解就可能实现再生，抑制容量可以通过改变电流的大小加以控制，而且死体积很小。美国的 Alltech 公司采用填充柱抑制器，通过合适的电解进行再生，同样具有方便、高效的功能；其最新的 DSPlus 型抑制器，在化学抑制和电化学再生的基础上，再进行了二氧化碳的排除，可以有效降低背景电导值以实现不同碳酸盐的梯度淋洗。

单柱型离子色谱仪采用的是低浓度、低电导率的淋洗液，不需要连接抑制器。仪器简单，操作方便，对泵和检测器的腐蚀性弱，但灵敏度比双柱型离子色谱仪低。

7. 电导检测器

电导检测器是离子色谱仪的通用检测器。由于电导池中的等效电容的影响，施加到电导池上的电压和电流之间的关系是非线性的，这给测量电导值带来很大困难。另外，流动相中的本底电导值很高，从较大的背景值中准确测量待测组分的信号，也是电导检测中的重要问题。目前采用较多的方法有：双极脉冲化学抑制型电导检测、五电极电导检测和模拟信号交流锁相放大等技术。图 8-6 显示了一种简单结构的电导池，图 8-7 显示了检测器示意图。

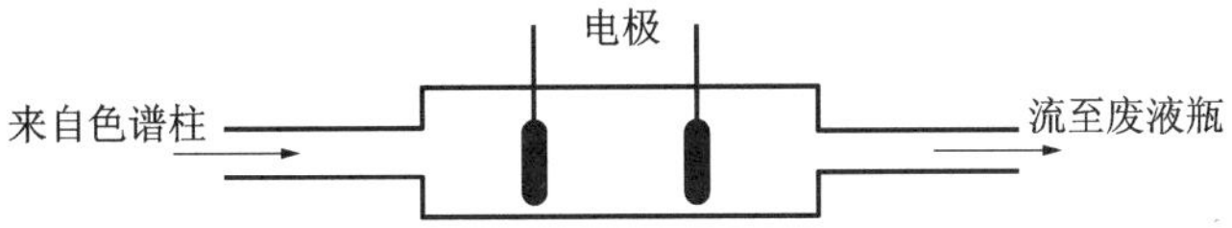

图 8-6 简单电导池的构造

图 8-7 检测器

(1)双极脉冲化学抑制型电导检测

双极脉冲化学抑制型电导检测采用可变频率双极脉冲化学抑制型电导检测方式，以美国 Dionex 公司为代表。该检测方式有效地抑制了电导池等效电容和流动相本底电导的影响，测定灵敏度高，线性范围宽，稳定性好。它采用 8085 芯片作为中央处理器(CPU)，通过处理机输入/输出部件(PIO)对其他单元进行控制，由 CPU 时钟分频触发后产生双极脉冲，经整形后送至电导池；电导池返回的信号在第二个脉冲后被采样，并转换为一个直流信号，此信号与温度测定信号交替送入电压频率变换器，数字信号送至 CPU。在进行补偿时，CPU 将这个信号处理后，通过 D/A(补偿)转换器，送回放大电路，对原信号进行补偿，直至比较输出呈“OK”状态。信号的输出通过变频电路送至 CPU，CPU 对其处理后通过 D/A(输出)变频电路，经驱动器输出至数据处理器。

(2)五电极电导检测

采用五电极电导检测技术，能有效地消除双电层电容和电解效应的影响。其结构特点是在流路上设置 4 个电极，在电路设计中维持两测量电极间电压恒定，不受负载电阻、电极间电阻和双电层电容变化的影响。因此，两测量电极间的电流变化，可从负载电阻两端取出信号进行放大和显示。第五电极为屏蔽电极，它有助于提高测量的稳定性。五电极式电导检测器有效地消除了极化和电解效应的影响，在高背景电导下仍能获得极低的噪声水平，适合作非化学抑制型电导检测器。

此外，离子色谱还可以采用紫外光、可见光、荧光、安培等高效液相色谱常用的检测器，其原理与常规的高效液相色谱检测相似。

8. 色谱柱

离子色谱仪的柱效一般不高。与气相色谱和高效液相色谱相比，一般情况下，离子色谱的分离度不高，对数据采集的速度要求不高，因此能够用于其他类型的数据处理系统。而且在常规离子分析中，色谱峰的峰形比较理想，可以采用峰高定量分析法进行分析。离子交换色谱柱的填料是阴、阳离子交换树脂，是在有机高聚物或硅胶上接枝有机季铵或磺酸基团，如图 8-8(a)、(b)所示。

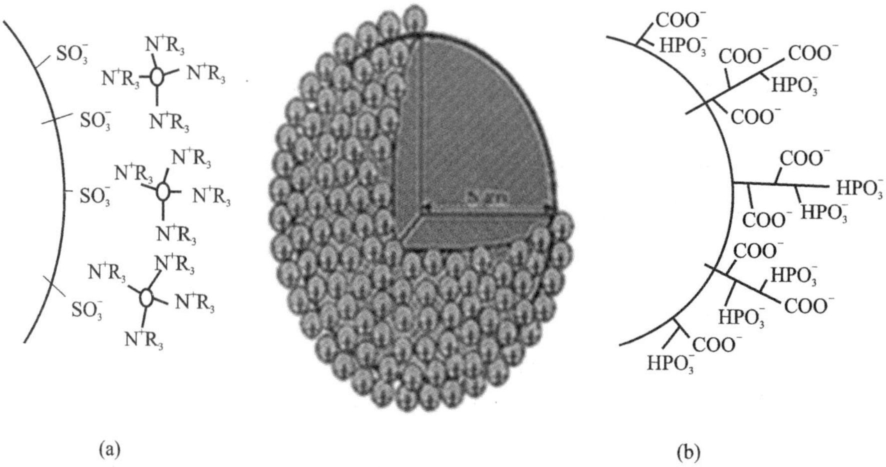

图 8-8　交换树脂

(a)阴离子交换树脂(乳胶型)；(b)阳离子交换树脂(接枝型)

项目 2　离子色谱实验技术

知识一　流动相的选择

流动相由去离子水溶解淋洗剂配制而成。淋洗剂通常为电解质，在溶液中离解成阴离子和阳离子，对分离起实际作用的离子称淋洗离子，如用碳酸钠水溶液做流动相分离无机阴离子时，碳酸钠是淋洗剂，碳酸根为淋洗离子。选择流动相的基本原则是淋洗离子能从交换位置置换出被测离子。从理论上讲，淋洗离子与树脂的亲和力应接近或稍高于被测离子，但在实际应用中，当样品中强保留离子和弱保留离子共存时，如果选择和保留最强的离子的亲和力接近的淋洗离子，往往有些弱保留离子很快就流出色谱柱，不能达到分离目的。因此，合适的流动相应根据样品的组成，通过实验进行选择。

离子抑制色谱除了控制流动相 pH 值外，对流动相的要求和通常的反相色谱一样。离子对色谱的流动相是由淋洗剂(有机溶剂或水溶液)和离子对试剂组成的。对酸性物质多用季铵盐(如溴化四甲基铵、溴化十六烷基三甲基铵)作离子对试剂，而对碱性物质则多用烷基磺酸盐(如己烷磺酸盐、樟脑磺酸盐)和烷基硫酸盐(如十二烷基硫酸盐)作离子对试剂。

离子对试剂的烷基增大，生成的离子对化合物的疏水性增强，在固定相中的保留值也随之增大，但对选择性的影响不大。所以对于性质很相似的溶质，应选用烷基较小的离子对试剂。

离子对试剂的浓度增大，会促进离子对化合物的形成，所以也会增加被测离子的保留值，但离子对试剂的浓度超过一定的限度后，溶质的保留值反而会下降，这可能是由于离子对试剂聚集在样品离子的周围，增加了配合物在水相中的溶解度。所以离子对试剂有一个合适的浓度范围，较小的离子对试剂浓度应在 10mmol/L 以下，较大的离子对（碳链在 12 以下）试剂浓度应在 5mmol/L 以下。

反相离子对色谱中用得最多的也是甲醇/水体系，因为甲醇对许多离子对试剂有较好的溶解性。乙腈/水体系的柱效也很高，但对离子对试剂的溶解性不是太好。

对分离影响较大的另一个因素是流动相的 pH 值，它决定被测物质的离解程度。对于硅胶基质的键合固定相，流动相的 pH 值应为 2～7.5。某些缓冲剂离子也有可能与离子对试剂结合，所以缓冲剂的浓度不宜过高，通常为 1～5mmol/L。

知识二　离子色谱样品的预处理技术

一般来说，样品预处理必须按照 5 个原则进行：①进样前必须将样品转变成溶液；②样品的待测组分要转变成适合于离子色谱检测的离子形式；③必须降低样品的浓度，使其低于柱容量，样品组分的浓度应在标准曲线的线性范围以内；④样品组分过低的溶液要预浓缩；⑤除去样品中的颗粒物，以防堵塞柱系统，使柱压升高。

1. 去离子水的制备

用石英蒸馏器制得的蒸馏水的电导率在 1μS/cm 左右，对于高含量离子的分析，或对分析要求不高时可以使用。作为一般性要求，离子色谱中的纯水的电导率应在 0.5μS/cm 以下。通常用金属蒸馏器制得的水的电导率、反渗透法制得的水的电导率（2～40μS/cm），均难以满足离子色谱法的要求。因此需要用专门的去离子水制备装置制备纯水。一般是将以自来水为原水的去离子水再用石英蒸馏器蒸馏，得到通常所说的重蒸馏去离子水，也可以将反渗透水作原水引进去离子水制备装置。精密去离子水设备可以制得电导率在 0.06μS/cm 以下的纯水。

2. 流动相的配制和过滤

配置流动相时，一定要用重蒸馏去离子水，以防离子污染。配好后的流动相要用 0.45 μm 以下的滤膜过滤。为防止微生物的繁殖，最好现配现用。

3. 流动相的脱气

与高效液相色谱法使用的流动相一样，离子色谱法的流动相在过滤之后也要进行脱气。

4. 样品的预处理

离子色谱样品的预处理技术有很多种，常用的有液-液萃取、固相萃取、微渗析、超滤、超临界流体萃取等。

离子色谱中的样品溶液和标准溶液的配置一般均要用重蒸馏去离子水，以防离子污染。配好后的样品溶液和标准溶液要用 0.45μm 以下的滤膜过滤，且放置时间不宜过长，最好现配现用。

知识三　分离方式和检测方式的选择

选择分离方式和检测方式的一般规律为：

(1)对无紫外或可见吸收以及强离解的酸和碱,最好用电导检测器;

(2)具有电化学活性和弱离解的离子,最好用安培检测器;

(3)对于离子本身或通过柱后反应后生成的络合物在紫外光、可见光区有吸收或能产生荧光的离子和化合物,最好用UV/VIS或荧光检测器。

(4)若对所要解决的问题有几种方案可选择,分析方案的确定主要由基体的类型、选择性,过程的复杂程度以及是否经济来决定。

分析者对待测离子应有一些一般信息。首先应了解待测化合物的分子结构和性质以及样品的基本情况,如无机还是有机离子,离子的电荷数,是酸还是碱,亲水还是疏水,是否为表面活性化合物等。待测离子的疏水性和水合能是决定选用何种分离方式的主要因素。水合能高和疏水性弱的离子,如 Cl^- 或 K^+,最好用高效离子交换色谱法分离。水合能低和疏水性强的离子,如高氯酸(ClO_4^-)或四丁基铵,最好用亲水性强的离子交换分离柱或离子对色谱法分离。有一定疏水性也有明显水合能的 pK_a 在1~7之间的离子,如乙酸盐或丙酸盐,最好用离子排斥色谱法分离。有些离子,既可用阴离子交换分离,也可用阳离子交换分离,如氨基酸、生物碱和过渡金属等。

离子色谱柱填料的发展推动了离子色谱应用的快速发展,对多种离子分析方法的开发提供了多种可能性。特别应提出的是在pH值0~14的水溶液和0~100%有机溶剂(反相高效液相色谱用有机溶剂)中稳定的亲水性高效、高容量柱填料的商品化,使得离子交换分离的应用范围更加扩大。常见的在水溶液中以离子形态存在的离子,包括无机和有机离子,以弱酸盐($Na_2CO_3/NaHCO_3$、NaB_4O_7等)或强酸(H_2SO_4、甲基磺酸、HNO_3、HCl等)为流动相,阴离子交换或阳离子交换分离,电导检测,已是成熟的方法,有成熟的色谱条件可参照。对近中性的水可溶的有机"大"分子(相对常见的小分子而言),若待测化合物为弱酸,则由于弱酸在强碱性溶液中会以阴离子形态存在,因此选用较强的碱为流动相,阴离子交换分离。若待测化合物为弱碱,则由于在强酸性溶液中会以阳离子形态存在,选用较强的酸作流动相,阳离子交换分离。若待测离子的疏水性较强,由于与固定相之间的吸附作用而使保留时间较长或峰拖尾,则可在流动相中加入适量有机溶剂,减弱吸附,缩短保留时间、改善峰形和选择性。对该类化合物的分离也可选用离子对色谱分离,但流动相中一般含有较复杂的离子对试剂。

此外,对弱保留离子可选用高容量柱和弱淋洗液以增强保留,对强保留离子则相反。在水溶液中以离子形态存在的离子,即较强的酸或碱,应选用电导检测。具有紫外光或可见光吸收基团或经柱后衍生反应后(离子色谱中较少用柱前衍生)生成有吸光基团的化合物,选用光学检测器。具有在外加电压下可发生氧化或还原反应基团的化合物,可选用直流安培或脉冲安培检测器。对一些复杂样品,为了一次进样得到较多的信息,可将2种或3种检测器串联使用。

知识四　色谱参数的优化

离子色谱法中色谱参数优化的主要目的是通过改变各种颜色参数或条件来改善分离度、缩短分离时间和提高检测灵敏度。

1. 改善分离度

(1)稀释样品。若待测离子之间的浓度相差较大,而且对固定相的亲和力相差较大,增加分离度的最简单方法是稀释样品。这是因为若样品浓度较大，则可能有些物质出现平头峰或尖峰(对阴离子分析推荐的最大进样量，一般为柱容量的30%，超过这个范围就会出现大的平头峰或尖峰)，或者其色谱峰很窄而且拖尾，覆盖了某些浓度较小的物质，导致分离度变低。显然，稀释样品可以比较明显地改变这种状态，使样品之间得到较好的分离。

(2)改变分离和检测方式。若待测离子对固定相的亲和力相近或相同，则样品稀释的效果常不令人满意。对于这种情况，除了选择适当的流动相之外，还应考虑选择适当的分离方式和检测方式。例如：NO_3^- 和 ClO_3^- 的电荷数和离子半径相似，在阴离子交换分离柱上共淋洗，由于 ClO_3^- 的疏水性大于 NO_3^-，在离子对色谱柱上就很容易分开了。又例如 NO_2^- 与 Cl^-，在阴离子交换分离柱上的保留时间相近，常见样品中 Cl^- 的浓度又远大于 NO_2^-，使分离更加困难，但 NO_2^- 有强的UV吸收，而 Cl^- 的UV吸收很弱，因此应改用紫外光检测器测定 NO_2^-，用电导检测 Cl^-，或将两种检测器串联，于一次进样同时检测 Cl^- 与 NO_2^-。

(3)样品前处理。对高浓度基体中痕量离子的测定，例如海水中阴离子的测定，最好的方法是对样品作适当的前处理。除去过量 Cl^- 的前处理方法有：使样品通过 Ag^+ 型前处理柱除去 Cl^-，或进样前加 $AgNO_3$ 到样品中沉淀 Cl^-；也可用阀切换技术，其方法是使样品中弱保留的组分和90%以上的 Cl^- 进入废液，只让10%左右的 Cl^- 和保留时间大于 Cl^- 的组分进入分离柱进行分离。

(4)选择适当的淋洗液。离子色谱分离是基于淋洗离子和样品离子之间对树脂有效交换容量的竞争。为了得到有效的竞争，样品离子和淋洗离子应有相近的亲和力。

对含有大的有机分子的样品，应于进样前除去有机物，较简单的方法是用Dionex的前处理柱或在线阀切换除去有机基体。

中等强度的碳酸盐淋洗液对高亲和力组分的洗脱效率低。对离子交换树脂亲和力强的离子有两种情况：一种是离子的电荷数大，如 PO_4^{3-}、AsO_4^{3-} 和多聚磷酸盐等；另一种是离子半径较大，疏水性强，如 I^-、SCN^-、苯甲酸和柠檬酸等。

电荷数大的离子以增加淋洗液的浓度或选择强的淋洗离子为主。对半径较大、疏水性强的离子，推荐的方法是在淋洗液中加入有机改进剂(如甲醇、乙腈和对氰酚等)或选用亲水性的柱子。有机改进剂的作用主要是减少样品离子与离子交换树脂之间的非离子交换作用，占据树脂的疏水性位置，减少疏水性离子在树脂上的吸附，从而缩短保留时间，减少峰的拖尾，并增加测定灵敏度。

在离子色谱中，可由加入不同的淋洗液添加剂来改善选择性，这种淋洗液添加剂只影响树脂和所测离子之间的相互作用，而不影响离子交换。

对于与树脂亲和力较强的离子，如一些可极化的离子 I^- 和 ClO_4^-，以及疏水性的离子，如苯甲酸和三乙胺等，在淋洗液中加入适量极性的有机溶剂(如甲醇或乙腈)，可缩短这些组分的保留时间并改善峰形的不对称性。

2.提高检测灵敏度

提高检测灵敏度的方法有以下四种：

(1)将检测器的灵敏度设置在较高灵敏档。这是提高检测灵敏度的最简单方法，但此时基线噪声也随之增大。因此，这种方法由于作用不大，一般很少使用。

(2)增加进样量。离子色谱中，为了提高检测灵敏度，可采用大体积进样方法。例如用IonPac CS12A柱，12mmol/L硫酸作淋洗液，进样体积1300μL，可直接用电导检测低至

$\mu g/L$的碱金属和碱土金属。但进样量也不能无限制地增大，其上限值取决于保留时间最短的色谱峰与死体积之间的时间。

(3)选用浓缩柱。一般只用于较清洁的样品中痕量成分的测定。用浓缩柱时要注意，不要使分离柱超负荷。柱子的动态离子交换容量小于理论值的30%。

(4)选用微孔柱。离子色谱中常用的标准柱的直径为4mm，微孔柱的直径为2mm。因为微孔柱的体积是标准柱体积的$\frac{1}{4}$，在微孔柱中进同样(与标准柱)质量的样品，将在检测器中产生4倍于标准柱的信号，而且淋洗液的用量只为标准柱淋洗液用量的$\frac{1}{4}$，因而减少淋洗液的消耗。可见，使用微孔柱对于提高检测灵敏度而言是一个较好的办法。

【读一读】

水中氯离子对人体的危害

在日常生活中所饮用的自来水，必须先将其水中残留的氯完全清除。

氯是一种无机挥发性的化学物质，在第一次世界大战中被用来当做毒气使用，会直接黏结皮肤及毛发的蛋白质，破坏其自然的电解质反应。在自来水中加氯，对洗衣服来说适合，但绝对不适合当饮用水或用于洗澡。

氯被加入水中后，会使人的头发产生干涩、断裂、分岔，也会使人的肌肤漂白化、皮肤层脱落及产生奇痒无比的皮癣过敏症。研究证明，氯对于小孩及老人或是对氯产生过敏的人会有直接性的负面影响，就算使用再多的护发、护肤保养品或是用药物擦拭过敏皮肤，效果都没有直接除掉水的根源“氯”直接、有效。

自来水原本应该是一种既方便又安全的饮用水，为了抑制水中的细菌，在处理水的过程中加入氯。但最近科学家已证实加氯入水中后，氯与水中的有机物化合产生三卤甲烷致癌物质。水愈脏，加氯愈多，产生的三卤甲烷也愈多，此种化合物用煮沸的方法不能去除。

每日饮用自来水，即是将其中可能含有的有害物质一起饮入体内。近年来肠病毒肆虐，每10分钟就产生一个癌症患者，每年有超过5万个癌症感染，这其中自来水所产生的危害性不容忽视。

自来水中的氯，对任何有毛细孔(如皮肤、鼻孔、口腔、肺部、毛发、眼睛等)的表层有更直接性的危害，因为氯很容易被上述物体快速吸收。儿童幼嫩的皮肤和毛发对氯最为敏感。科学研究证明：氯不仅可经由食物的摄取，而且可经皮肤吸收而对人体产生影响，包括膀胱癌、肝癌、直肠癌、心脏疾病、动脉硬化、贫血症、高血压和过敏等症状，这都和氯有关。

做一做

实验一 离子色谱法测定蔬菜中的亚硝酸盐和硝酸盐

一、实验目的

1. 进一步理解离子色谱法的基本原理。
2. 熟悉离子色谱仪的构成。
3. 了解离子色谱仪的应用范围。

二、实验原理

离子色谱法是基于离子交换树脂上可离解的离子与流动相中具有相同电荷的溶质离子之间进行的可逆交换和分析物溶质对交换剂亲和力的差别而被分离，适用于亲水性阴、阳离子的分离。

三、仪器和试剂

1. 仪器：ICS-1500 离子色谱仪（美国戴安公司）、抑制器、ECD 检测器、超声波清洗机、高速离心机、0.45μm 过滤器、石墨化炭黑柱。

2. 试剂：0.01mol/L NaOH 溶液（称取 0.40g NaOH，用纯水定容至 1L）、亚硝酸盐标准溶液。

四、实验步骤

1. 样品预处理

称取新鲜蔬菜样品 10g 于研钵中，研磨匀浆，用 50mL 0.01mol/L 的 NaOH 溶液洗入有盖锥形瓶中，于超声条件下提取 10min，静置，倾取上清液于离心管中，于转速为 10000r/min 的条件下离心分离 10min，备用。将石墨化炭黑柱用 5mL 纯水洗涤后，将样品溶液上柱，弃去前 2mL 流出液，收集后 5mL 样品溶液，经 0.45μm 微膜过滤后混匀备用。同时作试剂空白。

2. 样品测定

(1)色谱条件：IonPac AS9-HC 分析柱(Dionex)。

淋洗液：3.5mmol/L Na_2CO_3-1.0mmol/L $NaHCO_3$。

淋洗液流速：1.0mL/min。

进样体积：25μL。

(2)标准曲线绘制：吸取亚硝酸盐标准使用液 5.0ng/mL（或 μg/L）、10.0ng/mL（或 μg/L）、15.0ng/mL（或 μg/L）、20.0ng/mL（或 μg/L）、25.0ng/mL（或 μg/L）各 25μL，注入离子色谱仪，测得其峰面积，并求得峰面积与浓度关系的一元线性回归方程。

(3)试样测定：分别吸取样液和试剂空白液各 25μL，注入离子色谱仪，测得峰面积，将峰面积代入标准系列的一元线性回归方程中求得样液中亚硝酸盐的含量。

五、注意事项

1. 淋洗液与测试样都要经过至少 0.45μm 微膜过滤；淋洗液须经超声脱气，以免在实验过程中产生气泡，对测试结果产生影响。

2. 在样品离子的色谱峰之后往往有一个较大的系统峰，一定要等到系统峰出完后，再进入下一个样品。

议一议：

1. 离子色谱与普通高效液相色谱有何区别？
2. 简述离子色谱法的分析流程。

实验二 离子色谱法测定工业废气中的硫酸雾的含量

一、实验目的

1. 进一步理解离子色谱法的基本原理。
2. 熟悉离子色谱仪的构成及操作。
3. 了解离子色谱仪的应用范围。

二、实验原理

本实验采用玻璃纤维滤筒采集排放物中的颗粒物样品，用水浸取，利用预处理柱除去金属阳离子后，将试样注入离子色谱仪，根据保留时间定性，仪器响应值定量，测定硫酸根离子的浓度。

三、仪器和试剂

1. 仪器：ICS-1500 离子色谱仪(美国戴安公司)、抑制器、ECD 检测器、超声波清洗机、高速离心机、0.45μm 超细玻璃纤维滤膜、进样器、玻璃纤维滤筒。

2. 试剂：0.01mol/L NaOH 溶液(称取 0.40g NaOH，用纯水定容至 1L)、100mg/L 硫酸盐标准溶液、超纯水。

四、实验步骤

1. 样品预处理

在酸式滴定管底层放置 10mm 厚的玻璃棉，加入高度约 200mm 的洗净处理好的阳离子交换树脂，即可加入样品溶液进行交换处理。水面应略高于树脂，防止气泡进入而降低柱效。弃去最初流出的 30mL 滤液，将续流出的滤液收集于容量瓶中待测。空白滤筒溶液同法处理。

2. 样品溶液的制备

将采样后的滤筒撕碎，放入 250mL 锥形瓶中，加 100mL 水浸没，瓶口上放一玻璃漏斗，于电热板上加热近沸，约 30min 后取下，冷却，将浸出液用中速定量滤纸滤入 250mL 容量瓶中，用 20～30mL 水洗涤锥形瓶及滤筒残渣 3～4 次，洗涤液并入容量瓶，用 pH 试纸试验，加 0.1mol/L 氢氧化钠溶液中和溶液至 pH 值为 7～9，再用水定容至刻度线。

另取与采样用同批滤筒，用上法同样操作制备空白滤筒溶液。

3.色谱条件

IonPac AS9-HC 分析柱(Dionex)。

淋洗液：4.5mmol/L Na_2CO_3-1.0mmol/L $NaHCO_3$。

淋洗液流速：1.0mL/min。

柱温：室温，不低于(18±0.5)℃

进样体积：100μL。

4.标准曲线绘制

吸取 100mg/L 硫酸盐标准溶液 0mL、0.5mL、1.0mL、2.0mL、5.0mL、10.0mL、20.0mL 于 100mL 容量瓶中，用去离子水定容、摇匀。硫酸盐浓度分别为 0.0mg/L、0.5mg/L、1.0mg/L、2.0mg/L、5.0mg/L、10.0mg/L、20.0mg/L。测量保留时间和峰面积，以峰面积对硫酸根离子浓度绘制标准曲线。

5.试样测定

将通过预处理的样品溶液经 0.45μm 过滤器过滤后，注入离子色谱仪，测得峰面积，将峰面积代入标准系列的一元线性回归方程中求得样液中硫酸根的含量。

五、注意事项

本实验通过加热浸出制备样品溶液，经阳离子交换树脂去除共存阳离子干扰，对离子色谱淋洗液系统及其他仪器条件进行优化，建立了离子色谱法分析硫酸雾的方法，满足固定污染源有组织废气测定的要求。

议一议：

1.对于工业废气中的硫酸雾，还有哪些检验方法？

2.简述离子色谱法的分析流程。

实验三　离子色谱法测定自来水中 F^-、Cl^-、NO_3^- 和 SO_4^{2-} 四种阴离子含量

一、实验目的

1.了解饮用水中的主要无机阴离子以及检测饮用水中无机阴离子的意义。

2.掌握离子色谱仪的工作原理及其使用方法。

3.掌握离子色谱图谱的数据分析方法。

二、实验原理

1.离子色谱的分离与检测原理

采用阴离子交换树脂为分离柱，阴离子与色谱柱上的交换基团进行交换，若交换基团是 CO_3^{2-}，于是有以下交换过程

$$R—CO_3^{2-} + Cl^- \rightleftharpoons R—Cl + CO_3^{2-}$$

由于不同的阴离子与固定相的作用力不同，导致不同离子在色谱柱中的保留时间不同，从而使样品得到分离。淋洗液带着被分离的阴离子通过抑制器，使与之配对的阳离子全部转换成 H^+。例如淋洗液 Na_2CO_3、$NaHCO_3$ 通过抑制器转换为 H_2CO_3 溶液，降低基底电导，样品 NaCl 和 Na_2SO_4 通过抑制器后，变成 HCl 和 H_2SO_4，提高样品电导，再进入电导检测器。利用 HCl 和 H_2SO_4 的电导响应，得到色谱峰。

2. 分析原理

利用被测样品的电导对浓度的线性关系，配制一系列已知浓度的标准溶液，分别做出各离子工作曲线，然后通过检测待测样品中各离子的电导响应值，从而推算出其浓度。

三、仪器和试剂

1. 仪器

ICS-1500 离子色谱仪（美国戴安公司）、抑制器、ECD 检测器、超声波清洗机、高速离心机、0.45μm 过滤器、石墨化炭黑柱。

2. 试剂

单一阴离子标准溶液：准确称取下列纯物质，用去离子水于容量瓶中配成 100mL 溶液，即为 1000ppm 标准溶液。①F^-：0.2210g NaF；②Cl^-：0.1648g NaCl；③NO_3^-：0.1371g $NaNO_3$；④SO_4^{2-}：0.1814g K_2SO_4。

混合标准溶液：吸取上述单一标准 F^- 溶液 1.5mL、Cl^- 溶液 2mL、NO_3^- 溶液 15mL、SO_4^{2-} 溶液 25mL 于 500mL 容量瓶中，用去离子水稀释至标线，即为含 F^- 3ppm、Cl^- 4ppm、NO_3^- 30ppm、SO_4^{2-} 50ppm 的混合标准溶液。

用实验室的自来水作为实际未知水样进行分析。

四、实验步骤

1. 色谱条件：IonPac AS9-HC 分析柱（Dionex）。

淋洗液：3.5mmol/L Na_2CO_3-1.0mmol/L $NaHCO_3$。淋洗液流速：2.3mL/min。进样体积：50μL。

2. 进混合标准溶液试样。

3. 进自来水样，测定 F^-、NO_3^-、SO_4^{2-} 的含量。

4. 进稀释 10～20 倍自来水样，测定 Cl^- 的含量。

五、实验结果计算

$$阴离子含量(ppm) = \frac{h_{试} \times c_{标}}{h_{标}}$$

式中 $h_{试}$——试样中相应待测离子产生的峰高，mm；

$h_{标}$——标准溶液中相应离子产生的峰高，mm；

$c_{试}$——标准溶液中相应离子的浓度，ppm。

六、注意事项

1. 不同厂家的仪器，在分析条件的设置及工作站的软件操作方面差异较大，应仔细阅读仪器的操作说明后开始实验。

2.离子交换柱的型号、规格不一样，色谱条件会有很大的差异，使用前一定要仔细查看离子色谱柱对常见离子的分离条件。

议一议：

1. NO^{3-} 是在 SO_4^{2-} 之前还是之后出峰？为什么？

2.化学分析法是如何测定 F^-、Cl^-、NO_3^- 和 SO_4^{2-} 的含量的？

练一练

一、填空题

1.离子色谱法可分为________、________和________三种不同的分离方式。

2.离子色谱系统由________、________、________、________、________和________等部分组成。

3.各种类型的离子交换剂都是通过其功能基所结合的离子与外界同电荷的其他离子间发生________或________作用达到分离物质的目的。

4.离子色谱对阴离子进行分离时，抑制柱填充________交换树脂。

5.有机物浓度较高的水样在进行无机离子色谱分析前，必须经去除有机物的处理。方法有________、________等。

6.离子色谱是________色谱的一种。

7.离子色谱仪中用纤维抑制柱时，单位时间内再生液的总摩尔质量数必须较淋洗液大________倍以上。

8.为防止微生物的繁殖，流动相要用________过滤，最好现配现用。

9.离子色谱法中色谱参数优化的主要目的是通过改变各种颜色参数或条件来________、________和________。

二、判断题

(　　)1.离子色谱法用低容量的离子交换树脂。

(　　)2.离子色谱法中分析阴离子时，抑制柱填充强碱性阴离子交换树脂。

(　　)3.阴离子交换色谱中，分离柱树脂容量越大，淋洗剂浓度越小，保留体积就越大。

(　　)4.用络合剂作离子色谱淋洗液时，对阳离子的选择性系数和保留体积会产生显著影响。

(　　)5.离子色谱用的中等强度碳酸盐淋洗液对高亲和力离子的分辨力低。

(　　)6.流动相离子色谱用不含离子交换基团的多孔树脂。

(　　)7.离子排斥色谱用高容量的离子交换树脂。

三、选择题

1.离子色谱的淋洗液浓度提高时，一价和二价离子的保留时间的变化是(　　)。

A.缩短　　　　B.延长　　　　C.不变

2. 高效离子色谱的分离机理属于(　　)。

A. 离子排斥　B. 吸附和离子对形成　C. 离子交换　D. 离子吸附

3. 以下三种离子色谱抑制柱,(　　)的容量大。

A. 树脂填充抑制柱　B. 纤维抑制柱　C. 膜型抑制柱　D. 一样大

4. 用离子色谱法测定水中阴离子时,水样需用(　　)滤膜过滤才可以进样分析。

A. 0.22μm　B. 1.00μm　C. 0.50μm　D. 0.45μm

四、问答题

1. 离子色谱法的基本原理是什么?
2. 离子色谱与高效液相色谱之间有什么关系?
3. 简述离子色谱仪的四大系统中的主要部件名称及作用。
4. 淋洗液的组成对离子的保留时间和响应值有何影响?
5. 离子色谱抑制柱上发生了哪两个重要的化学反应?
6. 离子色谱具有哪些优点?
7. 离子色谱样品预处理的原则是什么?
8. 选择分离方式和检测方式的一般规律是什么?

模块9　分析仪器联用技术

知识目标

1. 理解主要的名词和术语：分析仪器联用技术，流动注射联用，流动注射-原子吸收光谱仪联用，流动注射-原子荧光光谱仪联用，气相色谱联用，气相色谱-质谱仪联用，气相色谱-原子吸收光谱仪联用，液相色谱联用，液相色谱-质谱仪联用，液相色谱-原子吸收光谱仪联用，液相色谱-原子荧光光谱仪联用，液相色谱-原子发射光谱仪联用，液相色谱-红外光谱仪联用，超临界流体色谱-质谱仪联用，超临界流体色谱-红外光谱仪联用，毛细管电泳-质谱仪联用。
2. 了解相关分析仪器联用技术的原理。
3. 了解分析仪器联用的基本组成及各部件的作用、仪器的使用方法及最佳条件的选择。

技能目标

1. 熟悉分析仪器联用的主要部件及主要性能。
2. 会使用气质联用仪，并能对其进行日常维护。
3. 了解分析仪器联用的相关技术。

项目1　分析仪器联用技术简介

知识一　分析仪器联用技术的含义

顾名思义，联用技术就是将两台仪器结合到一起使用的技术，以便得到一种更快捷、更有效的分析工具，来探索只应用一种技术无法获取的信息。进入21世纪，科学技术高度发展，先进的分析仪器不断涌现，每一类分析仪器在一定范围内起独特作用，如色谱作为一种分析方法，其最大特点在于能将一个复杂的混合物分离为各自单一组分，但它的定性、确定结构的能力较差，而质谱（MS）、红外光谱（IR）、紫外光谱（UV）、等离子体发射光谱（ICP-AES）和核磁共振波谱（NMR）等技术对一个纯组分的结构确定较容易。因此，只有将色谱、固相（微）萃取、膜分离等分离技术与质谱等鉴定、检测仪器联用才能得到一个完整的分析，取得丰富的信息与准确的结果。分析仪器联用技术是非常热门的技术，被广泛用于各领域，并发挥重要作用。随着新物质的不断出现，以及科技的进步，人们对分析工具的技术要求更高，分析仪器联用技术将发挥重要的作用。本模块对分析仪器的联用技术做了一个较为完整的总结，并且对其发展前景做了简单的展望。

知识二　常见的联用技术

分析仪器的联用可以是两种光谱技术的联用、两种色谱技术的联用或者是分离技术与光谱技术的联用。常见的联用技术包括 GC-MS、LC-MS、ICP-MS、ICP-AES，其他联用技术还有 IC-MS、IC-AES、LC-AES、GC-AAS、IC-AAS、LC-AAS、HPLC-FTIR、GC-FTIR。此外还有超临界流体萃取联用技术、热重分析与质朴分析联用技术以及色谱-核磁共振波谱联用技术等。目前，色谱-核磁共振波谱联用技术还不成熟，应用较少。

1. 气相色谱-质谱(GC-MS)联用技术

GC-MS 联用，其 GC 部分用来分离多组分的混合污染物，而 MS 部分则对各组分进行分析。1957 年霍姆斯(J. C. Holmes)和莫雷尔(F. A. Morrell)首次实现了 GC 和 MS 联用后，这一技术得到快速发展，是联用技术中最完善、应用最广泛的技术，最早实现商品化。目前市售的有机质谱仪、磁质谱仪、四极杆质谱仪、离子阱质谱仪、飞行时间质谱仪(TOF)、傅里叶变换质谱仪(FTMS)等均能与气相色谱仪联用。GC-MS 联用在分析检测和科研的许多领域起着重要作用，特别是在许多有机化合物常规检测工作中成为一种必备工具，在环保、卫生、食品、农业、石油、化工等行业也得到广泛应用。

2. 液相色谱-质谱(LC-MS)联用技术

GC 与 GC-MS 只能分析检测 20%有机物，70%～80%的有机物分析要采用 LC、IC、LC-MS 等检测。由于 GC 柱分离后的样品呈气态，流动相是气体，与质谱的进样系统相匹配，最容易将两种仪器联用，而 HPLC 的流动相是液体，不能直接进入质谱分析，因此接口技术更高，联用技术发展比较慢。直到 20 世纪 80 年代，电喷雾电离(ESI)接口和大气压电离(API)接口的出现，才有成熟的商品 LC-MS 推出。

3. ICP-MS 联用、ICP-AES 联用技术

ICP-MS 是以 ICP 作为离子源，样品在高温下气化、原子化、离子化，然后使形成的离子按质荷比(m/e)进行分离，不同的元素有不同的质荷比，根据元素的分子(离子)峰进行定性和定量分析。ICP-MS 具有谱线简单、分析速度快、灵敏度和精密度高、检出限低、线性范围宽、干扰少、可进行同位素比值测定、同时测定多种微量元素而不必预分离富集等特点。日本和美国都已把用 ICP-MS 分析水中的 Cr(V)、Cu、Cd 和 Pb 列为标准方法。

ICP-AES 是以高频电磁感应产生的高温电感耦合等离子焰炬(ICP)为激光光源，样品在高温下气化、原子化并被激发，不同的元素具有不同的特征谱线，根据元素的特征谱线和谱线的强度进行定性和定量分析。ICP-AES 法测定 Al、Zn、Ba、Be、Cd、Co、Cr、Cu、Fe、Na、K、Mg、Ni、Pb、Sr、Ti、V、Mn、As 已在环境监测中得到广泛应用。

目前 ICP-AES 和 ICP-MS 已被广泛应用于环境保护、水质检测、新型材料、生物医学药学、石化、地理、地质、冶金、半导体、化学探矿、商品检验、刑侦等领域，是环境分析领域中进行常量、痕量分析的主要手段之一。随着科学技术的迅猛发展和环境分析需求的扩展，ICP-AES 和 ICP-MS 技术正向着全面化和智能化的方向发展。

4. 气相色谱-电感耦合等离子体质谱(GC-ICP-MS)联用技术

有机重金属比重金属的毒性更强，更容易被生物富集，从而通过食物链被人体吸收，因此有机重金属的监测与污染防治已受到世界各国的重视。目前开发的用 ICP-MS 联机仪器作为 GC 的检测器测量痕量和超痕量有机金属污染物。ICP-MS 作为 GC 的检测器可测定 10^{-6}级的金属元素，如 Cr^{6+}、Cu、Cd、Pb、Hg、Ti、Ba、Be、Ni、Mn、As 等。选择不同的质量数进行测定，还能大大提高其选择性，即使 GC 不能把干扰成分完全分离，也不会对 ICP-MS 的测定产生影响。

知识三 接口技术

分析仪器之间联用的一个重要问题就是接口问题。对于接口的要求，一般有：可进行有效的样品传递；样品传递要有良好的重现性；容易满足两仪器任意选用的操作模式和条件；样品通过接口不发生化学变化；不影响仪器的效能；样品通过接口的速度尽可能快；接口本身操作要简单、方便、可靠。接口技术在很大限度上制约了各种联用技术的发展，同时也激励了许多科学家不断取得突破。

知识四 联用技术的发展前景

随着科研分析工作的深入，各种联用技术不断涌现。在无机分析领域，色谱-光谱联用技术起着十分重要的作用，在元素的形态、价态分析，元素在环境中的转移、变化等应用研究领域都有大量报道。在有机化合物分析领域出现了许多联用技术，每种联用技术解决一定的问题。联用技术已进入全方位发展阶段，将现有的分析仪器与先进的分析技术联用，解决复杂、疑难问题是联用技术发展的主流。并且联用技术一定会向着高效、高速、低耗能以及微型化方向发展。

项目2 流动注射联用

流动注射(FI)已被应用到分析化学的各个研究领域。此外，分离技术(如溶剂萃取、酶催化、梯度技术、反应器/填充柱分离、蒸馏及膜扩散分离等)均可与FI联用。

知识一 流动注射-原子吸收光谱仪联用(FI-AAS)

流动注射与原子吸收光谱仪联用有以下特点：

(1)取样量少。单次测定的取样量一般为10～300μL，多数情况下在100μL以内。这一特点对难得到及珍稀试样的分析特别有利，如血液、生物样品等。

(2)测定速度快。最快可达500次/h以上，通常约为300次/h。

(3)绝对检出限低。由于峰值信号低于稳定状态值且易受噪声的影响，多数元素的相对检出限要高于传统进样方式数倍；然而因为试样量减少，此方法的绝对检出限却低于一般方法。

(4)分析精度高。由于试样由载流连续地输入原子化器中，火焰状态稳定，加之试样采集由进样阀进样，取样体积准确，因此相对标准偏差一般低于1%。

(5)降低基体效应。由于用同一台蠕动泵推动载流和试样，减小了试样溶液黏度变化对试样提升量的影响，从而降低了基体效应。此外，当试样体积较小而又需要较高灵敏度时，可以降低泵速来提高雾化效率。

(6)可实现在线富集。溶剂萃取、离子交换与FI-AAS相结合，一般而言，富集倍率可达20倍，采样频率约为80个样品/h。

(7)可测定高浓度试样。通过控制试样体积和混合管长度即可调节试样在载流中的分散程度(即稀释程度)，从而可随意稀释浓度过高的试样。如果需要提高灵敏度，还可增大试样体积或缩短混合管的长度。

(8)直接测定高盐分试样。由于取样量少，又是将试样注入载流中，因而此方法可以用来直接测定盐分浓度极高的试样而不会堵塞雾化器或燃烧器。此外，载流对雾化器还有洗涤作用。

(9)增感作用。使用不与水混溶的有机溶剂作为载流,可以增加有机溶剂的增感作用。

(10)可在线自动加入消除化学干扰的释放剂、干扰抑制剂、化学改进剂等。

(11)FI 与火焰原子吸收光谱分析仪的联用,可使标准加入法更为简便、可靠。方法是将试样溶液作为载流,把不同浓度的标准溶液间断地注入到该试样溶液的载流中,测定试样与标准溶液的吸光度差。

根据泵(P)、试样注入阀(S)、反应器即混合盘管(M)和检测器(D)的不同连接方式,可以设计出用于原子吸收光谱的多种不同形式的流路系统。

1. 单一流路系统流动注射

单一流路系统即单线系统,是最简单的一种直线排列连接形式。它是将试剂溶液(缓冲溶液或高纯水)作为载流,一定体积的试样通过进样阀注入载流中,记录系统即可得到一瞬变峰形信号。峰信号表明它与常规火焰原子吸收法进样不同,它可视为快脉冲雾化技术。通过泵速、试样量及管径和管长等参数的选择,可控制试样在载流中的分散度。由于流速、管道长度及进样体积固定,因而测定结果有良好的重现性。

2. 双流路系统流动注射

双流路系统有多种连接方式,图 9-1(a)、(b)、(c)是最基本的流路。

方式(a)适用于在线自动加入消除火焰法中的释放剂、干扰抑制剂及基体改进剂和用于

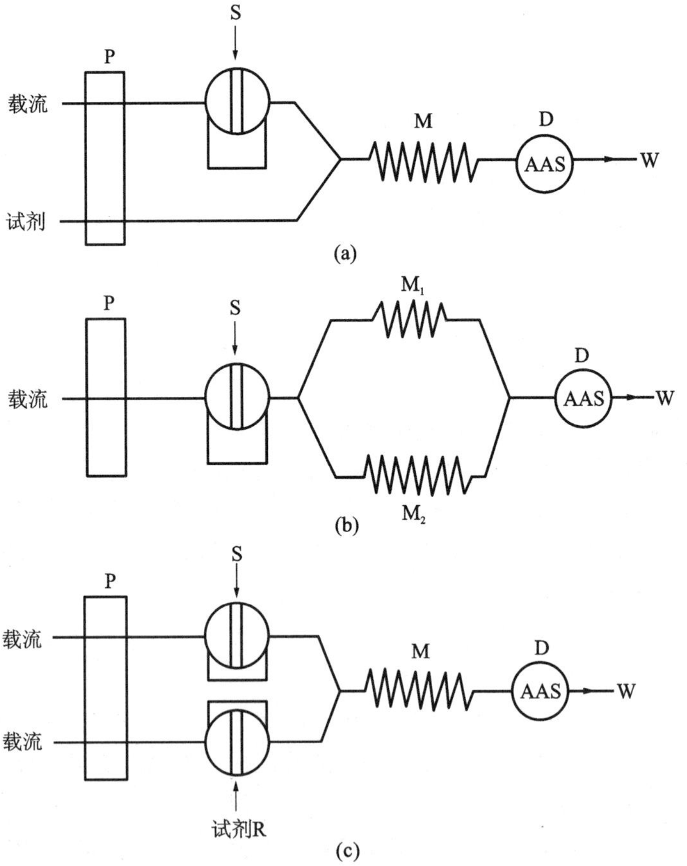

图 9-1　双流路系统流路图

增感作用等。这些试剂的溶液可以从试剂流路加入。方式(b)是将混合盘管分为 M_1 和 M_2 两个,它们的管内径分别为 1.0mm 和 0.8mm,如果改变它们的长度,则载有试样的载流通过它们时就会产生时间差,因而检测信号就可观测到大、小两个峰。当未知试样浓度过高时,一个峰超出量程,而另一个峰尚可测定。因而,这种方式适用于高浓度范围的试样。方式(c)为合并带方式,如果两个流路均为载流,在两个流路中各装配 1 个注入阀,分别注入试样和试剂。这种方法不需要试剂一直在流路中通过,因而试剂消耗量极小。

3.其他流路系统

可以根据实验工作的需要进行多种方式的流路设计。通常一些商品仪器设有两个蠕动泵,每个泵可以带动 2～4 条泵管。注入阀可采用 8 通阀或 16 通阀,它们可分别构成 4 条流路或 8 条流路。

知识二 流动注射-原子荧光光谱仪联用(FI-AFS)

流动注射与氢化物发生-原子荧光光谱仪联用的典型方式有以下两种:

(1)断续流动与氢化物发生-原子荧光光度计联用。此方式由郭小伟先生于 1993—1995 年研发,其装置原理如图 9-2 所示。

(2)顺序注射与氢化物发生-原子荧光光度计联用。用于 AFS930 型全自动双道原子荧光光度计的顺序注射与氢化物发生-原子荧光光度计的联用装置如图 9-3 所示。

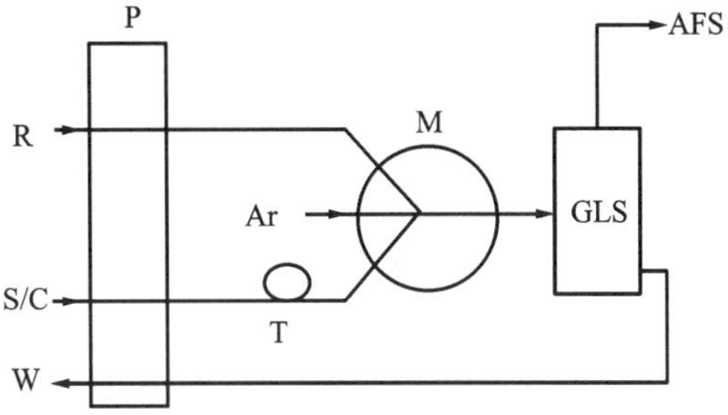

图 9-2 断续流动与氢化物发生-原子荧光光度计联用装置原理图

P—蠕动泵;M—反应块;GLS—气液分离器;AFS—原子荧光光度计;S/C—样品或载流;R—还原剂;T—存样环;Ar—氩气;W—废液

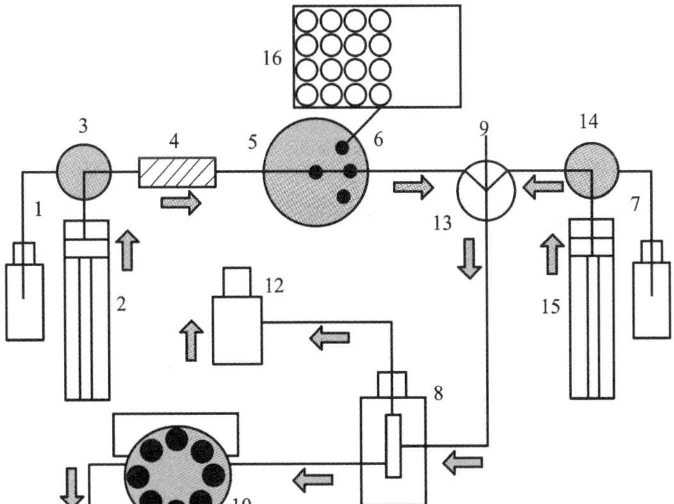

图 9-3 顺序注射与氢化物发生-原子荧光光度计联用装置

1—清洗瓶;2—样品注射泵;3—两位阀;4—采样环;5—多位阀;6—进样管;7—还原剂瓶;8—气液分离器;9—载气管;10—蠕动泵;11—废液管;12—原子化器;13—混合反应器;14—两位阀;15—还原剂注射泵;16—自动进样器样品盘

项目3 气相色谱联用

由于色谱技术是当今高效分离技术之一，将色谱高效分离与质谱、原子光谱、红外光谱等相结合，实现联用是研究较多和较为活跃的领域。诸如色谱-火焰原子吸收法、色谱-石墨炉原子吸收法、色谱-石英炉原子吸收法、色谱-冷原子吸收光谱法、色谱-原子发射光谱法、色谱-质谱法、色谱-红外吸收光谱法等使联用技术丰富多彩。

知识一 气相色谱-质谱仪联用(GC-MS)

GC-MS技术具有以下优点：

(1)定性能力强。用化合物分子的指纹质谱图鉴定组分，可靠性大大优于色谱保留时间定性；GC-MS法提供的大量结构信息为未知物的定性提供了可能性，特别适用于药物代谢产物、降解产物的鉴别，这是单独GC无法实现的。

(2)可分析色谱尚未分离的组分。用提取离子色谱法、选择离子监测法等技术，可分析总离子流色谱图上尚未分离或被化学噪声掩盖的色谱峰。

(3)一般可省略其他检测器。GC-MS的全扫描工作方式相当于GC中最通用的高灵敏度检测器，如FID；选择离子监测工作方式是最可靠和最有选择性的更高灵敏度的检测器方式，相当于GC中的专用检测器，如NPD、ECD等。

GC-MS的应用十分广泛，从环境污染分析、食品添加剂分析到医疗检验分析、药物分析等。GC-MS还是兴奋剂鉴定及毒品鉴定的有力工具。

知识二 气相色谱-原子吸收光谱仪联用(GC-AAS)

1. 与火焰原子化器的连接

火焰原子吸收(FAAS)检测器连接简单，操作容易，成本低。由于色谱柱的气流速度不大，因此气相色谱与FAAS的联用可有三种方式：将色谱柱的气流直接引入FAAS的雾化室、燃烧器或火焰中。

(1)引入雾化室的方式。用一段细金属管和一个“T”形接头将色谱柱的气流导入雾化辅助气流，进入雾化室。这种连接方式的特点是：①连接方式最为简单；②色谱柱的气流被助燃气及燃气大量稀释，导致吸收信号变宽，降低灵敏度；③该方法适用于含量高的试样的测定及灵敏度高的元素的分析。

(2)引入燃烧器的方式。为了克服上述方式引起吸收信号的变宽，可将色谱柱的气流直接引入燃烧器。方法是在燃烧器的底部或侧面打一小孔，焊接上一段金属毛细管，将色谱柱的气流由此毛细管导入燃烧器。此外，为防止分析成分的冷凝，可以加热色谱柱和原子化器之间的连接管。该法具有以下特点：①可消除吸收信号变宽效应，提高分析灵敏度；②由于来自色谱柱气流的流速小，对火焰稳定性无影响；③被分析成分易在连接管中沉积，加热连接管或使用不锈钢连接管或钽连接管时对烷基铅的沉积较小，用氧化铝和二氧化硅连接管时沉积严重。

(3)引入火焰的方式。将来自色谱柱的气流直接导入火焰，连接装置如图9-4所示。该法具有以下特点：①避免了试样被气体稀释，降低了检出限；②连接方式较为复杂。

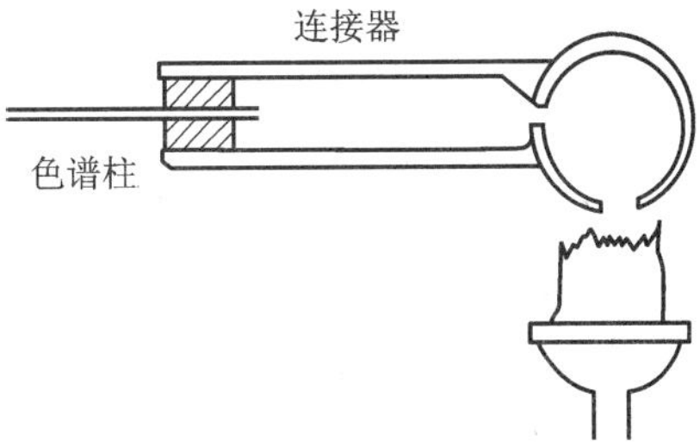

图 9-4 引入火焰式连接法

总之，由于气相色谱分析仅限于易挥发和热稳定的化合物，因此 GC-FAAS 的应用范围受到限制。液相色谱的联用可弥补这方面的不足。

2.与石墨炉原子化器的连接

由于气相色谱仪中色谱柱的流出组分为气体，因而可通过载气气流与石墨炉原子化器连接。其连接方式主要有：

(1)两端引入法。该法是将色谱柱流出物通过一个"T"形接头分成两路，由石墨炉两端引入石墨管，由中心进样孔逸出。石墨炉的内气流由色谱柱气流代替，石墨炉的外气流不变。色谱柱载气和石墨炉外气流可用氮气。

(2)中间引入法。色谱柱的气流通过内衬聚四氟乙烯的电热铝管(80℃)与一个长 19mm，外径 6.4mm，内径一端为 0.6mm、另一端为 3.2mm 的钽连接器相连。将钽连接器内径小的一端通过石墨炉中间进样孔处，插入石墨管进样孔。

(3)内插引入法。该法是将一铝管插入石墨炉中，色谱柱气流由此内插铝管引入石墨管中。色谱柱与铝管之间由不锈钢管连接。为防止色谱柱流出物的冷凝，不锈钢管需加热维持在 130℃。因铝管允许的最高原子化温度为 1300℃，故有人改用钨管，原子化温度大大提高。

(4)其他连接法。GC-GFAAS 的连接方法报道较多，有人设计制作了一种 T 形石墨炉原子化器作为气相色谱的检测器。该法是在原子化器侧壁上设有炭床，色谱柱流出物通过经加热的不锈钢管流经炭床，金属有机化合物被炭床吸附。当切断气流时，金属有机化合物挥发进入光路。也有的将色谱柱流出物由石墨炉一端引入，通过炉体中部的小孔进入光路。

各种连接方法各有优、缺点，但 GC-GFAAS 系统的联用突出了其特效与灵敏之特点，在环境金属化学形态的分析中可发挥一定的作用。

知识三 气相色谱-原子荧光光谱仪联用(GC-AFS)

在气相色谱-原子荧光光谱联用系统中，原子化器的类型和传输管材料对元素灵敏度和选择性均有很大影响。Van Loon 等最先提出 GC-AFS 技术，他们采用氮屏蔽的圆形空气-乙炔火焰原子化器，操作简便，且可进行多元素测定。Radziuk 等系统比较了 GC-AAS 和 GC-AFS 两种联用系统中不同原子化器对分析性能的影响。火焰原子化器中，FAAS 采用的是空气-乙炔火焰，FAFS 采用的是氮屏蔽的空气-乙炔火焰；非火焰原子化器中，AAS 和 AFS 均采用带有石英炉或石墨杯的碳棒。有人实现了一种新型火焰激光诱导原子荧光(LIAF)检测器与 GC 的联用。LIAF 的优点在于使用非共振荧光，操作简单，并且没有分析物的发射光谱干扰和火焰背景干扰，因而可以排除火焰气体中固体颗粒产生的散射光谱引起的噪声。与传统的火焰光度检测器（FID）相比，LIAF 测定有机锡化合物的灵敏度更高，检出限更低。

知识四　气相色谱-原子发射光谱仪联用（GC-AES）

气相色谱-原子发射光谱的联用主要有 GC 与火焰发射光谱（FAES）、等离子体-原子发射光谱（ICP-AES）的联用。大多数商业化原子吸收光谱仪都带有发射光谱模式，因此，FAAS 和 FAES 可以认为是两种相互补充的方法。1958 年，Grant 首次将 FAES 作为 GC 的检测器。这种火焰光度检测器后来发展成为商业 GC 的通用光度检测器。

将 GC 与等离子体光源检测器联用需要考虑以下几个问题：激发源特性；接口是否容易实现；检测器的响应时间与瞬时信号的洗脱速率是否匹配。GC 与等离子体-原子发射光谱的联用包括 GC 与直流等离子体（DCP）、微波等离子体（MIP）、高频电感耦合等离子体（ICP）的联用。

知识五　气相色谱-红外光谱仪联用（GC-IR）

很早以前人们就设想把分离能力强的色谱仪与鉴定能力强的红外光谱仪联用，将会使成分复杂样品中微量乃至痕量物质的分离鉴别变得极为容易。傅里叶变换红外光谱仪的问世促进了气相色谱-红外光谱仪联用技术的发展。

图 9-5 是气相色谱-傅里叶红外光谱联用仪（GC-FTIR）的示意图。由图 9-5 可知，GC-FTIR 是通过一个接口来实现的，它由一个光管、高灵敏度的检测器、传输线和反射镜组成。在整个接口装置中，光管的作用最为重要，它的优劣直接影响着 GC-FTIR 联机的质量好坏。工作时，一方面色谱馏出物经传输线（内径约 1mm）输入光管中；另一方面，来自主光学台的入射干涉光束经椭球镜聚焦后射向光管窗口，在光管中作多次反射，再经椭球镜-平面镜组反射至检测器。为避免色谱馏分冷凝，光管和传输线皆缠绕电炉丝保温。整个操作可通过专用控制器自动进行。若使输入端和色谱放大器输出端相连，则利用软件就可以在色谱的输出信号超越操作者设置的阈值电压（即出色谱峰）时，触发 FTIR 的数据系统收集干涉图。一个色谱峰出完后，信号低于阈值，数据收集也就停止。当下一个色谱峰流出，色谱信号又大于设定的阈值时，控制器再进行触发从而收集数据。FTIR 的扫描速度快，对每个

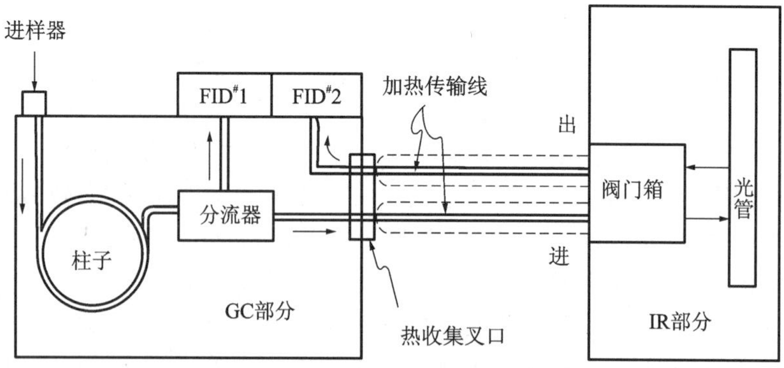

图 9-5　GC-FTIR 系统装置图

色谱峰都可作多次扫描，把同一色谱峰的多次扫描累加起来平均，并以色谱的出峰先后次序编号，暂存在计算机中；而用来作参比的背景干涉图，则可在色谱峰未出前或出完后加以收集。干涉图的傅里叶变换和红外光谱图的绘制可以留在各馏出物的干涉图全部收集完后进行。

项目4 液相色谱联用

在液相色谱(LC)联用技术中，需要解决以下几个问题：克服色谱柱出口流速和联用仪器的雾化器提升量间的差异；提高样品的传输效率；克服联用仪器和液相色谱之间的相互影响等。LC联用主要在于LC与质谱、原子光谱、红外光谱联用等方面。

知识一 液相色谱-质谱仪联用(LC-MS)

LC-MS技术具有以下优点：

(1)适应范围广。与GC-MS相比，LC-MS适用的样品范围很广，一般不要求水解或者衍生化处理，即可以直接用于检测强极性化合物，如结合型代谢产物。LC-MS技术测定的相对分子质量范围很宽，一般 m/z 为50～2000，有的仪器能够达到50～6000，而且能够检测多种结构的化合物。

(2)检测灵敏度高。质谱仪是色谱理想检测器，不仅具有专属性和通用性，同时还常有较高的检测灵敏度，这样就能够对复杂基体中的痕量组分进行定性和定量分析。

(3)提供结构信息。提供LC-MS技术可以分别得到样品中各组分的结构信息。通过软电离方式，一级质谱中的准分子离子峰和加和离子峰可以给出相对分子质量信息；利用碰撞诱导裂解能够进行多级质谱分析，提供了丰富的化学结构信息。

(4)高样品通量。LC-MS具有非常高的专属性，无需将样品完全色谱分离，所以定量测定可以在很短的时间内完成，这样就实现了常规样品分析中的高样品通量。

知识二 液相色谱-原子吸收光谱仪联用(LC-AAS)

LC-AAS系统中主要有液相色谱分离系统、联用接口和原子光谱三部分。由于色谱柱流出液的流量与火焰原子吸收雾化器的试样提升速率比较接近，因此色谱柱与原子化器的连接也比较容易。若色谱柱流速与雾化器提升速率相匹配，色谱柱和雾化器可通过雾化毛细管直接相连；若不匹配，则可采用补偿法、注射法或反压法连接。

(1)直接法。将色谱柱流出液直接导入雾化器的方法比较简单，常用于有机硅化合物和金属络合物的分析。该法的主要特点是：①当原子吸收雾化器提升速率大时，可将其降低以避免产生后置柱低压区；降低了雾化器提升速率，分析灵敏度也降低。②若色谱柱流速太低，不能被雾化器提升速率所平衡，则导致原子吸收响应与柱流速之间呈现复杂的关系。③连接简单。

(2)补偿法。原子吸收雾化器提升速率为2～6mL/min，如果色谱柱流速低于2mL/min，则引起后置柱低压区的产生。为克服这些缺点，可以用补偿法(图9-6)。通过补充一辅助液流(v_b)来平衡色谱柱流速(v_c)和雾化器提升速率(v_n)，以实现 $v_n=v_c+v_b$。

该法的主要特点是：①雾化器提升速率与色谱柱流速匹配，可以避免产生后置柱低压

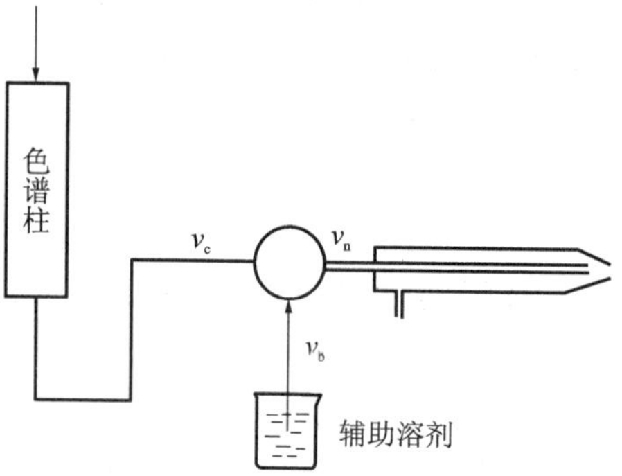

图 9-6 补偿法示意图

区；②色谱柱流出液被溶剂流所稀释，因而降低了灵敏度；③适用于高灵敏度的元素及高含量试样。

(3)注射法。将色谱柱流出液收集在 100μL 锥形聚四氟乙烯小杯中，AAS 雾化器吸管从小杯中进样。该法可克服色谱柱流速与雾化器提升速率之间的差异，达到工作条件的匹配与最佳化。

(4)反压法。利用调节原子吸收雾化器毛细管的方法，使气流通过毛细管时喷口处产生一种反压，液相色谱输液泵克服反压，驱动液体流动。利用此法可避免因稀释而降低灵敏度，并可改善雾滴特性和传输效率，有利于信噪比的提高。

石墨炉原子吸收分析程序在进样后需经干燥、灰化、原子化和净化几个步骤，因而不能与液相色谱仪直接连接。其连接方式有多孔阀连接法和自动进样器连接法。

(1)多孔阀连接法。其连接方式如图 9-7 所示。液相色谱仪的泵 1、开关阀 2、多孔取样阀 3、注射阀 4 以及石墨炉原子吸收光谱仪均由程序装置 5 控制。注射阀将色谱的洗提物通过金属钽毛细管 6 由进样孔注入石墨管 7 中。石墨炉加热时，两个开关阀关闭，试样原子化以后，注入下一试样时再导通。

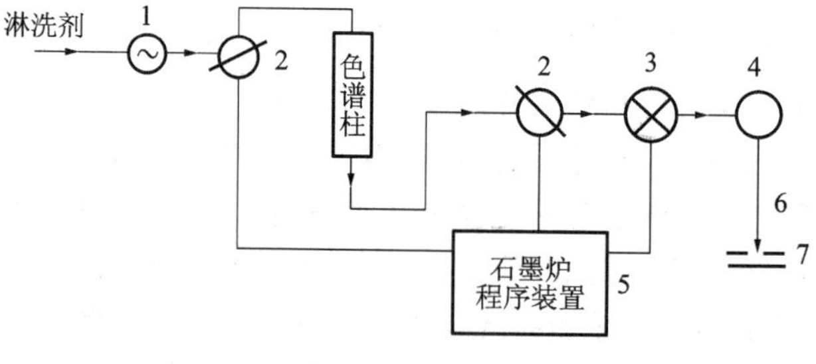

图 9-7 HPLC-GFAAS 多孔阀连接法

(2)自动进样器连接法。该法采用商品石墨炉自动进样器进行连接。液相色谱柱流出物经不锈钢毛细管通过 HPLC 的紫外线检测器以后，用聚四氟乙烯毛细管从紫外线检测器出口将洗提液流出物引入一特制欧式聚四氟乙烯试样杯中。该试样杯放在自动进样盘上，使取样移液管重复自动地从杯中吸收 10～50μL 试样注入石墨管中。阱式试样杯下端为中空螺丝接头导管，洗提液流出物从下方中空导管流入杯中，杯壁有侧支管，溢出多余试样。杯口呈喇叭形，保证自动进样器的移液管弧形移动畅通无阻。采用常规取样杯也可实现联用，仅需将色谱柱流出液依次分装于一系列的样品杯中。样品盘旋转，取样移液管逐杯取样注入石墨炉。样品盘的转速由色谱柱流速、分析所需样品的体积、分析成分的浓度和石墨炉进样体积而定。由于商品石墨炉原子吸收光谱仪多带自动进样器，因此，以此作液相色谱与GF-AAS的接口较为方便。

液相色谱-石英炉原子吸收光谱分析联用系统用于锡及有机锡化合物的测定也有报道。方法是以液相色谱柱与石英炉借助氢化物发生器连接，将色谱柱流出液导入氢化物发生器，依次产生各种有机锡化合物的相应氢化物，再引入石英炉原子化器即可。该系统成功地测定了 Me_4Sn、Me_3SnCl、Me_2SnCl_2、$MeSnCl_3$、Et_4Sn、Et_3SnCl、Et_2SnCl_2 和 $EtSnCl_3$ 等8种有机锡化合物，测定各种化合物中的锡含量相当于10pg。有人采用离子色谱-石英炉原子吸收光谱联用系统分离和测定了砷酸根、亚砷酸根和有机砷：由自动采样器抽取一定体积的试样，通过数控泵输入到离子色谱系统，以适当的洗涤剂使不同的砷化合物经色谱柱彼此分离，用比例泵向流出液中注入适量的硼氢化钠溶液，将各种砷化物转化为相应的氢化物，通过气液分离器以后，将生成的气相氢化物导入石英炉原子化器。

知识三 液相色谱-原子荧光光谱仪联用(LC-AFS)

AFS作为色谱检测器，具有灵敏度高和便于多元素检测的能力。LC-AFS技术中除早期有部分工作采用火焰原子荧光检测外，多数后续工作采用挥发性物种发生技术(VSG)改善AFS的抗干扰能力。Van Loon等使用空气-乙炔火焰LC-FAFS进行Cu、Zn和Ni氨基酸的形态分析。他们还利用多元素检测能力经LC分离同时分析Cr(Ⅲ)、Ag(Ⅰ)、Mn(Ⅱ)和Mn(Ⅶ)。

VSG的传输效率高，可以消除基体对检测的影响，因此目前AFS都以VSG作为样品引入手段。直接VSG接口是LC-AFS技术中常用的接口，如Melo Coelho等将HPLC-VSG-AFS联用技术用于啤酒样品中砷的形态分析。对于难以产生挥发性物质的有机物，可经紫外光消解、微波消解或强氧化剂化学分解等的一种或几种方式结合在线将其转化为易形成挥发性物质的无机物。如Van Elteren等使用阴、阳离子混合柱同时分离8种砷的化合物，使用紫外光分解，将有机砷转化为无机砷，提高了氢化物的发生效率。

知识四 液相色谱-原子发射光谱仪联用(LC-AES)

液相色谱的典型流速为1mL/min，与传统ICP-AES雾化器的样品提升速率一致，因此，LC与ICP-AES联用的接口简单，可直接将雾化器的提升管连接至色谱柱的出口端。为尽可能避免扩散，提升管的长度应尽可能短、内径尽可能小。大多数LC-ICP-AES采用常规气动雾化器，即色谱流出物用PTFE管或其他连接装置直接送至常规气动雾化器。对于传统的气动雾化器进行改进，如减少雾化器内表面和选择合适雾化器材料可以降低分析物的吸附量。也有人采用特殊类型的雾化器，如微量同心型雾化器、超声雾化器、热喷雾蒸发器、玻璃烧结雾化器和直接进样雾化器等降低溶剂流速至10～100μL/min，可明显提高样品传输效率，降低有机溶剂的引入量和改善等离子体的稳定性。

与其他等离子体源相比，MIP的气体温度更低，将液体或气体溶胶引入到MIP放电区时，MIP容易受到影响，因此，LC与MIP-AES联用技术的报道较少。其研究重点在于如何降低进入等离子体中溶剂的量。一般常用加热器或冷凝器，也可采用移动带或旋转盘接口将LC的流出物首先沉积到移动带或旋转盘的脱溶剂上，然后将其蒸发引入等离子体。除此以外，也有的采用 VSG 技术将分析物在进入等离子体前转化为挥发性物质，从而消除流动相对等离子体的影响。

知识五　液相色谱-红外光谱仪联用(LC-IR)

液相色谱常用的流动相都有较强的红外吸收，消除这些吸收对被测组分的干扰是 LC-IR 技术的主要难题。一种方法是采用漫反射测谱法，但要在溴化钾粉末中全部除掉流动相，不如对应的超临界流体色谱法中消除少量调节剂那样简便。另一种方法是采用短光程流通池，这可使流动相的光谱强度降到最低限度，流通池的长度一般不能超过 0.1mm，由于光程的缩短，检出灵敏度也随之降低，这使得 LC-IR 较之 GC-IR 的检测下限高出两个数量级。显然，与 SFC-IR 及 GC-IR 相比较，以 LC-IR 最不理想。由于气相色谱的应用面有一定限度，因此 LC-IR 仍有一定的使用价值。

漫反射法检测流出组分的红外光谱，由于干扰较少，灵敏度相对较高，因此是 LC-IR 的较为理想的一种接口方法。这种装置必须配备微处理机，使得只有当色谱峰流出时才收集组分进行测试，流出液为纯流动相溶剂时则由旁路排出。

项目 5　其他仪器联用

知识一　超临界流体色谱-质谱仪联用(SFC-MS)

欲使任何气态物质液化成液体，必须低于其临界温度并高于其临界压力。高于临界温度、低于临界压力时，该流体物质所处的状态称之为超临界流体，其性质介于气态与液态之间。在联用技术中，超临界流体色谱不但兼有气相和液相色谱的优点，同时避开了气相和液相色谱的不足之处。特别是当与红外光谱联用时，更充分显示超临界色谱的优越特性。

超临界流体色谱与 MS 联用的接口方式可分为直接流体导入式、传输带式、喷雾式等。

知识二　超临界流体色谱-红外光谱仪联用(SFC-IR)

超临界流体色谱与红外光谱仪联用的关键是设计高检测灵敏度的接口，主要有两种类型：

(1)稳压恒温流通池式接口。为适应细内径柱的要求，流通池体积应足够小。例如，对 50μm 内径的毛细管柱，流通池的体积应在 100nL 左右。实际的流通池内径一般为 0.5～1mm，光程长为 4～10mm，体积在 0.8～8μL 之间。为了使其与柱流量相匹配，可在流通池入口处引入适当流量的补充流体，并在池出口采用限流管，同时池体配置有温度控制装置，以使其温度与柱温相同。采用这种接口所测得的光谱为流动相与样品物质的叠加光谱。因此，需要经过计算机差谱处理，方可扣除流动相背景光谱，而得到待分析样品的光谱图。

流通池式接口技术的优点是结构简单、操作方便，可在线实时检测。但是，由于 SFC 常用的超临界 CO_2 在 3500～3800cm^{-1}和 2200～2500cm^{-1}附近有两组强吸收，使得醇、炔、腈类化合物的主要伸缩振动带无法检测。尤其在程序升压时，流动相密度增加，背景红外吸收增加，给谱图的处理带来困难。在流动相中加入改性剂时，情况将更加复杂。这种系统的检测灵敏度一般在 100ng 左右。此外，在此联用系统上所得到的红外光谱图，与相应的气相或凝聚相光谱图有差异，往往需要有标准物对照。

(2)流动相去除式接口。由于 CO_2 在室温下具有高挥发性，因此与流动相去除式的 HPLC-IR 相比，采用流动相去除式的 SFC-IR 接口要容易得多，并可在不需要加热的情况下使溶剂完全去除。这种接口的原理示意图如图 9-8 所示。

色谱流出物顺序流经限流管减压后，喷到一个步进的或连续移动的托盘上。流动相迅速挥发，待分析组分沉积形成小斑点(直径在 100～250μm 之间)。然后对小斑点进行透射、反射或漫反射法红外光谱检测。每个色谱馏分的沉积应尽可能集中在一个很小的面积上，以提高检测灵敏度。

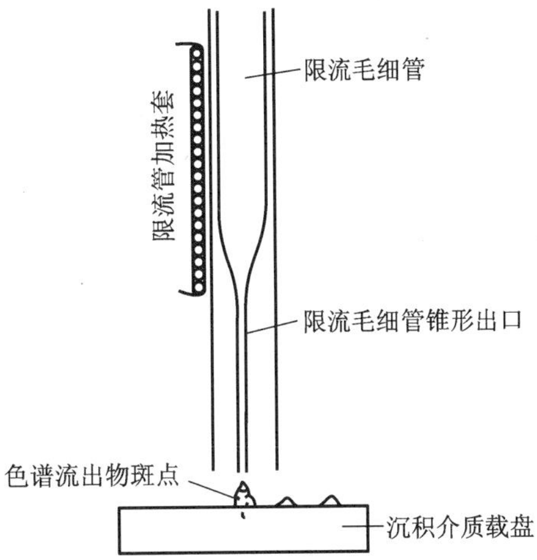

图 9-8 SFC-IR 流动相去除式接口

知识三 毛细管电泳-质谱仪联用(CE-MS)

毛细管电泳法在分离分析中具有最高的分离能力，对于复杂成分微量样品的分离已经体现出其明显的优势，但定性分析一直是难以解决的问题。CE-MS 商品仪器的出现，为毛细管电泳的定性提供了有力的手段。

CE-MS 的核心仍然在于接口技术，多采用电喷雾离子源(ESI 源)。

由于毛细管电泳的背景电解质的流量仅为微升级，在提供 ESI 的喷嘴时，较难形成雾粒，因此电喷雾离子源与 LC-MS 不同，改为三套管式 ESI 源，即在流出液喷雾气体间增加了夹套液套管。夹套液套管的主要作用是使毛细管电泳尾端的流出液，在 ESI 的喷口处容易形成雾粒。毛细管电泳尾端的流出液，在 ESI 的喷口处形成雾粒后，溶剂蒸发，雾粒体积缩小。待雾粒缩小至一定程度，由于雾粒中相同电荷离子的相互排斥力加大，而产生“库仑爆炸”，形成不带溶剂的被检测离子，进入质谱的质量分析器。

其他的联用技术还有热重分析-红外光谱(TGA-IR)联用、质谱-质谱(MS-MS)联用等。

【读一读】

用质谱仪作为气相色谱的检测器是 20 世纪 50 年代期间由 Roland Gohlke 和 Fred McLafferty 首先开发的。当时所使用的敏感的质谱仪体积庞大、容易损坏，只能作为固定的实验室装置使用。

价格适中且小型化的电脑的开发为这一仪器使用的简单化提供了帮助，并且大大地缩短了分析样品所花的时间。1964 年，美国电子联合公司(Electronic Associates Inc，简称 EAI)——美国模拟计算机供应商的先驱，在 Robert E. Finnigan 的指导下开始开发电脑控制的四极杆质谱仪。

到了 1966 年，Finnigan 和 EAI 分部合作售出 500 多台四极杆残留气体分析仪。1967 年，Finnigan 仪器公司(the Finnigan Instrument Corporation，简称 FIC)组建就绪，1968 年年初就给斯坦福大学和普渡大学发送了第一台 GC-MS 的最早雏形。FIC

最后重新命名为菲尼根公司(Finnigan Corporation),并且继续持世界 GC-MS 系统研发、生产之牛耳。

1966 年,当时最尖端的高速 GC-MS 单元(the top-of-the-line high-speed GC-MS units)在不到 90s 的时间里完成了火灾助燃物的分析,然而如果使用第一代 GC-MS,至少需要 16min。到 2000 年,使用四极杆技术的电脑化的 GC-MS 仪器已经成为化学研究和有机物分析的必不可少的仪器。今天电脑化的 GC-MS 仪器被广泛地用在水、空气、土壤等的环境检测中。

做一做

实验　气质联用分析实验

一、实验目的

1. 掌握 GC-MS 工作的基本原理。

2. 了解 GC-MS 仪的基本构造,熟悉软件的使用方法。

3. 了解运用 GC-MS 仪分析样品的基本过程,掌握利用质谱标准图库检索进行色谱峰定性的方法。

二、基本原理

1. 气相色谱

气相色谱的流动相为惰性气体,气-固色谱法中以表面积大且具有一定活性的吸附剂作为固定相。当组分的混合样品进入色谱柱后,由于吸附剂对每个组分的吸附力不同,经过一定时间后,各组分在色谱柱中的运行速度也就不同。吸附力弱的组分容易被解吸下来,最先离开色谱柱进入检测器,而吸附力最强的组分最不容易被解吸下来,因此最后离开色谱柱。如此,各组分得以在色谱柱中彼此分离,顺序进入检测器中被检测、记录下来。

2. 质谱

质谱分析法是通过对被测样品离子的质荷比的测定来进行分析的一种分析方法。被分析的样品首先要离子化,然后利用不同离子在电场或磁场的运动行为的不同,把离子按质荷比(m/z)分开而得到质谱,通过样品的质谱和相关信息,可以得到样品的定性、定量结果。

3. 气质联用(GC-MS)

气质联用的有效结合既充分利用色谱的分离能力,又发挥了质谱的定性专长,优势互补,结合谱库检索,可以得到较满意的分离机鉴定结果。

三、实验仪器

实验仪器如下图所示。

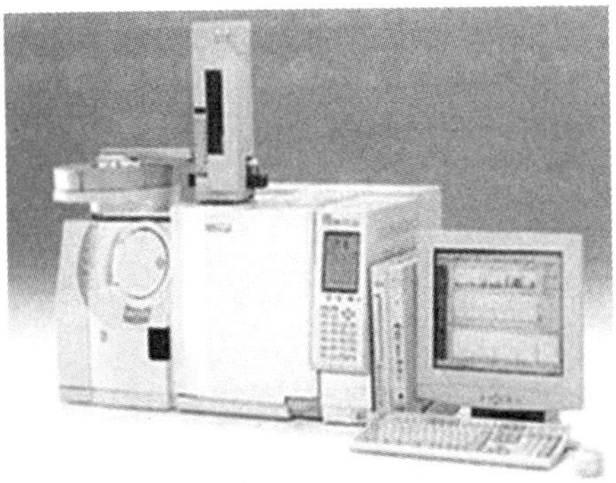
岛津 GC-MS(QP2010)

DB-5 柱子(弱极性)

四、实验步骤

1.开机

顺序(确认每步操作完成后,再执行下一步):开氦气瓶,开 GC 电源,开 MS 电源,开计算机。

2.进入系统及检查系统配置

(1)双击 GCMS REAL TIME,连机(正常时机器有鸣叫声),进入主菜单窗口;

(2)单击左侧 system configuration,设定系统配置,无误后退出。

3.启动真空泵

(1)点击左侧 vacuum control 图标,出现真空系统屏幕,单机 Advanced>>后,出现完整显示内容;

(2)Vent valve 的灯呈绿色(即关闭)时,启动机械泵(Rotary Pum);

(3)低压真空度<3+E002Pa 时,单击 Auto startup 启动真空控制;

(4)启动完成后,抽真空 30min,可进行调谐。

4.调谐

(1)单击 Tuning 图标,进入调谐子目录,单击 Peak monitor view 图标,在 Monitor 中选择 water、air,将 Detector 电压设为 0.7kV(最低),m/z 中依次输入 18、28、42,Factor 中均输入适当的放大倍数;

(2)燃灯丝,若峰强 $m/z18>m/z28$,即系统不漏气,观察高真空度,保证<2E-2 时关灯丝;

(3)建立调谐文件名,点击 Start Auto Tuning 图标,计算机自动进行调谐,直至打印出调谐结果为止。

5.方法编辑

(1)点击主菜单 Date Acquisition 图标,进入方法编辑中。

(2)GC-2010 的色谱条件:column over temp(柱温):40.0℃;Injection Temp(进样器温度):200.0℃;Injection mode(进样方式):split。

(3)GCMS-QP2010 的质谱条件:Ion source temp(离子源温度):200℃;Interface Temp(接口温度):200℃;Solvent Cut Time(溶剂切割时间):2.5min。

6.样品测定

设置测定操作项目，按 Standby，待 GC、MS 均变绿色字体，进样，按 start，开始检测。

7. 数据处理

返回主菜单，双击 GCMS Postrun Analysis 图标，得总离子色谱图(Tie)，放大 Tie 并扣本底，搜索相似质谱图，Report 中打印质谱图。

8. 关机

(1)日常关机：实时分析中，开关图标为 daily shutdown 时，表示为低温、低流量(按照设定值执行)，但真空系统工作正常。

(2)完全关机：实时分析中，开关图标为 Vacuum control 时，表示完全关机。按 Auto shutdown，仪器自动降温，当离子源温度均降到 100℃以下时，仪器自动停泵。

(3)关 GC 仪和 MS 仪：关氦气瓶气阀(不要动调压阀)，关 GCMS REAL TIME 软件。

(4)关计算机，关总电源。

五、注意事项

严格按照规定使用仪器，防止因错误操作而造成仪器损坏。

议一议：

气质联用操作过程中，有哪些注意事项？

练一练

一、填空题

1. 三重四级质谱的离子扫描方式中，第一个质量分析器扫描指定__________离子，第二个质量分析器扫描指定母离子产生的__________离子，可获得待测化合物的__________信息。

2. 四级杆质量分析器中通常升高直流峰宽补偿电压，会__________峰宽。

3. 在 LC-MS 常用的 ESI 和 APCI 两种离子源中，适用于热不稳定化合物的是__________，适用于非极性和半极性化合物的是__________。

4. 对于扫描仪器，扫描速度越快，其检测灵敏度__________。

5. 液质联用仪主要由__________、__________、__________、检测器、数据系统组成。

二、选择题

1. MS 中，质量测定准确度和分辨率的关系描述正确的是(　　)。

A. 质量测定准确度高，分辨率一定高

B. 分辨率高，质量测定准确度一定高

C. 高分辨率是进行准确质量测定的前提

2. 质量分析器的作用是(　　)。

A. 使不同化合物按相对分子质量大小进行质量分离

B. 使不同的离子按其质荷比进行分离

C. 按离子的不同能量进行分离。

3. 关于四级质量分析器扫描电压变化的描述正确的是(　　)。

A. 升高直流电压,会提高灵敏度

B. 升高射频电压,会提高灵敏度

C. 升高射频电压,会提高质量分辨率

4. 质量范围最宽的质量分析器是(　　)。

A. 飞行时间质谱

B. 扇形磁场质谱

C. 离子阱质谱

5. 离子源的主要作用是(　　)。

A. 使样品分子离子化,然后将生成的离子引入到质量分析器中

B. 未电离的中性粒子排出质谱系统

C. 不同质荷比的离子进行分离

三、问答题

1. 比较气质联用和液质联用。

2. 描述大气压电喷雾电离和大气压化学电离的工作原理。

3. 空间串联多级质谱有哪些工作方式同时用到全扫描和选择离子检测扫描?

4. 简述电喷雾技术的原理。

5. 简述质谱中的氮规则。

参 考 文 献

[1] 方惠群.仪器分析.北京:科学出版社,2002.
[2] 刘约权.现代仪器分析.北京:高等教育出版社,2015.
[3] 袁存光.现代仪器分析.北京:化学工业出版社,2012.
[4] 陈集.仪器分析教程.北京:化学工业出版社,2010.
[5] 邹良明.食品仪器分析.北京:科学出版社,2012.
[6] 邢永恒.食品药品分析检验教程.北京:化学工业出版社,2015.
[7] 贾春晓.现代仪器分析技术及其在食品中的应用.北京:中国轻工业出版社,2005.